塑性加工學

許源泉　編著

U0068945

全華圖書股份有限公司　印行

序 言

　　塑性加工或稱金屬成形乃是將金屬材料施加外力使其產生塑性變形，以獲得所需形狀與性質製品的加工方法。塑性加工是人類歷史上最爲久遠的製造技術之一，處於現今資訊爆炸的時代，它仍是製造金屬零件的重要方法。

　　本書乃以介紹各種塑性加工技術相關基本原理及實際製程、機具、方法等爲主，全書共分七章，第一章爲緒論，第二章爲基本原理，第三章爲滾軋加工，第四章爲鍛造加工，第五章爲擠伸加工，第六章爲抽拉加工，第七章爲沖壓加工，前兩章分別進行塑性加工概論性介紹及從冶金與力學方向進行基本原理說明，後五章闡述五大塑性加工的基本概念、機具、製程、方法，其中亦分別簡述這五大加工技術的特殊方法。

　　本書作者雖在塑性加工領域的研究與教學已二十多年，但編著本書乃在公餘之暇，除了特別感謝「參考資料」的諸作者之外，也感謝內人江麗琴老師的體諒、鼓勵和照顧家務，而全華圖書公司的慨允幫忙，方能順利出版，謹致最高敬意。

　　本書從資料搜集至編撰、校對雖全力以赴，但作者才疏學淺，疏漏之處恐難免，深盼教師及讀者先進惠予指正。

許源泉　謹誌

於國立虎尾科技大學機械與電腦輔助工程系　精密鍛壓研究室

編輯部序

　　「系統編輯」是我們的編輯方針，我們所提供給您的，絕不是一本書，而是關於這門學問的所有知識，它們由淺入深，循序漸進。

　　本書介紹各種塑性加工技術及相關基本原理、實際製程、機具、方法等，涵蓋了塑性加工概論、冶金與力學，並闡述五大塑性加工的基本概念及加工技術的特殊方法。配合圖表豐富與本文對照，易讀易懂。適合大學、科大機械科系之「塑性加工」課程使用及對此書有興趣人員參考。

　　同時，為了使您能有系統且循序漸進研習相關方面的叢書，我們以流程圖的方式，列出各有關圖書的閱讀順序，以減少您研習此門學問的摸索時間，並能對這門學問有完整的知識。若您在這方面有任何問題，歡迎來函詢問，我們將竭誠為您服務。

相關叢書介紹

書號：05647
書名：機械製造
編著：孟繼洛.傅兆章.許源泉
　　　黃聖芳.李炳寅.翁豐在
　　　黃錦鐘.林守儀.林瑞璋
　　　林維新.馮展革.胡毓忠
　　　楊錫杭
16K/528 頁/450 元

書號：06147
書名：機械製造
編著：林英明.林　昂.林彥伶
16K/632 頁/基價 16

書號：05931
書名：工程材料科學
編著：洪敏雄.王木琴.許志雄
　　　蔡明雄.呂英治.方冠榮
　　　盧陽明
16K/544 頁/550 元

書號：05196047
書名：ANSYS 入門(附 ED 版光碟片)
　　　(修訂四版)
編著：康淵.陳信吉
16K/376 頁/690 元

書號：05054
書名：沖壓加工法
日譯：歐陽渭城
20K/456 頁/390 元

書號：0535401
書名：連續沖壓模具設計之
　　　基礎與應用(第二版)
日譯：陳玉心
20K/328 頁/400 元

書號：0568303
書名：精密量測檢驗(含實習)
　　　(第四版)
編著：林詩瑀.陳志堅
16K/464 頁/480 元

◎上列書價若有變動，請
　以最新定價為準。

流程圖

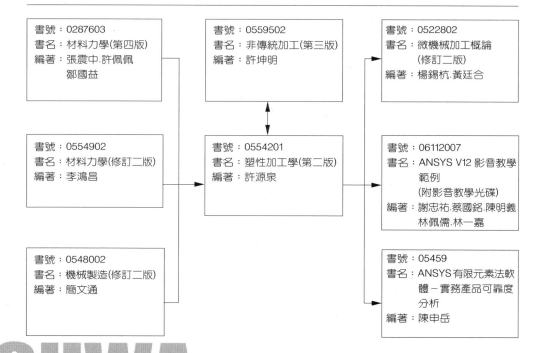

書號：0287603
書名：材料力學(第四版)
編著：張震中.許佩佩
　　　鄒國益

書號：0559502
書名：非傳統加工(第三版)
編著：許坤明

書號：0522802
書名：微機械加工概論
　　　(修訂二版)
編著：楊錫杭.黃廷合

書號：0554902
書名：材料力學(修訂二版)
編著：李鴻昌

書號：0554201
書名：塑性加工學(第二版)
編著：許源泉

書號：06112007
書名：ANSYS V12 影音教學
　　　範例
　　　(附影音教學光碟)
編著：謝忠祐.蔡國銘.陳明義
　　　林佩儒.林一嘉

書號：0548002
書名：機械製造(修訂二版)
編著：簡文通

書號：05459
書名：ANSYS 有限元素法軟
　　　體－實務產品可靠度
　　　分析
編著：陳申岳

目 錄 Contents

第 3 章　滾軋加工

第 4 章　鍛造加工

第 5 章　擠伸加工

第 6 章　抽拉加工

第 7 章　沖壓加工

Chapter **1**

緒　論

1-1 塑性加工的意義與特色

1-1-1 塑性加工的地位

　　機械製造是機械工業的基礎，更是一個國家發展與生存競爭的關鍵工具，機械製造技術乃是各種機械零組件的加工技術，而為適應各種零組件不同的功能、形狀尺寸及材料等特性需求，各種機械製造方法陸續被發展出來。如圖1-1 所示，機械製造法依其製程約可分為五大類：

1. 造形加工：將無形狀的原始材料加工成初步確定形狀，如鑄造、粉末冶金等。

2. 塑性加工：將金屬材料施加外力使其產生塑性和破壞的變形加工，如滾軋、鍛造等。

3. 切削加工：將金屬材料用切削刀具製造成各種幾何形狀，如車削、銑削、放電加工等。

4. 接合加工：將各種零組件接結成一體，如銲接、螺紋扣接等。

5. 表面加工：將製品表面實施適宜的處理，使其成形或具備某種性質，如電鍍、塗裝等。

　　每一種機械製造方法各有其不同的特質，因此在加工前應加以分析選擇，譬如製品的形狀、材料的特性、尺寸與表面粗糙度的要求、產量的多寡、技術的要求、成本的多少等，皆是應考慮的要項。塑性加工係以塑性變形將工件幾何形狀改變，同時也增進所需的機械性質。各種塑性加工法在機械製造領域中佔有極為重要的地位，它是一種具經濟性的大量生產方法，在工業中的應用甚為廣泛。

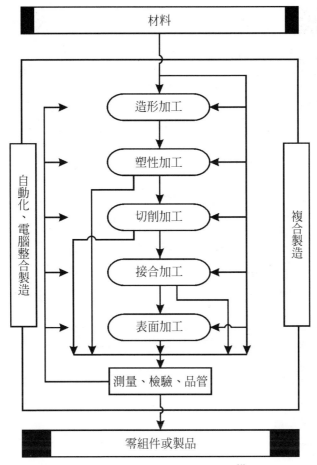

圖 1-1　機械製造的方法與流程[1]

1-1-2　塑性加工的定義與特色

　　將金屬材料施加外力使其產生塑性變形，以獲得所需形狀與性質製品的加工方法謂之塑性加工(Plastic working)，或稱金屬成形(Metal forming)。詳言之，塑性加工乃是利用成形機具產生強大外力(拉力、壓力、剪力、彎力等)，經由模具傳至待加工的胚料，使其產生特定的應力，以迫使胚料產生塑性變形，以獲致吾人所預期的形狀與性質之製品的加工方法或技術。

與其他加工方法比較，塑性加工法具有的特點如下：(參閱表 1-1)

1. 組織與性能佳：金屬經塑性成形後，原有內部組織疏鬆孔隙、粗大晶粒與不均勻等缺陷將改善，可獲優異性能。

2. 材料利用率高：塑性加工乃經由金屬在塑性狀態的體積轉移而獲得所需外形，不但可獲得分佈合宜的流線結構，而且僅有少量的廢料產生。

3. 尺寸精度佳：不少塑性加工法已能達到淨形或近淨形的要求，其尺寸精度也能達到應有的水準。

4. 生產效率高：隨著塑性加工機具的改進及自動化的提昇，各種塑性成形的生產率不斷提高，有益於大量生產的需求。

總之，塑性加工法的優點是
(1) 較佳的材料利用。
(2) 節省製造工時。
(3) 增進製品的品質。
(4) 提高工件材料強度。
(5) 設備操作簡單。
(6) 可進行大量生產。

而其缺點則有
(1) 加工負荷甚高。
(2) 工具設計製造不易。
(3) 部份形狀無法製造。
(4) 精度要求甚高較難達成。

表 1-1 塑性加工法與其他加工法的比較[2]

特徵 / 加工類別		塑性加工			粉末冶金	鑄造	切削	銲接
		熱間鍛造	冷間擠製	板金成形				
加工原理之特徵	優點	1. 固體流動性良好,變形能力大,成形容易 2. 良好的鍛流線,使得方向性、材料韌性變形能均能維持	1. 材料損失少,工件表面狀態佳,生產迅速 2. 作業環境良好,加工條件控制容易	1. 對冷間材料的板面內流動性巧妙的利用 2. 加工負荷較低,可以加工大尺寸、精度佳之工件 3. 作業環境良好	1. 只要原料材之配量正確,材料損失最少 2. 成形之自由度大,且表面狀態佳 3. 材料配合之可能性大	1. 液體之流動性良好,成形之自由度最大 2. 工件之一體構造及組合構造皆可	1. 必須使用剛性材料,漸進的去除表面,可達到良好的表面狀態 2. 機械及工具之泛用性最佳	1. 適合大型之剛性構件之組立 2. 質量分配困難且複雜的工件構成亦可達成
	缺點	1. 作業環境相對的惡化,機械、模具之損耗快 2. 作業時間無間隙,加熱費支出為必要	1. 材料之變形能力有限,需要剛強、高精度之鍛壓機 2. 工具之耐壓性要強,需要特別處理。素材需表面處理	1. 製品之剛性不足,防振效果待加強 2. 材料之變形能力有限	1. 壓粉技術的限制,還有形狀與密度的問題 2. 材料之衝擊值弱 3. 粉末之壓粉負荷受限制	1. 熔融金屬之盛裝、運輸困難,成本提高 2. 材料韌性、延性不足、組織鬆懈、常有氣孔	1. 加工時間較長 2. 須特別注意工具壽命成本	1. 準備之前工程為必要 2. 中實形物體之全面熔接困難 3. 後續之精修工程較多
	適合性	單件之反覆作業及順序作業均適合	連續反覆及多工程作業均適合	連續反覆、多工程及自動化作業均適合	反覆作業及不需燒結之沖壓作業均適合	反覆操作及連續作業均適合	單件作業亦有,專用機及NC控制工作機之反覆作業亦適合	單件的,自動化的進步的反覆作業皆適合

1-2 塑性加工的分類與方法

1-2-1 塑性加工的分類

塑性加工的分類方式有很多，常見的有

1. 依加工溫度分
   (1) 熱加工(Hot working)。
   (2) 冷加工(Cold working)。

2. 依材料形態分
   (1) 塊體成形加工(Bulk-deformation process)。
   (2) 薄板成形加工(Sheet-metal forming process)。

3. 依加工順序分
   (1) 初步成形(Primary working)。
   (2) 二次成形(Secondary working)。

4. 依工件狀態分
   (1) 穩態製程加工(Steady state process)。
   (2) 非穩態製程加工(Non-steady state process)。

5. 依工件應力系統分
   (1) 壓縮成形(Compression forming)。
   (2) 拉伸成形(Tension forming)。
   (3) 拉伸與壓縮成形(Tension and compression forming)。
   (4) 彎曲成形(Bending forming)。
   (5) 剪力成形(Shear forming)。
   (6) 扭力成形(Torsion forming)。

將金屬加熱至某一溫度以上時，金屬原有的晶粒消失，新結晶粒形成，這種現象謂之再結晶(Recrystallization)。此一溫度隨所受冷加工量增加而減低，

但是加工量達到某種程度後，此一溫度趨於一定值，此一定值的溫度即稱爲再結晶溫度(Recrystallization temperature)。通常，在高於材料再結晶溫度以上的溫度進行的塑性加工謂之熱加工(或稱熱作)，低於材料再結晶溫度以下的溫度進行的塑性加工謂之冷加工(或稱冷作)。或有稱材料變形溫度在 0.7< Tm <0.8 (Tm 是材料初始熔點溫度)謂之熱間加工，0.3< Tm <0.5 謂之溫間加工(Warm working)，0.3< Tm 謂之冷間加工。表 1-2 爲熱加工與冷加工之比較。

表 1-2　熱加工與冷加工之比較[1]

加工類別 比較項目	熱加工	冷加工
1.　溫度	再結晶溫度以上	再結晶溫度以下
2.　加工能量	需較小	需較大
3.　塑性變形能力	大	小
4.　尺寸精度	較低	較高
5.　外觀	較粗糙	較光平
6.　加工變形範圍	較廣	受限制
7.　加工製程	需較多	較少
8.　加熱設備	需要	不需要
9.　加工硬化	無	有
10. 強度	稍降	增加

　　塊體成形時，胚料承受較大的變形，使胚料的形狀或斷面以及表面積與體積比發生顯著的變化，又因產生較大的塑性變形，因此成形後通常無彈性回復現象，滾軋、鍛造、擠伸、抽拉即屬此類塑性加工法。薄板成形時，胚料的形狀發生顯著的變化，但其斷面形狀基本上是不變，而且彈性變形在總變形中所占比例是比較大，因此成形後會發生彈性回復或彈回現象，典型的薄板成形即稱爲沖壓加工。如圖 1-2 所示。

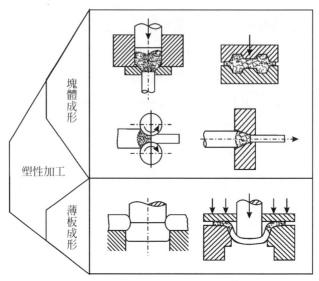

圖 1-2　塊體成形與薄板成形[3]

　　初步成形或稱一次成形，係指板、棒、線、管或型材等製造形狀較爲簡單、而供後續加工用素材的塑性加工，二次成形則指利用一次成形加工所製得之素材來製成更複雜形狀製品的塑性加工法，如圖 1-3 所示。當材料於塑性變形過程中，工件的形狀不斷的改變稱爲非穩態製程，譬如鍛造等製程。反之，胚料在塑性變形區具有相同的流動模式，並不隨時間而改變的塑性加工法稱爲穩態製程加工，譬如滾軋、抽拉等加工，如圖 1-4 所示。

　　材料進行塑性成形時，工件會承受不同的應力狀態，當材料受到單軸向或多軸向之壓縮應力而產生塑性變形謂之壓縮成形，例如鍛造、擠製、滾軋、普通旋壓等。又材料受到單軸向或多軸向之拉伸應力而產生塑性變形謂之拉伸成形，例如擴管、伸展成形等。材料若受到單軸向或多軸向之複合拉伸與壓縮應力而產生塑性變形謂之拉伸壓縮成形，例如線料抽拉、深引伸、引縮加工等。又材料受到彎曲應力而產生塑性變形謂之彎曲成形，例如板料彎曲加工等。材料受到剪應力而產生塑性變形謂之剪力成形，例如剪力旋壓等。材料受到扭力作用而產生塑性變形謂之扭力成形，例如扭轉加工等。如圖 1-5 所示。

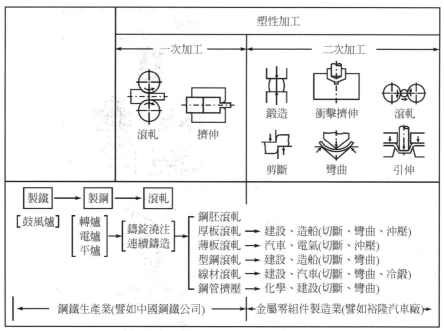

圖 1-3　一次與二次成形[17][20]

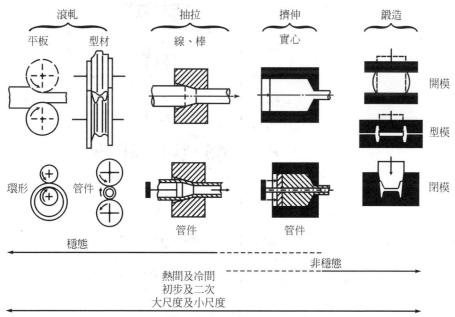

圖 1-4　穩態與非穩態製程[4]

模式	製程	
壓縮	鍛粗	
	擠伸	
	滾軋	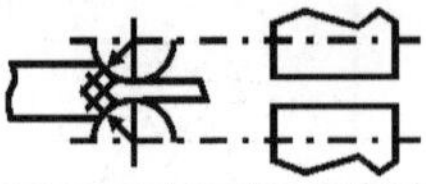
	旋壓 (傳統)	
拉伸	擴脹	
	伸展成形	
拉伸及壓縮	抽線	
	深引伸	
	引縮	
彎曲	在直線軸	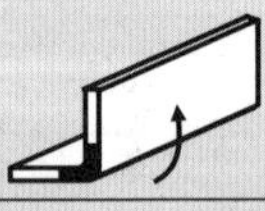
	在曲線軸	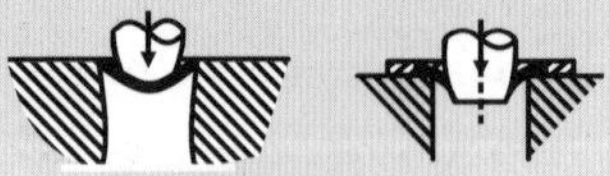
剪力	剪力旋壓	
	剪力壓製	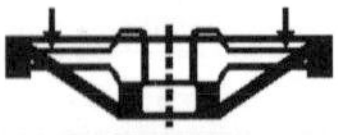
扭轉	定型	

圖 1-5　不同工件應力系統的塑性加工[5]

1-2-2　塑性加工的方法

　　塑性加工的方法有很多，比較基本的有下列五項：(參閱圖 1-6 及圖 1-7 所示)。

1. 滾軋(Rolling)

2. 鍛造(Forging)

3. 擠伸(Extrusion)

4. 抽拉(Drawing)

5. 沖壓(Stamping)

	圖示	說明
滾軋	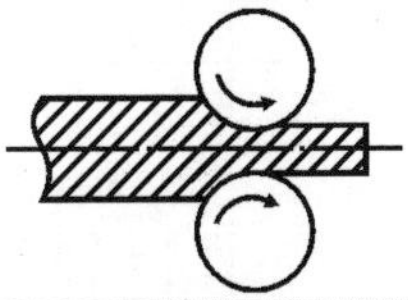	使金屬材料通過一對滾子，以改變斷面形狀及大小，並增加長寬的加工方法。例如鐵軌的滾軋。
鍛造	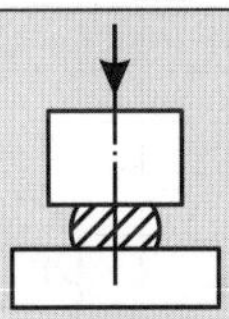	將金屬材料置於兩模具間施加壓力使其成形的加工方法。例如鐵錘頭的鍛造。
擠伸	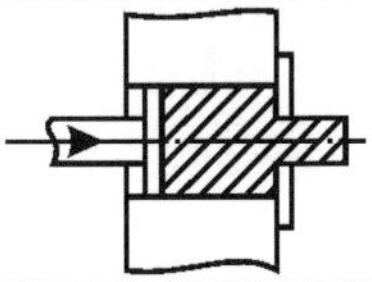	對金屬材料施加壓力使其流經模具型孔，而得到不同斷面長條型件的加工方法。例如鋁門窗框的擠伸。
抽拉	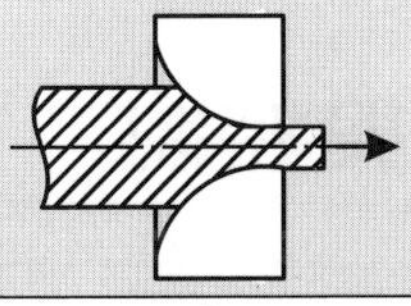	對金屬材料施加拉力，使其通過模具孔口，以減小或改變斷面的加工方法。例如大小銅線的抽拉。
沖壓	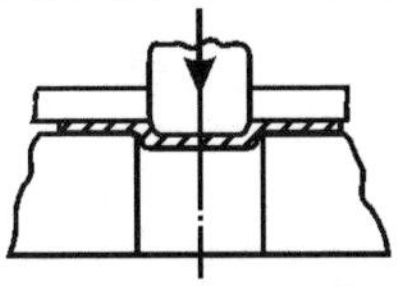	將板材放在上下模具間施加壓力使之變形或分離的加工方法。例如墊圈的沖剪。

圖 1-6　塑性加工的方法[1]

	方法	簡圖	變形區域 (陰影區)	變形區 主應力圖	變形區 主變形圖	變形區塑性 流動性質
A	滾軋 (縱向)		軋輥間			變形區不變 穩定流動
B	鍛造 (閉模)		全部體積			變形區變化 非穩定流動
C	擠製 (正向)		接近凹模口			變形區不變 穩定流動
D	抽拉		模具錐形穴			變形區不變 穩定流動
E	沖壓 (引伸)		壓料板下 板料			變形區變化 非穩定流動

圖 1-7　塑性加工法的變形情況[6]

1-3　塑性加工的製程變數與控制

1-3-1　塑性加工的製程變數

　　塑性加工的主要製程變數可規歸納為七大類：胚料、模具、工具／工件介面、變形區、成形設備、製品、工廠與環境，如圖 1-8 所示。

1. 胚料：塑流應力、可塑性、表面特性、熱與物理性質、初始特性等。

2. 模具：模具幾何形狀、表面狀況、材料、熱處理及硬度、溫度、剛性及準確度等。

3. 模具與工件介面狀況：潤滑劑形式及溫度、界面層的絕熱及冷卻特性、摩擦剪應力、與潤滑劑施加與除去相關的特性。

4. 塑性變形區：變形力學、分析模式、金屬流動速度、應變率及應變、應力(變形過程中的變化)，溫度(熱產生與熱傳導)等。

5. 成形設備：速度(生產速度)、力量與能量大小、剛性及準確度等。

6. 產品：幾何形狀、尺寸精確度、表面精度、顯微組織、機械性質及冶金性質等。

7. 工廠與環境：人力與組織、工廠與生產設備及管制、空氣、噪音及廢水污染等。

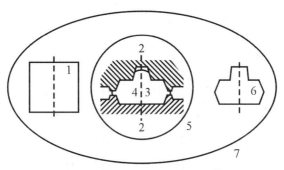

圖 1-8　塑性加工的製程系統[7]

1-3-2　塑性加工製程變數的預測與控制

　　為了改善品質及確保完善之製程控制，利用系統化的方法來發展塑性加工製程有其必要性，如圖 1-9 所示為塑性加工製程的系統模式，此系統之核心主要是由工具與工件交互作用之幾何與運動所建構，製程核心亦與其它製程參數(包含材料、磨潤、工具、力學解析、工具機、自動化)交互作用，以提高品質、生產力、彈性及經濟效益的進展。

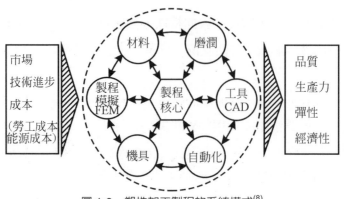

圖 1-9　塑性加工製程的系統模式[8]

通常預測及控制製程變數的方法有三：經驗、實驗及模擬，如圖 1-10，第一種方法須時較長，且限定在所接觸過的特定材料、機具及產品，在第二種方法中，直接實驗耗時費錢，而實驗室實驗則需小心與實際生產情況的差異，第三種方法則兼具理論與實務的優點，譬如，利用有限元素法等數值解析法配合電腦的模擬，因具有相當多優點，故其應用日漸普遍。

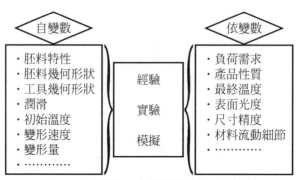

圖 1-10　塑性加工製程變數的預測與控制

1-4　塑性加工的應用

1-4-1　塑性加工的應用材料

可利用塑性加工法來生產的材料種類非常多，尤其自一九七○年代開始陸

續發展更多具有高強度、耐疲勞、耐高溫及耐腐蝕新材料。塑性加工的加工材料從碳鋼、合金鋼、不銹鋼、耐熱鋼等鋼料及鋁合金、銅合金、鋅合金、鎂合金等非鐵金屬，擴展至鈦合金、耐熱超合金、鎢鉬鈷等合金，其需求量更是不斷的增加。當然在應用各種塑性加工法時，更應配合材料之結構、強度及性質等關係，使其「適材適法」，如圖 1-11 所示。

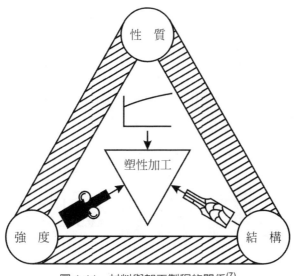

圖 1-11　材料與加工製程的關係[7]

1-4-2　塑性加工的產品

　　由於技術不斷的發展，各種可用材料亦陸續增加，因此塑性加工的應用範圍愈來愈多，譬如：鐵錘、鉗子等手工具，螺絲、螺帽等扣件，金屬盒、罐等容器，鋁門窗、接頭等建築構件，電子用沖壓零件，汽車、機車、工具機、飛機等工業重要零組件。如圖 1-12 為其在鋼鐵製造應用示例，圖 1-13 為其在汽車工業的應用示例。

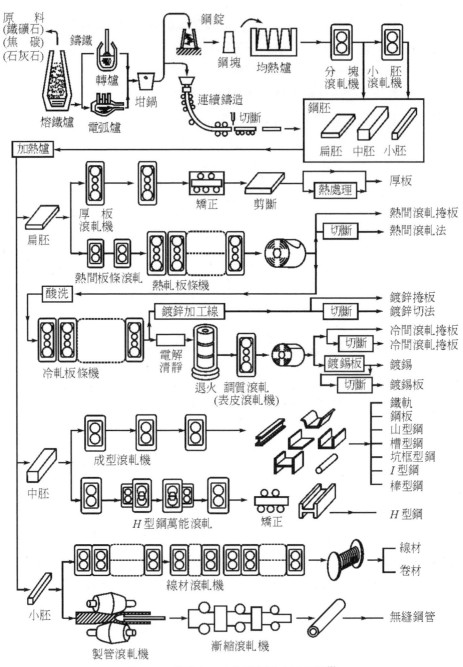

圖 1-12 塑性加工在鋼鐵製造應用示例[8]

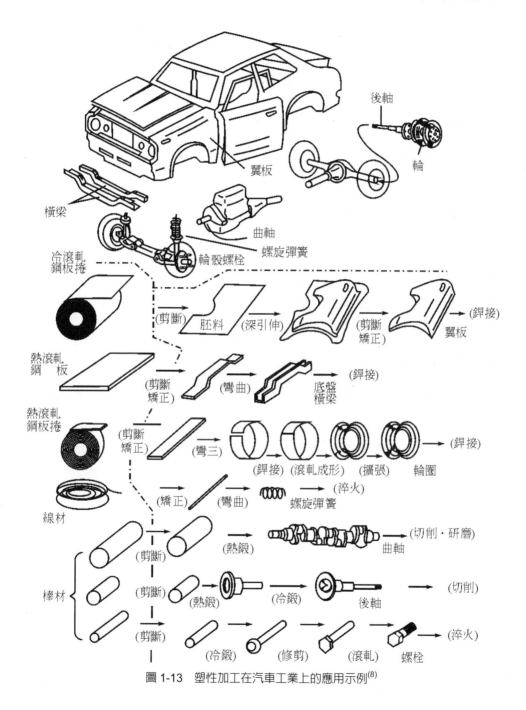

圖 1-13　塑性加工在汽車工業上的應用示例[8]

習題一

1. 簡要說明機械製造的方法。

2. 何謂塑性加工？有何特色？

3. 說明塑性加工如何分類？

4. 比較熱加工與冷加工。

5. 如何區分塊體成形與薄板成形？

6. 何謂穩態製程加工與非穩態製程加工？

7. 請定義(1)滾軋(2)鍛造(3)擠伸(4)抽拉(5)沖壓。

8. 塑性加工的主要製程變數有那些？

9. 說明塑性加工預測及控制製程變數的方法。

10. 列舉塑性加工的製品十種，而其主要加工法各是甚麼？

Chapter **2**

塑性加工基本原理

2-1 金屬與變形的基本概念

2-1-1 金屬的基本特質

金屬是由原子所構成，且在固體狀態時皆爲結晶體或稱晶體(Crystal)，所謂結晶體係指構成物體之原子或分子，在物體內具有一定規則的排列型態，而此種有規則的原子排列，謂之空間格子(Space lattice)或結晶格子(Crystal lattice)，不同的結晶格子就形成不同特性的金屬材料。雖然結晶格子的種類很多，但金屬元素的百分之七十皆由面心立方格子(Face-centered cubic lattice，簡寫爲 FCC)、體心立方格子(Body-centered cubic lattice，簡寫爲 BCC)及六方密格子(Close-packed hexagonal lattice，簡寫爲 HCP)之一的結晶構造所組成。

金屬結晶內通常都欠缺完美性，而存有一些缺陷(Defect)，這些缺陷行爲與金屬性質有著極密切的關係。材料典型的缺陷形式有下列幾種：(如圖 2-1)

(1) 點缺陷(Point defects)，如空孔、不純原子等。

(2) 線缺陷(Line defects)，如差排等。

(3) 面缺陷(Interfacial defects)，如晶界面等。

在這三種缺陷中，有些是促成金屬塑性變形的主要因素，如差排、空孔等，亦有些是阻滯金屬塑性變形者，如晶界面(在常溫狀況下會阻礙滑動，但在高溫下界面能產生差排，有助於變形，並生潛變)、不純原子等。金屬材料之所以能進行各種塑性加工，主要即由於材料有差排的存在。

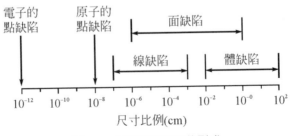

圖 2-1 材料典型缺陷的形式

2-1-2　金屬變形的基本概念

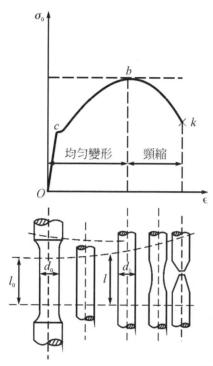

圖 2-2　金屬拉伸之公稱應力-應變曲線[5]

　　材料受到外力之作用時,將自然變更其形狀及尺寸,此項變更稱之為變形
(Deformation),變形可為彈性亦可為塑性,當一變形之材料將其施加之外力去
除後,能完全恢復原來之形狀與大小者謂之彈性變形(Elastic deformation),反
之,如果外力去除後,無法再恢復至原來的形狀者謂之塑性變形(Plastic
deformation)。以拉伸變形為例,可將整個變形過程分為三個階段:彈性變形、
均勻塑性變形及局部塑性變形。如圖 2-2 所示,第一個特徵點是降伏點(c),它
是彈性變形與均勻塑性變形的分界點,此點的應力即為降伏應力(σ_s)。第二個
特徵點是曲線上最高點(b),這時負荷達到最大值,其對應的標稱應力稱為抗
拉強度或謂最終拉伸強度(Ultimate tension strength,UTS),在最高點之前試件

均勻伸長，到達最高點時，試件開始出現縮頸，負荷開始下降，變形集中發生在試件的某一局部位置，這種現象叫做單向拉伸時的塑性不穩定，最高點(b)稱為塑性不穩定點，抗拉強度是均勻塑性變形和局部塑性變形兩個階段的分界點。第三個特徵點是破斷點(k)，試件發生斷裂，是單向拉伸塑性變形的終點。隨著材料性質的不同，所能施行的塑性變形程度也就有異，如圖 2-3 所示為三種不同材料的變形範圍。

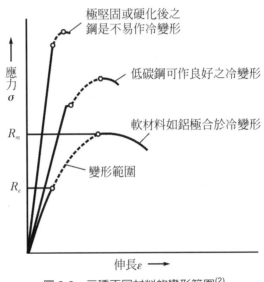

圖 2-3　三種不同材料的變形範圍[2]

2-2　塑性變形的形成

2-2-1　塑性變形的基本過程

　　工業上應用的金屬材料大多是屬於由許多晶粒所組成的多晶體。但多晶體中單個晶粒的塑性變形，基本上與單晶體的塑性情況也是相同。如圖 2-4 所示為單晶體的變形過程，單晶體未受到外力作用時，結晶格子處於穩定正常狀

態。當受外力作用後，金屬內部即產生應力，而引起變形，若當應力尚未超過金屬的降伏極限時，原子只偏離其穩定平衡位置，使結晶格子產生歪扭。此時，若將外力卸除，原子就立即回到原來的平衡位置，變形因而隨即消失，結晶格子恢復到原始狀態，此種變形即所謂之彈性變形，若外力繼續增加，應力超過金屬的降伏極限後，結晶格子產生更大的扭曲，同時晶體的一部份沿著某些結晶面相對於另一部份產生相對的滑動，產生滑動後，除去外力，晶體的變形不能全部恢復，這種變形就是塑性變形。

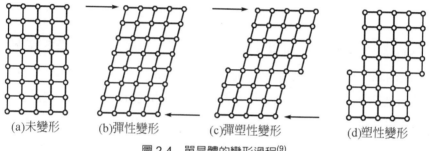

(a)未變形　　(b)彈性變形　　(c)彈塑性變形　　(d)塑性變形

圖 2-4　單晶體的變形過程[9]

多晶體是由許多微小的單個晶粒呈不規則組合而成。多晶體在組織結構上，通常具有下列特點：多晶體的各個晶粒的形狀和大小各不相同，化學成分和機械性能不均勻，相鄰晶粒的取向也不相同，多晶體中存在著大量的晶界，晶界處原子排列比較雜亂，並聚集著雜質。此外，相鄰晶粒間也相互影響，當其中某一個晶粒變形時，總要受到晶面界和周圍晶粒的限制。因此，多晶體的塑性變形要比單晶體複雜。

2-2-2　塑性變形的機構

金屬材料受不同大小的應力及溫度作用時，可藉不同的變形方式進行塑性變形，其主要有：(如圖 2-5 所示)。

1.　晶粒內部：滑動(Slip)、雙晶(Twin)。

2. 晶粒界面：晶粒邊界滑動(Grain-boundary sliding)及擴散潛變(Diffusion creep)。

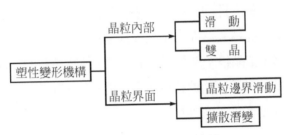

圖 2-5　塑性變形的主要機構

　　多晶體的塑性變形，可以在晶粒內部進行，也可以在晶粒間的晶界處進行。晶粒內部的變形主要是滑動(Slip)和雙晶(Twin)，而滑動亦是晶粒內部變形的主要方式。除晶粒內部變形外，在晶界上也產生變形。多晶體金屬受外力作用後，其塑性變形首先在結晶格子方位有利於滑動的晶粒內開始，然後才在結晶格子方位較不利的晶粒內進行。由於各個晶粒的取向不同，勢必互相牽制。因此，晶粒彼此間還會產生相對的滑動和轉動，如圖 2-6 所示。

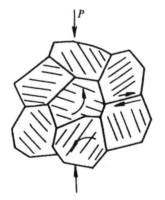

圖 2-6　晶粒間相對的滑動和轉動[8]

　　金屬晶體究竟以何種方式進行塑性變形，取決於那種方式變形所需的剪應力較低。在室溫下，大多數體心立方格子金屬滑動的臨界剪應力小於雙晶的臨

界剪應力，所以滑動是優先的變形方式，只在很低的溫度下，由於雙晶的臨界剪應力低於滑動的臨界剪應力，這時雙晶才能發生。對於面心立方格子金屬，雙晶的臨界剪應力遠比滑動的大，因此一般不產生雙晶變形，但在極低溫度(4～78K)或高速沖擊負荷下，這種變形方式也有可能發生。此外，當金屬滑動變形劇烈進行並受到阻礙時，往往在高度應力集中處會誘發雙晶變形。雙晶變形後由於變形部分方向改變，可能變得有利於滑動，於是晶體又開始滑動，兩者交替進行。至於六方密格子金屬，由於滑動變少，滑動變形難以進行，因此這類型的金屬主要係靠雙晶方式變形。

滑動很容易沿晶體的特有格子面及結晶方向而產生，然後擴展至其他面。滑動的形成將使大量原子逐步地從一個穩定位置移到另一個穩定位置，因而產生巨觀的塑性變形。結晶內最容易滑動的格子面通常是原子密度最大的面，而該格子面內最容易滑動的方向是原子密度最大的格子直線方向。因為原子密度最大的格子面，原子間距小，原子間結合力強，而其格子面間的距離則較大，而格子面之間的結合力較弱，滑動阻力當然也較小。同理，沿原子排列最密集的方向滑動阻力最小，最容易成為滑動方向。

通常每一種結晶格子可能存在幾個滑動面，而每一滑動面又同時存在幾個滑動方向。一滑動面及其上的一個滑動方向，即構成一個滑動系(Slip system)。如表 2-1 所示為三種結晶構造的滑動系。

表 2-1　三種結晶構造的滑動系[8]

結晶格子	體心立方格子		面心立方格子		六方密格子	
滑動面	{110}×6		{111}×4		{0001}×1	
滑動方向	<111>×2		<110>×3		<1120>×3	
滑動系	6×2＝12		4×3＝12		1×3＝3	
金屬	α-Fe、Cr、W、V、Mo		Al、Cu、Ag、Ni、γ-Fe		Mg、Zn、Cd、α-Ti	

　　一般而言，滑動系數目多的金屬要比滑動系少的金屬容易滑動，塑性也就較高。譬如，面心立方格子金屬比六方密格子金屬的塑性高，而體心立方格子金屬和面心立方格子金屬，雖然同樣具有十二個滑動系，但後者塑性卻明顯較前者佳，此乃因就金屬的塑性變形能力而言，滑動方向的作用大於滑動面的作用。體心立方格子金屬每個結晶格子之滑動面上的移動方向只有兩個，而面心立方格子金屬卻有三個，因此後者的塑性變形能力更好。溫度對滑動面亦有影響，溫度升高時，原子間距加大，原子熱振動的振幅加大，促使原子密度次大的格子面也參與滑動，並出現新的滑動系，因此金屬的塑性也跟著提高。

　　滑動系的存在只說明金屬晶體產生滑動的可能性。要使滑動能夠發生，需要沿滑動面的滑動方向上作用有一定大小的剪應力，此即所謂之臨界剪應力(Critical shear stress)。而臨界剪應力的大小，主要取決於金屬的類型、純度、結晶構造的完整性、變形溫度、應變速率和預先變形程度等因素。

　　金屬熱間塑性變形的機構主要除了晶粒內之滑動與雙晶之外，尚有晶粒邊界滑動和擴散潛變等。一般而言，滑動也是最主要的變形機構，雙晶多在高溫高速變形時發生，但對於六方密格子金屬，這種方式也頗為重要。晶粒邊界滑動和擴散潛變則只在高溫變形時才發揮作用。隨著變形溫度、應變速率、應力狀態等變形條件的改變，這些機構在塑性變形中所佔的份量和所形成的作用也有所差異。

　　在熱間塑性變形時，由於晶粒邊界強度低於晶粒內部，使得晶粒邊界滑動(晶界滑動)容易進行；又由於擴散作用的增強，及時消除了晶界滑動所引起的破壞。因此，與冷間變形比較，晶界滑動的變形量要大得多。此外，降低應變速率和減小晶粒尺寸，也有利於增大晶界的滑動量，而三軸向壓應力的作用會促使裂縫復合，故能產生較大晶粒間變形。

　　擴散潛變是在應力場作用下，由空孔的定向移動所引起的。在應力場作用下，受拉應力的晶界(特別是與拉應力相垂直的晶界)的空孔濃度高於其他部位的晶界。由於各部位空孔的化學位能差，引起空孔的定向移動，即空孔從垂直

於拉應力的晶界放出，而被平行於拉應力的晶界所吸收。按擴散途徑的不同，可分為晶內擴散和晶界擴散。晶內擴散引起晶粒在拉應力方向上的伸長變形(見圖 2-7(b))或在受壓方向上的縮短變形；而晶界擴散引起晶粒的轉動(如圖 2-7(c))，擴散潛變既直接有利於塑性變形的形成，也對晶界滑動產生調節效果。

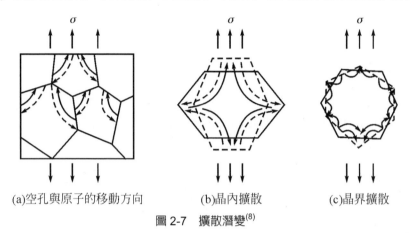

(a)空孔與原子的移動方向　　(b)晶內擴散　　(c)晶界擴散

圖 2-7　擴散潛變[8]

　　擴散潛變即使在低應力作用下，也會隨時間持續的發生，只是進行的速度較緩慢。若溫度越高、晶粒越細和應變速率越低，擴散潛變所產生的作用也就越大。此乃因溫度越高，原子的動能和擴散能力就越大，晶粒越細表示有越多的晶界和越短的原子擴散路程；而應變速率越低，則有更充足的時間進行擴散。在回復溫度以下的塑性變形，此種變形機構所引起的作用並不明顯，只有在很低的應變速率下才有考慮的必要；而在高溫下的塑性變形，特別是在超塑性變形和恒溫鍛造中，這種擴散潛變就有相當重要的作用。

2-3　塑性變形的影響

2-3-1　塑性變形的類別

　　金屬材料經塑性變形後，組織與性能會產生變化，變形後的金屬材料進行

加熱，也會隨著溫度的升高，使其組織與性能發生變化。由於金屬於不同溫度之塑性變形後所得組織與性能不同，因此金屬的塑性變形可分為三類：

1.　冷間變形：變形溫度低於回復溫度時，金屬在變形過程中只有加工硬化而無回復與再結晶現象，變形後的金屬只具有加工硬化組織，這種變形稱之為冷間變形。換言之，冷間變形係在沒有回復和再結晶的條件下進行的變形。

2.　熱間變形：變形溫度在再結晶溫度以上，在變形過程中軟化與加工硬化同時並存，但軟化能完全克服硬化的影響，變形後金屬具有再結晶的等軸細晶粒組織，而無任何硬化痕跡，這種變形稱之為熱間變形。換言之，熱間變形是在得到充分再結晶的條件下進行的變形。

3.　溫間變形：於溫間變形過程中，不但有加工硬化也有回復或再結晶現象，或謂加工硬化與軟化同時存在，但硬化較具優勢，此種變形謂之溫間變形。

2-3-2　冷間塑性變形的影響

經冷間變形後的金屬材料，由於組織結構主要的反應是加工硬化，隨著變形程度的增加，加工硬化也就更加顯著，相關性能也會隨著產生改變。產生加工硬化的原因是金屬在塑性變形時，隨著滑動過程的進行，在滑動面產生了破碎晶粒，滑動面附近的結晶格子也嚴重的扭曲，如圖 2-8 所示，如此造成滑動阻力的增加，使後續滑動不易，因而形成金屬的加工硬化。

圖 2-8　滑動面附近的破碎晶粒與扭曲結晶格子[9]

　　金屬經冷間變形後，隨著外形的改變，其內部各個晶粒的形狀發生相對的變化，即均沿著最大主變形方向被拉長、拉細或壓扁，如圖 2-9 所示。在晶粒被拉長的同時，晶粒間之雜質和和第二相也會沿著變形方向被拉長或拉碎呈細帶狀或鏈狀排列，這種組織即稱爲纖維組織(Fiber texture)。當變形程度越大，纖維組織也就越明顯，由於纖維組織的存在，使變形金屬的橫向(垂直於變形方向)機械性能降低，而呈現異向性結構。多晶體塑性變形時，晶粒會伴隨產生轉動，當變形量很大時，多晶體中原爲任意取向的各個晶粒，會逐漸調整其取向而彼此趨於一致，如圖 2-10 所示。這種由於塑性變形的結果而使晶粒具有擇優取向的組織，稱爲變形組織(Deformation texture)，當變形程度越大，變形狀態越均勻，則變形組織也越明顯。金屬或合金經冷擠壓、抽拉、滾軋和鍛造等塑性加工後，皆可能產生變形組織，但不同的塑性加工方式，會出現不同類型的組織，由於變形組織的形成，金屬的性能也就呈現異向性，經退火後，組織和異向性也仍然存在。

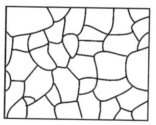
(a)變形前的退火狀態組織

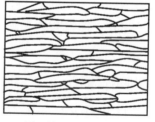
(b)變形後的冷軋變形組織

圖 2-9　冷間變形前後晶粒的變化(滾軋)[11]

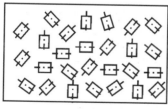
(a)晶粒的雜亂排列

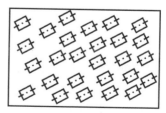
(b)晶粒的整齊排列

圖 2-10　多晶體晶粒的排列[11]

在冷間變過程中，由於晶體內及晶粒間物質的破碎，使變形金屬內產生大量的微小裂紋和空隙，因而會導致金屬的密度降低。導電性也會隨冷間變形程度的增加而降低，而這種降低在變形程度不大時特別顯著，又若隨冷間變形程度的增加，造成晶粒間物質破壞，導致晶粒之間彼此直接接觸，並且能使晶粒取向有規律，則這種變形的結果將會使金屬的導電性增加。但由於晶粒間與晶內的破壞引起電阻增加的作用較大，因此總體而言，冷間變形後的金屬將促使導電性能降低，同理，導熱性也降低。又金屬經冷間變形後，其內部的能量會增高，導致其化學性能不穩定而易受腐蝕。冷間變形對金屬的機械性質的改變有很大的影響，所有的變形阻力指標在變形過程中都提高了，此乃因變形過程中產生了加工硬化，使滑動阻力及其它各種與滑動阻力有關的機械因素都提高，因而大大的提高了比例極限，降伏極限，強度極限和硬度等。加工硬化在冷加工變形中，能夠增加強度極限一至二倍，降伏極限的增加就更大了，有時可高達三至四倍。金屬經冷間變後，由於各部位之變形不均勻，因而即使在外力卸除後，其內部仍有應力存在，此應力稱之內應力或殘留應力。在整個工件中，殘留應力是屬於一種暫態的平衡，作用於工件任何一截面上的全部內應力之和應當等於零。

金屬經冷間塑性變形所引起的加工硬化會隨變形程度的增加與累積，最終會導致金屬完整性的破壞，或由於設備性能的限制，使金屬不能繼續進行加工。為了使該金屬能繼續進行冷間變形，必需進行製程退火。如果為了使加工硬化的金屬獲得所需要的組織與性能，也需一定的退火過程。通常，冷間變形後的金屬在加熱過程中，隨著時間的延長，金屬的組織將發生回復、再結晶及晶粒成長等三階段，如圖 2-11 所示。第一階段為回復期($0\sim t_1$)，在這段時間內，金屬顯微組織幾乎無任何變化，晶粒仍維持在冷加工後的形狀。第二階段為再結晶期($t_1\sim t_2$)，開始時，在變形的晶粒內部開始出現新的小晶粒，隨著時間的增長，新晶粒不斷出現並長大，此過程一直進行至塑性加工後的晶粒完全改變為新的等軸晶粒為止，圖 2-12 為再結晶演變詳圖。第三階段稱為晶粒成

長期($t_2 \sim t_3$)，新的晶粒逐步相互吞併而長大，直到 t_3 時，晶粒長大到一個較爲穩定的大小。若將持溫時間確定不變，而使加熱溫度由低溫逐步升高時，也可以得到與上述情況相似的三個階段，溫度由 $0 \sim T_1$ 爲回復期，$T_1 \sim T_2$ 爲再結晶期，$T_2 \sim T_3$ 爲晶粒成長期(如圖 2-13 所示)。

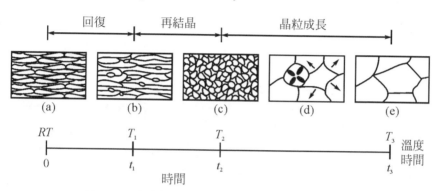

圖 2-11　金屬組織之回復、再結晶及晶粒成長過程[6]

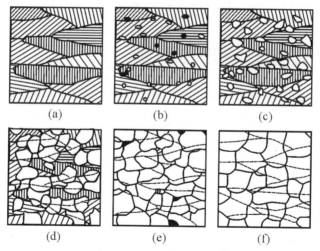

圖 2-12　再結晶演變詳圖[6]

註： 斜線部份代表塑性變形基地，白色部份代表無變形的新晶粒

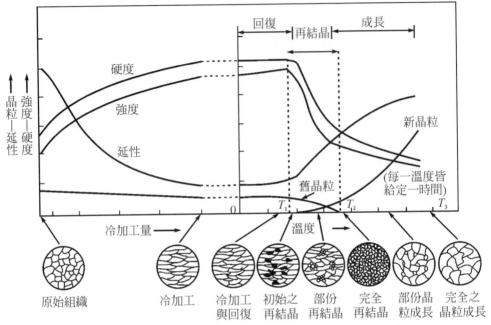

圖 2-13　金屬冷加工及退火週期之機械性質與顯微組織變化[6]

2-3-3　熱間塑性變形的影響

　　由於熱間塑性變形所引起的加工硬化現象和回復再結晶所引起的軟化過程幾乎同時存在。亦即在熱變形過程中，金屬內部會同時出現加工硬化與回復再結晶軟化兩個相反的過程。然因此時的回復再結晶是與加工同時發生的，因此稱之為動態回復和動態再結晶，而將在變形中斷或終止後的持溫過程中，或者是在隨後的冷卻過程中所發生的回復與再結晶，稱為靜態回復和靜態再結晶。

　　金屬材料熱塑性變形後的組織與性能受熱加工時的硬化過程和軟化過程的影響，而此過程又受加工溫度、應變速率、變形程度以及金屬本身性質的影響。如當變形程度大而加熱溫度低時，由加工所引起的硬化過程就佔優勢，隨著加工過程的進行，金屬的強度和硬度上升而延性逐漸下降，金屬內部的結晶格子之畸變得不到完全恢復，變形阻力越來越大，甚至使金屬斷裂。反之，當

金屬變形程度較小而變形溫度較高時，由於再結晶和晶粒成長佔優勢，金屬的晶粒會越來越粗大，此時雖然不致引起金屬斷裂，但也會使金屬的性能惡化。

　　因晶粒大小對金屬機械性能的影響頗大。晶粒越細小均勻，金屬的強度和塑性、韌性也均越高。在熱塑性變形時，當變形程度過大(大於 90％)且溫度很高時，還會出現再結晶晶粒的相互吞併而異常長大。熱變形時的變形不均勻，也會導致再結晶晶粒大小的不均勻，特別是在變形程度過小而落入臨界變形程度的區域，再結晶後的晶粒會很粗大。

　　金屬材料經熱間塑性變形時，在鑄錠中的粗大枝狀晶粒和各種夾雜物也都會沿加工方向拉長，而使在枝狀晶粒間富集的雜質和非金屬夾雜物的方向逐漸與加工方向一致，在巨觀上，沿著試件變形方向變成一條條的流線，而流線所形成的組織就是纖維組織，如圖 2-14。但在熱塑性加工中，由於再結晶的結果，被拉長的晶粒變成細小的等軸晶粒，而纖維組織卻穩定地被保留下來直至室溫。因此，此種纖維組織與冷間變形由於晶粒被拉長而形成的纖維組織是不同的。纖維組織的出現，將使鋼的機械性能呈現異向性，沿著流線方向的機械性質較高，而垂直於流線方向的性質則較低，特別是延性和韌性之表現更為明顯。

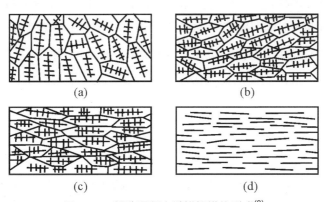

(a)　　　　　　　　　　　　(b)

(c)　　　　　　　　　　　　(d)

圖 2-14　鍛造過程中纖維組織的形成[8]

　　總之，藉由熱加工，可使鑄錠中的組織缺陷獲得明顯的改善，而使金屬材料的密度增加。在鑄造狀態時粗大的柱狀晶粒經過熱加工後一般都可變細，在

某些合金鋼中的大塊碳化物初晶亦可被打碎並較均勻分佈。由於在溫度和壓力作用下擴散速率增快，因而偏析可部分地消除，使成分較爲均勻。這些變化都可使金屬材料的性能有顯著之提高。

2-4 塑性行為

2-4-1 可塑性的意義與指標

可塑性係指材料受外力作用時塑性變形的難易程度，通常是用金屬的塑性和變形阻力來評量，材料的塑性愈大，變形阻力愈小，則可塑性愈好。塑性是指固體金屬在外力作用下發生永久變形而不破壞其完整性的能力，它是反映金屬承受塑性變形的能力。塑性不僅與金屬的結晶構造、化學成份及顯微組織有關，更與變形溫度、變形速度和受力狀況等外在條件有關。又塑性加工時，對金屬材料必須施加的外力稱爲變形力，金屬材料對變形力的反作用力稱爲變形阻力，在某種程度上它反映了金屬材料變形的難易程度。變形阻力的大小，不僅取決於材料的塑流應力，而且與塑性成形的應力狀態、摩擦條件及變形體的幾何尺寸等有關。塑性與變形阻力是兩個獨立的指標，因塑性好的材料不一定變形阻力就低，塑性差的材料也不一定變形阻力就高。譬如，沃斯田鐵不銹鋼在常溫可以承受很大的變形而不破壞，換言之，此種鋼材的塑性很好，但變形阻力卻不低。

爲了衡量金屬塑性的高低，需要一種數值定量的分析指標，此即塑性指標。塑性指標是以金屬材料開始破壞時的塑性變形量來表示，塑性指標可以用拉伸、鍛粗及扭轉等試驗方法獲得，常用的塑性指標是拉伸試驗所得得延伸率(δ)及斷面縮減率(ϕ)：

$$\delta = \frac{L_f - L_0}{L_0} \times 100\,\%$$

$$\phi = \frac{A_f - A_0}{A_0} \times 100\ \%$$

上式中 L_0 =試件的原始標距長度，L_f =試件斷裂後的標距長度，A_0 =試件的原始斷面積，A_f =試件斷裂後的最小斷面積。

　　鍛粗試驗係將一組試件於鍛壓機具上分別進行鍛粗到預定的變形程度，第一個出現表面裂痕的試件之變形程度(ε)即為其塑性指標：

$$\varepsilon = \frac{H_0 - H_f}{H_0} \times 100\ \%$$

上式中 H_0 =試件的原始高度，H_f =試件出現裂痕的鍛粗後高度。

　　扭轉試驗的塑性指標是以試件扭斷時的扭轉角或扭轉數來表示。

2-4-2　影響可塑性的因素

　　影響金屬可塑性的因素主要有：(如圖 2-15)

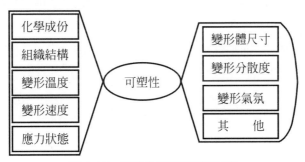

圖 2-15　影響金屬可塑性的因素

1. 化學成份：不同化學成分的金屬其可塑性不同。一般純金屬的可塑性比合金好。對碳鋼而言，隨碳含量增加，可塑性逐漸降低。例如，低碳鋼的塑性就比高碳鋼的塑性好，而且變形阻力也較小。

2. 組織結構：金屬的組織結構不同，可塑性就有很大差別。純金屬和固溶體具有良好的塑性和低的變形阻力，而碳化物的可塑性就比較差。金屬及合

金的晶粒大小，形態、分佈及其雜質的性質和分佈等不同，會影響金屬的可塑性。

3. 變形溫度：在塑性加工中，加熱是提高金屬可塑性的有效方法。一般而言，升高溫度，可使塑性提高，變形阻力減小，因而改善可塑性。但加熱溫度若過高或過低都會有不良影響。如加熱溫度過高，則晶粒長大，形成粗大晶粒的現象，溫度愈高，加熱時間愈長，此種現象愈嚴重，因而將使鋼料的可塑性及機械性質下降，因此應盡量避免。

4. 變形速度：變形速度是指單位時間內的變形程度。它對金屬可塑性的影響比較複雜。增加速度可以產生兩種效應：

   (1) 變形速度增大後，使加工硬化現象來不及消除，即回復、再結晶不能充分進行，因而塑性下降，變形阻力增加。

   (2) 變形速度提高後，由於熱效應使金屬的溫度升高，因而改善了金屬的塑性。變形速度愈大，熱效應現象愈明顯，因而金屬的塑性增加，變形阻力則下降。

5. 應力狀態：以不同加工方法使金屬變形時，所產生的應力大小和應力性質(拉或壓)也不同。通常，三個方向中壓應力的數目愈多，則塑性愈好，拉應力的數目愈多，則塑性愈差。其原因在於金屬內部或多或少總存在有氣孔、微裂紋等缺陷，在拉應力作用下，容易使微裂紋擴展而破壞，金屬塑性因而下降；在三軸向壓應力作用下，由於減小金屬內部原子晶格間距，不易出現裂紋，即使有微裂紋也不易擴展，使塑性增加。但三軸向受壓的變形方式，會使金屬胚料與工具間的摩擦增加，使變形阻力增大。

除了上述五個因素之外，變形體尺寸(體積)亦會影響金屬的塑性，尺寸越大塑性越低，但當變形體的尺寸達到某一臨界值時，塑性將不再隨體積的增大而降低，如圖 2-16 所示。尺寸因素影響塑性乃是因變形體尺寸愈大，其化學成份及組織愈不均勻，而且內部缺陷也越多，因而導致金屬塑性的降低。而且大變形體比幾何相似的小變形體具有較小的相對接觸表面積，因而由外摩擦引起的三軸向壓應力狀態就較弱，因此其塑性也就較低。

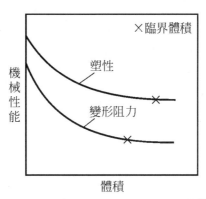

圖 2-16 體積對塑性與變形阻力的影響[11]

　　特別是低塑性金屬熱間變形時，不連續的變形(多次分散變形)亦可提高金屬的塑性，如圖 2-17 所示，當每次扭轉的轉數越小(亦即變形的分散程度越大)時，材料斷裂前所能獲得的總扭轉數就越多。此現象的原因乃因在分散變形中每次施加的變形量皆較小，遠低於金屬材料的塑性極限，所以在金屬內在所產生的應力也較小，無法使金屬產生破裂。而且在各次變形的間歇時段因能充分進行軟化，使金屬的塑性得到某一程度的恢復。經分散變形的鑄造組織也一次次地獲得組織結構與致密程度的改善。這些都可為後續的分散變形創造有利的條件，累積的結果使金屬破裂前所能獲得的總變形程度較一次連續變形時還高。

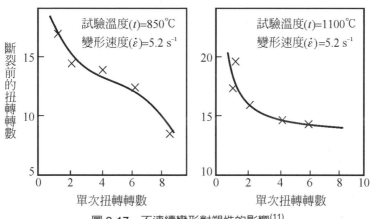

圖 2-17 不連續變形對塑性的影響[11]

此外，變形周遭的氣氛對金屬的塑性亦有影響，大多數的金屬材料在高溫下很容易經由氧化、溶解及擴散等方式被周遭的氣氛侵入。譬如，鎳及其合金在煤氣爐加熱時，爐內氣氛之硫會擴散到工件中與鎳形成低熔點共晶體 $(Ni+Ni_3S_2)$，並分佈在晶界處，如此將造成工件的熱脆性，在塑性加工時容易造成破裂。

2-4-3　提高可塑性的途徑

目前的塑性加工大都是由形狀簡單的原始胚料經由大塑性變形而獲得所需製品，因此，使金屬在變形時處於良好的塑性流動狀態，以創造有利的加工條件是頗重要的課題。通常可由下列途徑來提高金屬材料的塑性：

1.　提高材料成分和組織的均勻性：在塑性變形前進行高溫擴散退火，鑄胚的化學成分和組織可獲得均勻化的效用，因而將促使材料的塑性提高。例如鎂合金進行高溫均勻化處理後，容許的壓縮變形程度可由 45％提高到 75％以上。但因高溫均勻化處理生產周期長、耗費大，所以可用適當延長鍛造加熱時出爐保溫時間來代替，缺點是降低生產率，且應注意避免晶粒粗大。

2.　適選變形溫度和應變速率：加熱溫度選擇過高，則易使晶界處的低熔點物質熔化，晶粒亦有過分長大的危險，而若變形溫度選擇過低，則回復再結晶不能充分進行，加工硬化嚴重，如此將促使金屬的塑性降低，導致工件的破裂。因此必合理選擇變形溫度，並保証胚料的溫度均勻分布，避免局部區域因與模具接觸時間過長而使實際溫度過分降低，或因溫度效應顯著而使實際溫度過分升高。對於具有速度敏感性的材料，則要注意合理選擇應變速率。

3.　採用三軸向壓縮的變形方式：擠壓變形時的塑性一般高於開式模鍛，而開式模鍛又比自由鍛造更有利於塑性的選擇。在鍛造低塑性材料時，可採用一些能增強三軸向壓應力狀態的措施，以防止工件破裂。

4.　增加變形的均勻度：不均勻變形會引起附加應力，促使裂紋的產生。合理的加工條件、良好的潤滑、合適的模具形狀等都能減小變形的不均勻性。

例如，選擇合適的鍛伸比，可以避免胚料心部變形不足而產生內部橫向裂紋，鍛粗時採用疊鍛或在接觸表面上施加良好的潤滑等，都有利於減小胚料的凸脹以避免表面縱向裂紋的產生。又如合理的擠壓凹模入口角和抽拉模的錐角等，皆可使金屬具有較佳的塑性流動，以提高可塑性。

2-5　塑性力學概念

2-5-1　塑流應力

金屬在塑性加工時，其塑性變形的開始產生可以用降伏應力(Yield stress)來定義。因此，金屬的機械性質可以用降伏應力-應變曲線來表示，此曲線一般稱爲應力-應變曲線或塑流應力曲線(Flow stress curve)，如圖 2-18 所示。金屬的塑流應力(σ)與當時之應變(ε)、應變率($\dot{\varepsilon}$)及溫度(t)之關係可用構成方程式(Constitutive equation)來表示，即

$$\sigma = f(\varepsilon \cdot \dot{\varepsilon} \cdot t)$$

上列關係式係就某一材料在某種顯微組織下而言，若同一材料具有不同的相，其塑流應力亦不同。通常金屬於再結晶溫度以上加工時，應變對塑流應力的影響並不顯著，而以應變率的影響較爲重要，若在再結晶溫度以下加工時，則其應變率對塑流應力影響可以忽略而以應變的影響較爲重要，即加工硬化之現象。

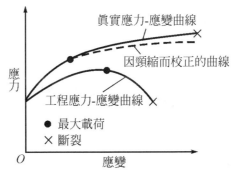

圖 2-18　公稱應力-應變曲線與真實應力-應變曲線比較[12]

塑流應力可依實驗方法設定不同的應變、應變率及溫度值來測定。常用之測定方法有拉伸試驗、壓縮試驗及扭轉試驗。

2-5-2　真實應力與真實應變

以金屬原來斷面積 A_0 及其長度 L_0 為基準，經計算出來的應力 S 與應變 δ，其形成的關係曲線稱為工程應力-應變曲線。但因此曲線並不是金屬中實際的應力與應變關係，故它無法提供金屬變形特性的真正指示。為解這些問題，Ludwik 氏首先提出真實應變(True strain)或自然應變(Natural strain)。真實應變又稱對數應變(Logarithmic strain)，其定義為：

$$\varepsilon = \int_{L_0}^{L} \frac{dL}{L} = \ln \frac{L}{L_0}$$

上式中　ε　= 為真實應變

　　　　L　= 為瞬時長度

　　　　dL = 為瞬時長度之增量

由於工程應變　$\delta = \dfrac{L - L_0}{L_0} = \dfrac{1}{L_0} - 1$，即 $\dfrac{L}{L_0} = 1 + \delta$，故真實應變可改為

$$\varepsilon = \ln(1 + \delta)$$

又真實應力可定義為

$$\sigma = \frac{P}{A}$$

上式中　σ　= 為真實應力

　　　　P　= 為瞬時負荷

　　　　A　= 為負荷下之瞬時斷面積

然因工程應力 $s = \dfrac{P}{A_0}$，且 $AL = A_0 L_0$ (因體積不變)，故真實應力可改為

$$\sigma = s(1 + \delta)$$

由圖 2-19 之眞實應力-應變曲線可以顯示金屬塑性變形時，對任意應變量所需的應力值。當金屬發生塑性變形以後，如果將負荷去除，則其應力-應變曲線通常不會呈線性，亦不會與彈性部分平行(如圖 2-19(b))，如果再重新施加負荷，其曲線將在逼近原來去除負荷時的應力處產生彎曲，並且再產生一些塑性應變後，該曲線會與最初未去除負荷的應力-應變曲線呈連續而重疊。在塑性變形區的施加與去除負荷所產生的遲滯行為(Hystersis behavior)，通常為塑性理論所忽略。又如果金屬在單方向產生塑性變形後，將負荷去除，直至應力為零時，再重新在反方向施加負荷，則其降伏應力會低於原來的值，如圖 2-19(c)所示 $\sigma_b < \sigma_a$。降伏應力決定於負荷路徑與方向的效應稱為包辛格效應(Bauschinger effect)，此效應亦為塑性理論所忽略。

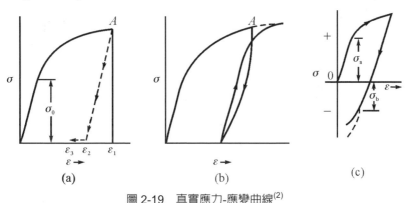

圖 2-19　真實應力-應變曲線[2]

2-5-3　應力應變方程式

進行力學解析時，通常需要應力-應變間的方程式，而為了簡化，常須假設：

(1)　不計包辛格效應。

(2)　不計應變硬化。

(3)　不計彈性應變。

　　而且為了簡化數學式但亦不與真實材料偏差太多，故可將應力-應變關係理想化成如圖 2-20 所示之五類：

1. 完全彈性材料：材料僅做彈性變形，且在彈性限內即已破壞。
2. 彈性：線性加工硬化材料：材料從彈性進入塑性後，應力隨著應變而做線性的增加。
3. 彈性：完全塑性材料：材料彈性後的塑性，其應力維持一定值。
4. 剛性：完全塑性材料：材料無彈性部分而僅做塑性變形，且其應力值維持一定。
5. 剛性：線性加工硬化材料：材料無彈性部分而僅做塑性變形，且其應力隨著應變而做線性的增加。

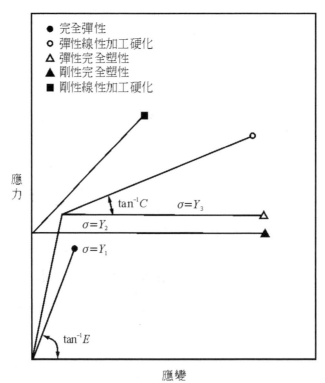

圖 2-20　應力-應變理想化關係[19]

應力-應變方程式常用的有下列三種：

1. Ludwik 式方程式

$$\sigma = Y + K\varepsilon^n$$

其中　σ ＝眞實應力

　　　Y ＝初始降伏強度　　　　ε ＝眞實應變

　　　K ＝材料強度係數　　　　n ＝應變硬化指數($0 \le n \le 1$)

2. Swift 式方程式

$$\sigma = B(K + \varepsilon)^n$$

其中　σ ＝眞實應力

　　　K ＝材料強度係數

　　　ε ＝眞實應變

　　　n ＝應變硬化指數($0 \le n \le 1$)

3. 雙線性加工硬化方程式

(1) 在彈性範圍：$\sigma = E\varepsilon$(其中 E 爲彈性係數)

(2) 在塑性範圍：$\sigma = F\varepsilon$(其中 F 爲塑性係數)

2-5-4　降伏條件

降伏條件(Yield Criterion or Yield Condition)是關於在任何可能的應力狀態(在某負荷經路下，塑性體繼續產生永久變形所需的應力狀態或有某應變履歷的塑性體產生新應變所需的應力狀態)下，金屬的彈性界限的假說或學說。根據降伏條件可判斷在此應力狀態下金屬的塑性變形是否會發生。

在現今塑性加工的分析中最常用的有下列二種理論學說：

(1) 崔斯卡降伏條件(Tresca yield criterion)。

(2) 密斯氏降伏條件(Mises yield criterion)。

　　雖然實驗數據顯示大部分金屬材料的降伏較接近密斯氏降伏條件，但崔斯卡降伏條件的數學是較簡單，有時爲了簡化分析起見，就採用崔斯卡降伏條件。當然這二種降伏條件的基本表示式均假設材料具有方向性(Sotropic)，不具加工硬化現象及沒有包辛格現象。

1. 崔斯卡降伏條件：又稱最大剪應力理論，Tresca 認爲材料不論承受何種形式的外力，只要材料中產生的最大剪應力達到一臨界值時，材料就會產生塑性降伏。若主應力的大小順序爲 $\sigma_1 < \sigma_2 < \sigma_3$，最大剪應力 Z_{max} 爲代數值最大與最小的主應力差之半，即

$$\Phi = Z_{max} = \pm \frac{\sigma_1 - \sigma_3}{2}$$

當上式最大剪應力 Z_{max} 達到材料的剪降伏強度Φ值時即發生塑性降伏。

2. 密斯氏降伏條件：又稱最大變形能理論，Mises 認爲材料中剪力所構成的剪應變能達到某一臨界值時，材料就開始發生降伏現象，即

$$U = \frac{J}{2G}$$

上式中　U = 剪應變能

G = 材料剪模數$= \dfrac{E}{2(1+\nu)}$

J = $\dfrac{1}{6}[(\sigma_1 - \sigma_2)^2 + (\sigma_2 - \sigma_3)^2 + (\sigma_3 - \sigma_1)^2]$

E = 楊氏模數

ν = 蒲松氏比

σ_1，σ_2，σ_3 =各三軸主應力

2-5-5　塑性力學解析法

塑性加工是一種綜合材料及機械加工的方法,且影響其製程的變數也相當多,故除需先對材料的背景有所了解之外,並需運用各種力學條件及基礎方程式,來描述塑性加工之塑性變形情況,再用各種解析方法來解決複雜的變形問題,以利塑性加工製程之規劃與進行,而製成所需的塑性加工製品。

因此,以力學來解析塑性加工問題的目的有下列四點:

1. 預測工件在成形過程中內部的應力、應變與應變量等,以評估模具及機具,並預知工件是否在成形過程會發生破壞或缺陷。

2. 預知所需的塑性加工成形負荷,以便選用或設計模具與成形機具。

3. 預測塑性加工製品之品質,尤其是其機械性質。

4. 決定合理的塑性加工成形條件,並做製程規劃。

欲對塑性加工工件內部各點進行力學分析,雖可運用數學聯立方程式來求解,但過程繁複,且通常無法得到嚴密的解析或完全解。因此,為簡化解析,可依目的採用若干假設,並輔以並要的實驗觀察及經驗,以減少損失近似度,為此各項簡化之解析法就相繼出現。

常見的解析法有切片法、均勻變形能量法、滑動線場法、上界限法及有限元素法等。因有限元素法能獲得較詳盡的結果,過程也較嚴密,解析力最強,因此應用最廣。茲將重要的解析法概要簡述如後(參閱表 2-2)。

1. 切片法(Slab method):又稱初等解析法(Elementary method 或靜力平衡法(Stress equilibrium method),此法假設均勻變形,然後就工件切取一片代表性單元,就作用在單元上之應力使得各方向的力平衡,建立基礎方程式,無須應力-應變方程式,只要代入邊界條件,即可求得成形應力等資料。本分析法優點是較簡單而可快速求得概估負荷,適合現場工程師做概括性估計,但因不考慮材料的流動方式,是以造成負荷的低估。

2. 均勻變形能量法(Homogeneous deformation energy method)：此法系假設工件做均勻變形，且亦不考慮金屬流動的方式，然後從單位體積塑性變形所做的功來計算平均的成形負荷。

3. 滑動線場法(Slip-line field method)：所謂之滑動線場係在成形胚料之塑性區物理平面上所建立之最大剪應力方向的軌跡形成的滑移線，形成彼此正交之曲線族。當加上應力或速度等邊界條件後，即可求得塑性區應力、速度和成形負荷，其正確性則依移線是否真實而定。最早由 Hill 利用滑移線場理論於平面應變擠伸分析，因此法有助對擠伸製程中不均勻特性的瞭解，適合對擠伸製程中變形的不均勻特性做定性分析，但由於滑移線的建立不易，所以此法的應用範圍有限。

4. 上界限法(Upper-Bound method，UBM)：此法係利用「虛功原理」及「最大塑性功消耗原理」，分別求得成形負荷極限值。亦即根據鋼塑性模式，在塑性區內假設一個速度場模式，以滿足塑性流動方程式及應變配合方程式與邊界條件，但不一定滿足應力方程式，據此求得應變率場及最大變形功率，加入最佳化過程以求得較近似的速度場及其它分析。此分析法因是從運動學上可容許的速度場計算，故可估計到較實際變形所需稍高的成形負荷，又因具有相當的準確性及計算容易，對於非軸對稱的問題也可提供合理的預測，所以具有相當高實用性。本解析法所需的時間不長，具有快速及相當準確性的優點，所以適合對複雜的擠伸做分析，而且具有相當的準確性，可做為模具及製程設計與分析的工具，但是無法得到工件及工具內應力分佈情形，須以其他方法做為應力分佈估計。

5. 視定塑性力學法(Visioplasticity)：利用實驗的觀察加以理論分析，由變形前及變形後的網格分析得到應變場、應變率場及速度場，再根據塑性流動法則得到應力場。此法分析結果準確而詳盡，適合做為金屬成形的物理模擬以分析製程缺陷，並可用來驗證其它近似方法的準確性。但由於變形網格量測與分析不易，所以實驗分析法在應用上受限制，可以此伴用影像分析技巧，以便使本分析法更具有實用性。

6. 上界限單元法(Upper-Bound Elemental Technique，UBET)：類似上界限分析法，但是將塑性區切成許多小的變形單元，單元數目多寡則依變形區複雜情況而定，在各個變形單元中假設一速度場，由小單元的速度場組成整個變形區的速度場，對最大變形功率做最佳化求得較近似的速度場與最大變形功率。此法因將變形區分割成許多小單元，所以適合變形區較複雜的製程分析。也因為有許多小變形單元，所以最佳化參數較上界限法多，分析過程較費時又不易收斂。對於三維非軸對稱製程問題，基本變形單元不易假設，而且三維的基本變形單元必定含有非常多的速度場參數，最佳化過程將更困難。

7. 有限元素法(Finite element method)：此法發勒於 1906 年，但到 1953 年以後工程師們才把 FEM 與電腦結合，解決工程上的問題。FEM 的基本概念係將一複雜連續體(胚料)分割成許多小元素，將各元素的剛性組合成一個模擬比一大連續體的剛性矩陣，當這一連續體受到某些外力或產生某種位移時(邊界條件)，所有元素的應力與位移皆可由解聯立方程式求得，因而整個胚料的應力分布、變形狀況等皆可求之。

　　總之，前五種方法視材料為剛性-理想塑性模式，甚少考慮加工硬化現象，除滑動線場法外均只能預估成形負荷。滑動線場法可求出平面應變問題的應力分布，對軸對稱問題的解析則相尚繁雜。上界限法則有對複雜幾何形狀的不連續面及可靠的可容速度場建立困難等缺點。上界限單元技巧由於速度場的猜值與經驗有關及後續處理上最佳化問題，會使得結果發生偏差。視定塑性力學法藉由半實驗半分析的過程，雖可得相當完整的資料，但無論其實驗或分析的過程都相當繁瑣。尤其處理到三維的製程問題時，上述方法均顯的能力不足。此外，切片法之解析結果限制在單方向之應力改變，滑動線場法則主在解決平面應變下剛塑性材料的問題，上界限法雖可計算出變形力量，然對於局部應力與應變分佈則無法獲得。各種塑性理論之推導方式均有其基本限制，唯有限元素法可獲塑性加工製程中模具設計與製程控制較詳盡之資料，而其唯一限制則在

於電腦記憶容量與執行速度。因此有限元素法於電腦輔助模擬解析技術上已為其主要趨勢。

表 2-2　各種塑性力學解析法的比較[54]

方法＼特徵	必要之前提				所得之資料	計算之手續	備註
	材料之構成式	幾何條件	應變分佈	應力分佈			
切片法	剛塑性材料 Tresca、Mises 之降伏條件	工具之相對夾角在 30° 以下工具之間隔為材料與工具接觸面長度之 1/3～1/2 以下	被工具所夾之間隔內之材料為一樣	被工具所夾之間隔內之材料為一樣	接觸面上之應力分佈,加工負荷、力矩、能量、外形之概略變化	簡單,可用於模具之 CAD 或作用之 in-line control	自由表面較多之大變形,處理上有困難
均勻變形能量法	剛塑性材料 Mises 之降伏條件Levy-Mises 之流動條件	平面變變,且以軸對稱變形為主	全部幾為均一	未考慮	加工負荷、力矩、能量、外形之概略變化	簡單	理想變形狀態下,所得之結果需以實驗結果來修正
滑動線場法	剛性完全塑性材料	平面應變	任意	任意	應力應變分佈,負荷、力矩、能量、外形變化、缺陷形成之概略	稍為煩雜,為了求得正確的滑動線場,必需有熟練的技巧	非完全塑性體時,其結果可做近似性地修正。自由表面較多之問題,處理上較困難
上界限法	剛性完全塑性材料 Mises 之降伏條件 Levy- Mises 之流動條件	任意,但以二次元(二維)或軸對稱變形較佳	比較單純之分佈	未考慮	加工負荷、力矩、變形能量之上界限、近似值、外形變化、缺陷形成之概略	較簡單,但精度要求較高時,對於應變分佈之選擇需要較熟練	非完全塑性體時,其結果可做近似性地修正。自由表面較多之問題,處理上較困難
視定塑性力學法	任意	任意	比較單純之分佈	未考慮	速度場應變場流線製程缺陷	簡單、煩瑣	配合影像處理系統較佳
上界限單元法	剛性完全塑性材料 Mises 之降伏條牛	任意	材料內各小單元內為一樣或單純分佈	未考慮	應變、負荷、能量外形變化應變率	簡單但耗時甚多	最佳化參數甚多適合變化區較複雜的製程分析
有限元素法	任意	任意,但以二次元(二維)或軸對稱變形較佳	材料內之各個小元素內為一樣或單純分佈	材料內之各個小元素內為一樣或單純分佈	應力、應變、溫度分佈、負荷、力矩、能量、外形變化、缺陷形成之詳細	非常煩雜,要得到正確的結果,對於元素之分割、變形增量的選擇需要有熟練的技巧	大變形之情況下,其精度尚未十分良好

習題二

1.　金屬的缺陷有那些？何者對塑性變形有利？何者不利？

2.　繪金屬拉伸的公稱應力—應變曲線圖，並說明其變形過程。

3.　何謂滑動？詳述其對塑性變形的影響。

4.　比較 BCC、FCC 及 HCP 的變形難易。

5.　材料產生塑性變形的機構有那些？分別簡述之。

6.　請比較冷間變形、熱間變形及溫間變形。

7.　何謂纖維組織？變形組織？

8.　說明冷間變形後，對金屬性質的影響。

9.　繪簡圖說明金屬組織的回復、再結晶及晶粒成長。

10.　說明熱間變形後，對金屬性質的影響。

11.　何謂可塑性？塑性？變形阻力？

12.　影響金屬可塑性的因素有那些？說明之。

13.　如何提高金屬材料的塑性？

14.　何謂塑流應力？構成方程式？

15.　如何計算真實應力與真實應變？

16.　何謂包辛格效應？

17.　分別說明崔斯卡降伏條件及密斯氏降伏條件，並比較之。

18.　塑性力學解析法有那些？簡要說明之。

19.　何謂有限元素法？有何特色？

Chapter **3**

滾軋加工

3-1 滾軋的意義與種類

3-1-1 滾軋的歷史與意義

　　十四世紀即有滾軋加工出現(如圖 3-1 及圖 3-2)，但用於鋼鐵材料的熱間滾軋則於十七世紀末才發展出來，隨著動力系統及相關技術的快速發展，目前連續滾軋機應用於熱滾軋的速度已達 700m/min，冷滾軋更超過 2000m/min。

　　圖 3-1　古代的滾軋加工(1495 年)[83]

　　圖 3-2　古代的滾軋加工(1615 年)[83]

　　滾軋(Rolling)係將金屬材料置於上下兩個反向轉動的軋輥間，以連續塑性變形的方式通過，以得到所需形狀的加工方法。換言之，它是利用材料與軋輥間的摩擦力，將材料引入軋輥間以進行連續軋壓，其目的在於使材料厚度縮減或改變其截面形狀。如圖 3-3 所示。

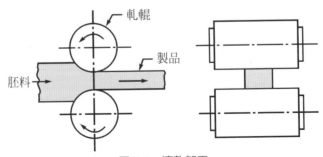

軋輥

製品

胚料

圖 3-3　滾軋加工

　　滾軋加工係由連續鑄造或鑄錠(Ingot)先經滾軋成中胚(Bloom)、扁胚(Slab)及小胚(Billet)後，再進一步滾軋為各種板材、棒材及型材等，如圖 3-4 及圖 3-5 所示。

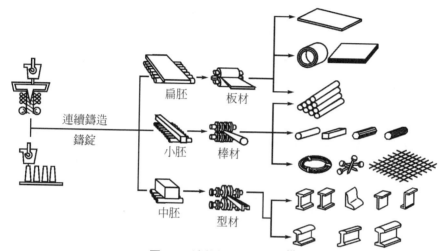

圖 3-4　滾軋加工基本流程[1]

形狀與尺寸	滾軋之種類	製品	主要用途
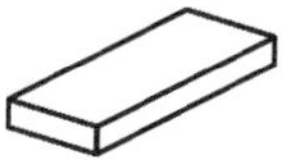 扁胚 (厚 50～300× 寬 500～1800)	厚板滾軋	厚板(3mm 以上) 	造船用鋼板、石油輸送管用原板、大型構造物用鋼板等
	熱薄板滾軋	熱軋切板 	一般構造用鋼板、汽車框架、車輛、冷壓延鋼板與熔接管之素材等
		熱軋鋼卷 	
	冷薄板滾軋	冷軋切板 	汽車用外板、鋼製家具、家庭電氣製品、鍍鋅或鍍錫鋼板等
		冷軋鋼卷 	

圖 3-5　滾軋胚料及製品的應用[17]

		H(I)形鋼 	土木建築用鋼材、一般構造用鋼材等
中胚 (150×150～ 400×400)	萬能滾軋		
	型鋼滾軋	鋼矢板 	
 小胚 (40×40～ 150×150)	穿孔滾軋	無縫鋼管 	機械構造用鋼材、螺桿釘、彈簧、鋼纜、汽車輪胎鋼絲等之素材
	棒、線材滾軋	棒鋼 	
		線 	

圖 3-5　滾軋胚料及製品的應用[17](續)

3-1-2　滾軋的分類

滾軋加工可依下列方式分類：(參閱圖 3-6)

1. 依加工溫度分：
   (1) 熱作滾軋(Hot rolling)。
   (2) 冷作滾軋(Cold rolling)。

2. 依工件形狀分：
   (1) 平板滾軋(Flat rolling)。
   (2) 型材滾軋(Shape rolling)。

3. 依軋輥配置分：
   (1) 縱向滾軋(Longitudinal rolling)。
   (2) 橫向滾軋(Transverse rolling)。
   (3) 歪斜滾軋(Skew rolling)。

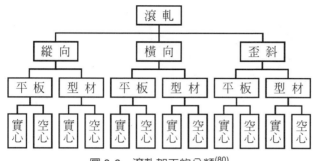

圖 3-6　滾軋加工的分類[80]

於材料之再結晶溫度以上進行滾軋之加工稱爲熱作滾軋，簡稱熱軋。而於材料之再結晶溫度以下進行滾軋之加工稱爲冷作滾軋，簡稱冷軋。(如圖 3-7 所示)

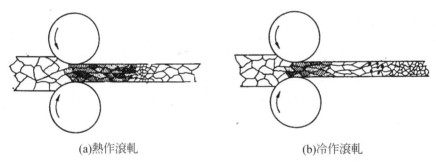

(a)熱作滾軋　　　　　　　　　　　(b)冷作滾軋

圖 3-7　熱作滾軋與冷作滾軋[1]

如圖 3-8，縱向滾軋係加工材料的變形乃發生於具有平行軸且旋轉方向相反之兩軸之間，當進行縱向滾軋時，加工材料即沿垂直於軋輥軸之直線向前移動，塑性變形大都發生在這一方向，此種滾軋法最爲常用，約占整個滾軋工廠生產的百分之九十左右。橫向滾軋係加工材料僅繞著其本身之縱軸而移動，因此金屬材料之塑性加工主要係受材料之橫方向所影響。歪斜滾軋係利用不平行軋輥之設置，使金屬材料不但可繞其本身之軸而移動，而且又可使其沿該軸進行，這兩項混合運動使得金屬材料沿一螺旋線產生塑性變形。

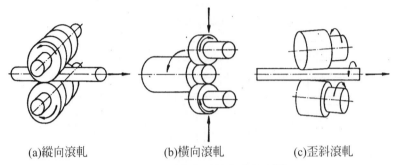

(a)縱向滾軋　　　　　　(b)橫向滾軋　　　　　　(c)歪斜滾軋

圖 3-8　不同軋輥配置的滾軋法[80]

3-2　滾軋的原理

3-2-1　滾軋的基本原理

　　板材滾軋係最單純的滾軋加工，如圖 3-9 所示為材料與軋輥間的幾何關係，在圖中軋輥直徑為 D、軋輥半徑 R，入口材料厚度 h_1，出口材料厚度 h_2，入口材料寬度 b_1，出口材料寬度 b_2，入口材料速度 v_1，出口材料速度 v_2，接觸長度 l_d，咬入角 α。

　　兩軋輥之間的間隙稱為輥縫(Roll gap)，材料與軋輥間接觸弧的水平投影稱為接觸長度，通常接觸長度 $l_d = \sqrt{R \cdot \Delta h} = \sqrt{R(h_1 - h_2)}$。當材料通過輥縫時，材料將產生如下之變形：高度減少(稱為壓縮)、寬度增加(稱為展寬)、長度增加(稱為延伸)，若設滾軋前後材料體積不變，則 $(h_2/h_1) \times (b_2/b_1) \times (l_2/l_1) = \gamma \times \beta \times \lambda = 1$，其中 γ 稱為滾軋比，β 稱為展寬比，λ 則稱為延伸比。

　　如圖 3-10 為胚料在滾軋時的流動情況，原先垂直面已逐漸彎向與滾軋反向的方向，由圖可知，靠近入口平面處的變形僅限於胚料表面附近之局部區域，當胚料通過兩軋輥時，塑性變形才逐漸深入內部，此即顯示在滾軋加工中材料的表面部份，其塑性變形會比中心部份快。圖 3-11 為其不均一變形的示例，在入口處及接觸弧中央附近區域皆有非塑性區的存在(如圖之陰影區)，而圖中之白色區則為激烈變形區。

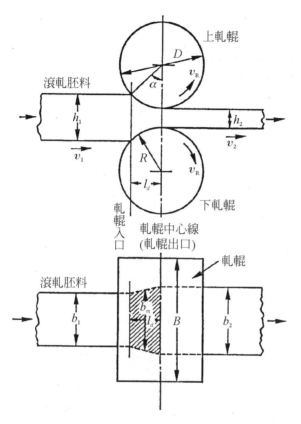

圖 3-9　材料與軋輥間的幾何關係[17]

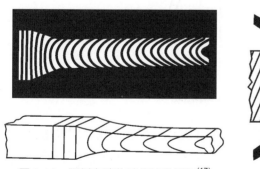

圖 3-10　胚料在滾軋時的流動情況[17]

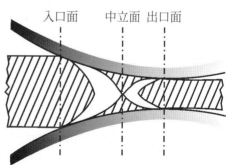

圖 3-11　滾軋胚料之不均一變形[17]

　　滾軋加工後，板厚的減少量稱爲減縮量(Draft)，即 $\Delta h = h_1 - h_2$，板厚的減小比率則稱爲減縮率(Reduction)，即 $\varepsilon_r = \Delta h / h_1$。當材料進入輥縫時，軋輥與材料所接觸部份的中心角稱爲咬入角(Grip angle)或接觸角。如圖 3-12 所示，如果當材料被咬入輥縫時，軋輥施於材料的徑向壓力爲 P_R，軋輥切線方向的摩擦力爲 F，此時若摩擦力之水平分力 $F\cos\alpha$ 大於徑向壓力的水平分力 $P_R \sin\alpha$，則無需任何外力便可將材料引入輥縫進行壓縮變形此即謂之自由滾軋(Free rolling)。換言之，自由滾軋的條件是 $F\cos\alpha > P_R \sin\alpha$，或 $\mu > \tan\alpha$，其中 μ 係材料與軋輥的庫侖摩擦係數，α 則是咬入角。咬入角可由幾何關係求得：$\cos\alpha = 1 - \Delta h / D$，一般稱產生自由滾軋的最大 α 爲「最大咬入角」，最大咬入角的最主要影響因素即是摩擦係數 μ。

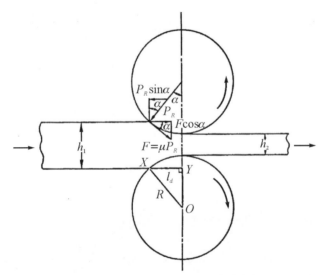

圖 3-12　咬入角與自由滾軋[18]

　　在滾軋時，作用在材料的摩擦力是以中性點爲分界點，在進口區係沿材料進行方向，在出口區則爲阻礙材料流出的方向作用。若設滾軋前後材料體積不變，則 $h_1 v_1 = h_2 v_2 = hv$，當軋輥開始引進材料時，材料厚度 h 就逐漸減小，所以材料速度 v 也逐漸變大，但因軋輥周速係固定，於是在入口處附近材料速度

對於輥面速度發生了滯後現象，即輥面速度 v_R 之水平分速比入口材料速度 v_1 為大；而在出口處附近則發生超前現象，即輥面速度 v_R 之水平分速比出口材料速度 v_2 為小。因此在滯後和超前二現象間，必有一臨界部位之中性點(Neutral point)或謂不滑動點(Non slip point)，在此處，材料以輥面速度的水平分速移動，不與輥面作相對滑動。中性點不單是材料與輥子間無相互滑動地方，更是材料與輥子間摩擦力變換方向之位置所在，如圖 3-13 所示。

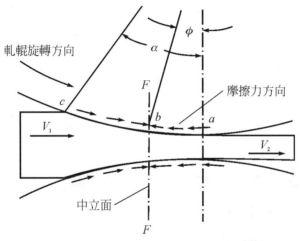

圖 3-13　胚料在輥縫接觸之摩擦力分佈[18]

　　如圖 3-14 所示，在滾軋出口處，材料速度大於輥面速度，而此二速度之差與輥面速度的比值即稱為前進滑動 (Forward slip) 或先進率，即 $s_f = (v_2 - v_R)/v_R = (1 - \cos\phi)(2R\cos\phi/h_2 - 1)$，此值就是評定軋輥出口處之材料速度與軋輥迴轉速度差異的指標，由此公式可知，前進滑動的大小與中性面的位置有關，通常在熱間滾軋時，溫度的增加會減小前進滑動，而減縮比及摩擦係數增加，則會促使前進滑動增加。又軋輥與材料中性點所接觸部份的中心角稱為中性角(Neutral angle)，中性角與咬入角及摩擦係數間的關係可由 Pavlov 所導出的關係式 $\sin\phi = \{\sin\alpha + (\cos\alpha - 1)\mu\}/2$ 來決定。

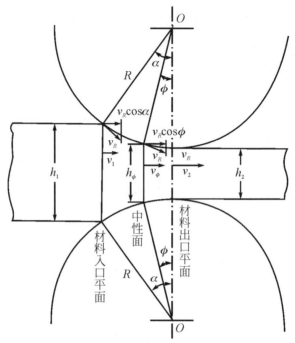

圖 3-14　材料速度與軋輥迴轉速度的關係[18]

綜合上述分析，軋輥及材料各速度有如下的關係：

$$v_1 \quad < \quad v_R\cos\alpha \quad < \quad v_R\cos\phi \quad = \quad v_\phi \quad < \quad v_R \quad < \quad v_2$$

| 入口
材料
速度 | 入口處輥
面速度之
水平分速 | 中性面輥
面速度之
水平分速 | 中性面
上材料
速度 | 輥面
速度 | 出口
材料
速度 |

3-2-2　滾軋負荷

　　如圖 3-15 為滾軋過程中壓力之分佈，此壓力分佈曲線謂之摩擦丘(Friction hill)，由圖可知摩擦係數愈小，中性面(摩擦丘之峰)會向出口面移動，當摩擦係數為零時，其中性面乃位於出口處，而軋輥僅產生滑動。

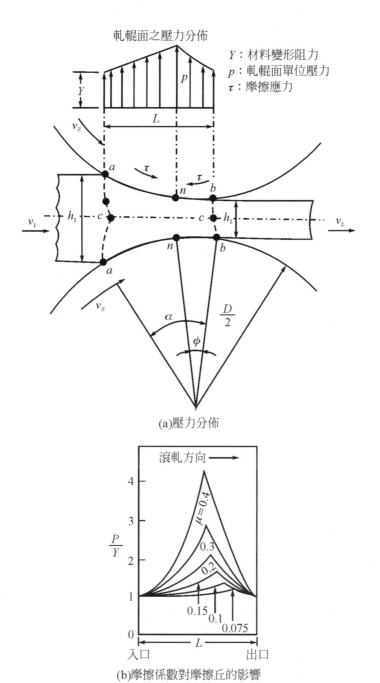

(a)壓力分佈

(b)摩擦係數對摩擦丘的影響

圖 3-15　滾軋過程中壓力之分佈[17]

滾軋負荷的計算以下式較簡便：

$$P = p_s \cdot b \cdot l_d = p_s \cdot b \cdot \sqrt{R \cdot \Delta h}$$

上式中，P＝滾軋負荷，P_s＝平均滾軋壓力，b＝材料平均寬度，R＝軋輥半徑，l_d＝接觸長度及Δh減縮量。

影響滾軋負荷的因素有很多，歸納如下：

1.　摩擦：材料與軋輥間的摩擦係數增大，則摩擦丘之峰值增高，材料變形阻力提高，平均滾軋壓力增大，故滾軋負荷亦增大，如圖 3-16 所示。

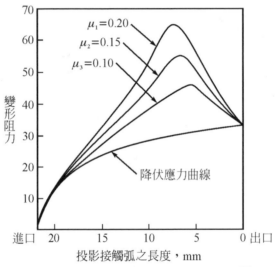

圖 3-16　摩擦係數對材料變形阻力的影響[17]

2.　材料之降伏強度：材料之降伏強度愈高，相對地，平均滾軋壓力愈大，滾軋負荷也愈大。

3.　減縮比：減縮量增加，材料的降伏強度則因加工硬化量增大而加大，使得平均滾軋壓力增大，而且其接觸長度也隨之增加，因而使壓力分佈曲線中的最高壓力亦隨之提高，因而，滾軋負荷將增大，如圖 3-17 所示。

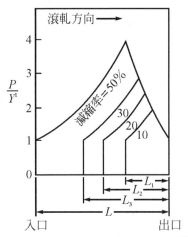

圖 3-17　減縮量對滾軋負荷的影響[17]

4. 滾軋溫度：滾軋溫度上升，材料降伏強度降低，平均壓力減少，滾軋負荷亦隨之減小。

5. 材料厚度：對於相同的減縮比而言，滾軋材料的厚度愈薄平均滾軋壓力愈大，則所需之滾軋負荷也愈高。

6. 軋輥直徑：軋輥直徑愈大，接觸長度就愈長，滾軋負荷也就相對地愈高，如圖 3-18 所示。

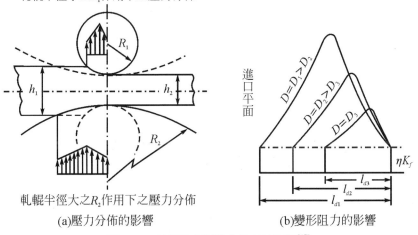

(a)壓力分佈的影響　　　　　(b)變形阻力的影響

圖 3-18　軋輥直徑對滾軋負荷的影響[17]

7. 張力：前、後張力增加，則摩擦丘的峰值降低，平均滾軋壓力降低，滾軋負荷亦隨之降低。

通常可利用下列方法來達成降低滾軋負荷的目的：

(1) 降低摩擦力。

(2) 使用直徑較小的軋輥。

(3) 降低滾軋每道次的減縮量。

(4) 提高滾軋成形溫度。

(5) 於滾軋胚料上施加拉伸張力。

如果能在材料出口處施以一盤捲拉力，即前張力(Front tension)，或在材料入口處施以一抽拉力，即後張力(Back tension)，則將有如圖 3-19 所示的影響，由圖可知，施加前、後張力於胚料，將使中性面往出口處移動，且降低滾軋所需的負荷。

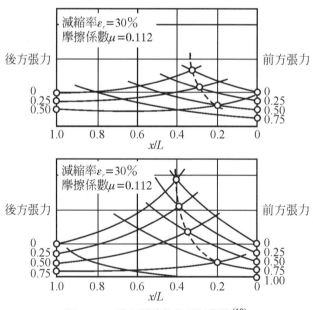

圖 3-19　張力對滾軋負荷的影響[18]

3-3　滾軋設備

3-3-1　滾軋設備的構成

　　滾軋加工所用的設備稱爲滾軋機(Rolling mill)，滾軋機可由單一個機座或一系列的機座所構成，所謂機組(stand)乃是軋輥與機架的組裝體，詳言之，它係由各類型軋輥及保持軋輥的機架、調整軋輥間隙的調整裝置、回轉軋輥用之軸聯結器、心軸、小齒輪及馬達、軸承等構成，如圖 3-20 所示。

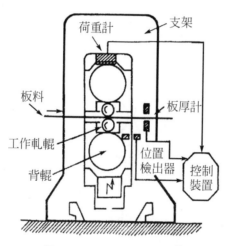

圖 3-20　滾軋機組的構成[2]

3-3-2　滾軋機的種類

　　如圖 3-21 及表 3-1 所示爲滾軋機組的種類，二重式(Two-high)是最早期且最簡單的形式，但因工件需調回，故較耗費工時。三重式(Three-high)機組又稱反轉機組，每滾軋一道次需用升降機升降至另一輥縫，並改變材料方向。通常二重式及三重式適用於開胚滾軋(Break down rolling)或一般之粗滾軋。

　　四重式(Four-high)、六重式(Six-high)及叢集式(Cluster)乃基於軋輥直徑較小滾軋負荷亦小的原則發展而來。但因工作軋輥直徑較小，材料減縮量不大，

故此類滾軋機組大多使用在冷滾軋或熱滾軋的精軋作業。也因其工作軋輥小而細長，促使中間部位變形較大，因此需在其背後添加一支撐輥子，使其不致產生撓曲變形，此即四重式機組的產生原因。又由於滾軋負荷的水平分力會造成四重式機組之工作軋輥在水平方向的撓曲，而為了使工作軋輥獲得適當支撐，於是在背後又加裝二支支撐軋輥，此即形成六重式機組。

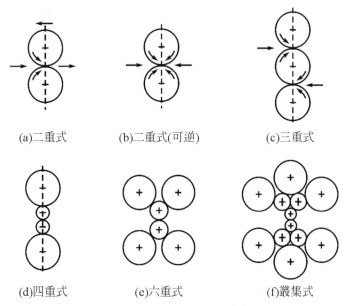

(a)二重式   (b)二重式(可逆)   (c)三重式

(d)四重式   (e)六重式   (f)叢集式

圖 3-21　滾軋機組的種類[73]

表 3-1　滾軋機組的種類 [1]

型式	特點	主要用途
二重式	最早期的形式，後因電動機、變速機裝置發達，乃發展可正逆轉的方式	中塊滾軋機、熱間粗鋼滾軋機、調質滾軋、扁胚、大胚滾軋機、型鋼滾軋機
三重式	上下軋輥以同方向，中間軋輥反向迴轉，材料用機械式昇降台或傾斜式機台由下移到上面輥路	Lauth 式三重滾軋機(中間軋輥為小直徑)，型鋼滾軋機

表 3-1　滾軋機組的種類[1](續)

型式	特點	主要用途
四重式	現在最廣泛被使用者，熱間冷間薄寬帶鋼及帶料最為適合	厚板滾軋機、熱間完工滾軋機、冷間滾軋機、Steckel 滾軋機
叢集式	廣泛使用於矽鋼板、不銹鋼板之滾軋機，可求出極大滾軋力，所軋出鋼板之厚度正確均一	冷間滾軋機
行星式	在上下支承軋輥周邊遊星狀配置各 20～26 具細小直徑之工作軋輥，熱間滾軋硬合金材料帶鋼，以一次滾軋即可得甚大減縮量，且工作輥子之表面磨蝕相當微小	有支承軋驅動之 Sendzimir 行星式滾軋機及支承軋輥固定並設有游動套筒之中間軋輥，且用工作滾軋之導承驅動之形式

　　六重式機組由於幾何關係使得支撐軋輥的直徑限制在工作軋輥的兩倍左右。但在冷作滾軋加工的場合，常要對薄且硬的金屬材料行滾軋，而需要使用非常小的工作軋輥，此時可能使其後的支撐軋輥，也連帶地因直徑過小有撓曲之虞，因而需再加一組支撐軋輥以支持此支撐軋輥，於是有叢集式機組的應用。廣為使用的叢集式滾軋機為如圖 3-22 所示之 Sendzimir 叢集式機組，它是屬於十二重式的機組。該機組是以第二重支撐軋輥組的四個輥子為驅動輥子，然後藉第三重支撐軋輥組的壓靠，以摩擦方式帶動第一重支撐軋輥組及工作軋輥，使工作軋輥產生滾軋作用。此機座的精度全靠第三重支撐軋輥組的壓靠壓力來維持，故該支撐軋輥組的壓力調節相當重要。

　　行星式滾軋機(Planetary mill)如圖 3-23 所示，其工作原理係一對大徑支撐軋輥轉動時，於其圓周邊上的多個行星工作軋輥同時滾軋金屬材料。行星工作軋輥是指圖中在支撐軋輥周圍，以保持器固定並隨支撐軋輥周轉的小直徑輥子。由於小直徑輥子與材料的接觸面積小，可更有效地將滾軋負荷傳遞到材料上，於是上下成對的行星工作軋輥依次嵌入金屬材料內，終致其軋成板條狀。

此種滾軋機因工作軋輥的作用,抑制了拉伸應力,傳統滾軋較難加工的材料亦可滾軋,而且一般材料的滾軋減縮比亦可高達 25：1。但此種機組因其行星工作軋輥無法與材料產生有效的摩擦,無法將材料咬入而進行自由滾軋,故需有進料軋輥幫助材料前進。然而其滾軋後的材料表面成波浪狀,故其後另需一精軋機組將表面軋平以獲得較為平整的表面。

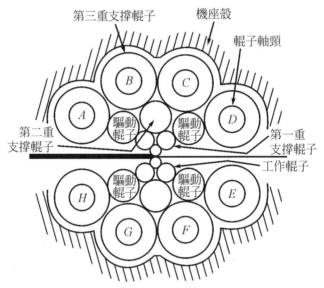

圖 3-22 Sendzimir 叢集式滾軋機[18]

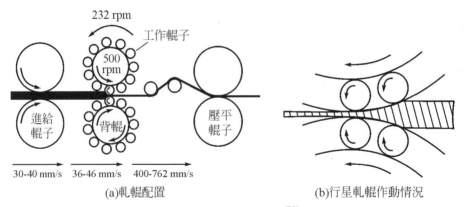

(a)軋輥配置　　　　　　　(b)行星軋輥作動情況

圖 3-23 行星式滾軋機[73]

　　胚料從滾軋機組的一側通過另一側，此種操作謂之道次(Pass)，一般滾軋
加工從胚料到製品完成皆需進行多道次的加工，因此必需將數個滾軋機組依序
排列。如圖 3-24 所示，通常可將其排列分爲並列式軋列與連續式軋列兩種，
前者通常用於型材、棒材之滾軋，後者則應用在板材、棒材、線材的滾軋作業，
而將並列式與連續式結合在一起的混合式軋列則是常用於各種滾軋製品的製
程上。圖 3-25 爲用於將鑄胚滾成扁胚的反轉滾軋機軋列，而圖 3-26 爲用於滾
軋熱軋鋼材料條的連續式滾軋機軋列，或稱爲串列式滾軋機(Tandem mill)。

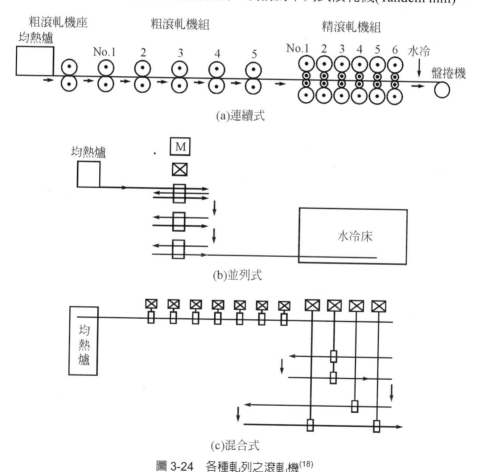

圖 3-24　各種軋列之滾軋機[18]

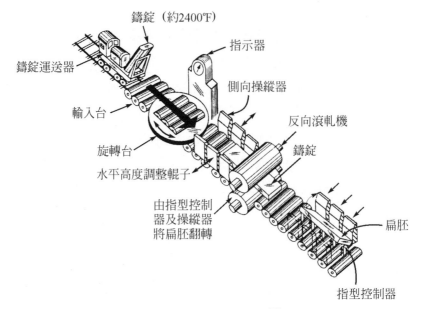

圖 3-25　反轉滾軋機[73]

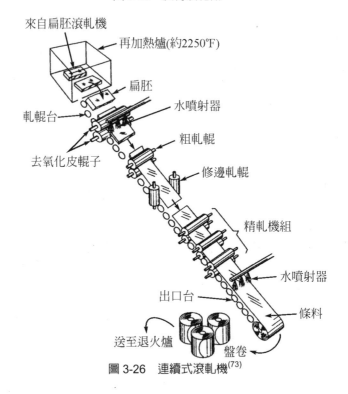

圖 3-26　連續式滾軋機[73]

3-4　滾軋實務

　　滾軋製品一般可區分為板材、型材、棒材及線材。滾軋加工依目的之不同可分為開胚滾軋、型材滾軋、板材滾軋、棒材及線材滾軋。

3-4-1　開胚滾軋

　　鑄胚進行初始之滾軋加工謂之開胚滾軋(Break-down rolling)，其主要目的在於將鑄胚(Ingot)加熱軋延成滾軋工廠所要的各種尺寸之扁胚、中胚、小胚以供後續滾軋之用，而且也切除鑄胚的缺陷端，以提高滾軋工廠的效率與品質，同時也進行表面缺陷的排除。如圖 3-27 為用於產製扁胚、中胚、小胚等鋼胚的開胚滾軋流程。圖 3-28 為小胚之開胚滾軋的軋壓順序。

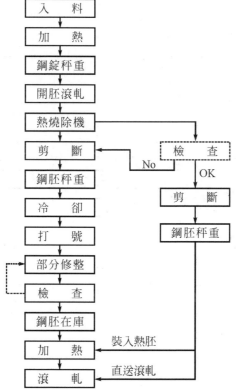

圖 3-27　用於產製扁胚、中胚、小胚等鋼胚的開胚滾軋流程[55]

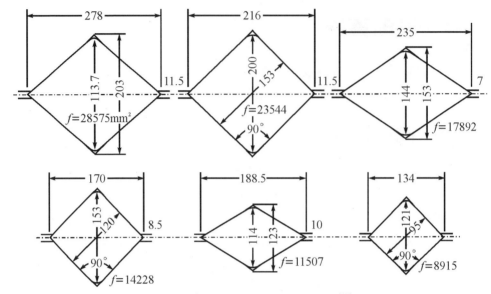

圖 3-28　小胚之開胚滾軋的軋壓順序[17]

　　開胚滾軋初期為破壞粗大晶粒及壓縮晶粒間孔隙，滾軋速度需降低，減縮量亦不能太大(約 5～8％減縮率)，同時為防止裂痕產生，滾軋壓力要能從周圍均等施於胚料，俟第二階段時，以足夠的壓力、較高的減縮量(約 10～25％減縮率)快速將其軋成所需形狀，加壓效益逐漸傳至心部，以提高其機械性質。

　　開胚滾軋可採用二重可逆式開胚滾軋機、三重式開胚滾軋機、萬能式開胚滾軋機等進行滾軋加工，而因開胚滾軋時需求滾軋負荷較大，滾軋溫度也屬於高溫，因此軋輥需使用強韌性、耐衝擊性、耐磨耗性高的特殊鑄鋼製造。

3-4-2　型材滾軋

　　型材係具有斷面均一但不規則的封閉幾何圖形的滾軋製品，像 I 型材等斷面有對稱軸者謂之正規型材，斷面無對稱軸者謂之特殊型材。如表 3-2 所示為型材的種類及用途。

表 3-2　型材的種類及用途[55]

名稱	斷面形狀	主要用途
H 型鋼		基礎樁、建築、橋樑、造船機械基礎
鋼板樁	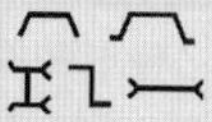	碼頭、護岸、橋樑、基礎
鋼軌		樁、鐵路、電梯、天車
槽型鋼		造船、建築、橋樑、機械、車輛
角鋼		鐵塔、建築、橋樑、造船
不等邊角鋼		鐵塔、建築、橋樑、造船
不等厚邊角鋼		造船
I 型鋼		建築、橋樑、機械、車輛
U 型鋼		隧道
球平型鋼		造船
T 型鋼		橋樑、建築
平型鋼		建築、橋樑、機械

　　由於型材斷面通常是由數個較為簡單的幾何型面所構成，因此滾軋時各型面發生不同程度的減縮，為使材料速度在各型面一致，故造成材料由減縮比大的型面流向減縮此小的型面，即材料發生橫向擠流(如圖 3-29)。當發生橫向擠流時，必造成輥槽表面磨損，因此在設計上要求橫向擠流儘量發生在相鄰的型面間，不宜使流動範圍過大，同時應引導材料由較薄型面流向較厚型面，而不應使其反向流動。另上述之考慮主要是應用在材料較具延性的高溫下，且在粗軋段之輥槽上，而在精軋段上則不允許材料發生橫向擠流以免磨損輥面。

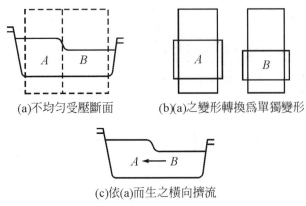

(a)不均勻受壓斷面　　(b)(a)之變形轉換爲單獨變形

(c)依(a)而生之橫向擠流

圖 3-29　橫向擠流的生成機構[18]

用於型材滾軋的方法有兩類：孔型滾軋法、萬能機滾軋法。

1. 孔型滾軋法：利用二重式、三重式等滾軋機來滾軋型材，滾軋時係依照輥路設計、順序通過上下軋輥之間的孔型(Caliber)來軋延出各種斷面形狀的型材。所以孔型軋延的孔型設計非常的重要。圖 3-30 爲各種典型之型材輥槽斷面之變化序列。

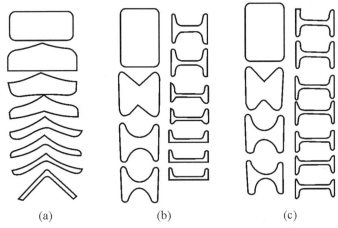

(a)　　　　　　　(b)　　　　　　　(c)

圖 3-30　各種典型之型材輥槽斷面之變化序列[18]

2. 萬能機滾軋法：萬能機滾軋法是應建築業界的要求適合於 H 型鋼的滾軋法，如圖 3-31 所示。此種滾軋法與孔型滾軋法有下列特色：

(1) 可製造平行的寬凸緣製品，並且可調整同一的軋輥即可製多種類的製品及尺寸。

(2) 斷面各部均勻。

(3) 軋輥的磨耗少。

(4) 容易自動化等。

除了製造 H 型鋼外尚可適用到槽型鋼、鋼軌等。如圖 3-32 為鋼軌之孔型滾軋法與萬能機滾軋法之比較。

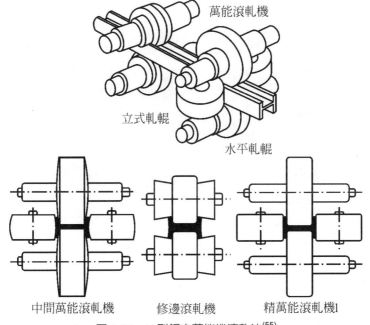

萬能滾軋機

立式軋輥

水平軋輥

中間萬能滾軋機　　修邊滾軋機　　精萬能滾軋機I

圖 3-31　H 型鋼之萬能機滾軋法[55]

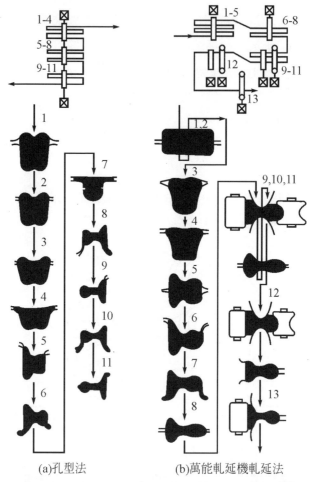

(a)孔型法　　　　　(b)萬能軋延機軋延法

圖 3-32　鋼軌之孔型滾軋法與萬能機滾軋法之比較[55]

3-4-3　板材滾軋

　　板狀材料可分爲 6mm 以下的板金(Sheet)及 6mm 以上的板材(Plate)，或有稱板厚 3mm 以下稱爲薄板，3mm〜6mm 稱爲中板，6mm 以上稱爲厚板。板材通常以扁胚爲原材，經熱滾軋成厚板，若再進一步冷軋就成爲各種薄板。

　　經開胚滾軋後的扁胚，其結晶粗大，未具應有之強韌性，但經由厚板熱滾軋製程後，不但使晶粒細化品質提升，而且獲得要求的尺寸，這是厚板滾軋的

目的。厚板的滾軋作業是以去除加熱爐生成的一次銹皮及在滾軋中生成的二次銹皮，將原材料滾軋成製品尺寸，及精整製品最後厚度及形狀尺寸為滾軋的主要任務。

　　厚板的滾軋方法有二：一是從鑄胚經一次加熱滾軋成所需最終厚度，二是由鑄胚先經開胚滾軋製成扁胚後再經加熱滾軋成所需的厚板。而所用的滾軋機則以二重可逆式粗滾軋機及四重可逆式精滾軋機為主，小型工廠則採用三重式滾軋機較多。如圖 3-33 為厚板滾軋流程，表 3-3 為厚板滾軋次序示例，圖 3-34 為板材之軋輥槽斷面變化序列。

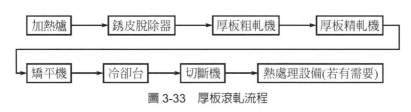

圖 3-33　厚板滾軋流程

表 3-3　厚板滾軋次序示例[17]

粗軋機	480→455→420→410→390→370→350→332→314→297→280→264→248→233→218→204→192→180→172→160→149→140→125→100→80mm
精軋機	80→60→43→30→21→16→13→12mm

(鋼塊 480mm×1170mm×1300mm→成品厚板 12mm×2000mm×20000mm)

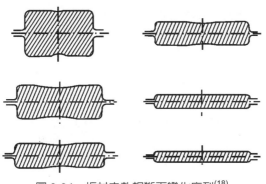

圖 3-34　板材之軋輥斷面變化序列[18]

薄板滾軋的生產流程如圖 3-35 所示,熱軋而得之薄板可分為兩種:

(1) 熱軋薄板(Hot rolled sheet)。

(2) 冷軋薄板(Cold rolled sheet)。

圖 3-35　薄板滾軋的生產流程

　　熱軋薄板最普遍就是用於汽車、電機、及供彎曲或引伸用之 0.12%C 以下之低碳鋼薄板,如圖 3-36 為其流程。冷軋薄板與熱軋薄板比較,除了板厚較薄之外,尚有優良的尺寸精度、漂亮平滑的表面、優良的平坦度,而且應用範圍廣泛,如汽車、電機、家具、辦公用品、建築等。如表 3-4 為冷軋薄板的種類,表 3-5 為冷軋薄板與熱軋薄板比較,圖 3-37 為冷軋薄板的流程。

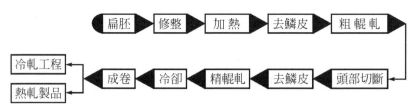

圖 3-36　熱軋薄板的流程[1]

表 3-4　冷軋薄板的種類[55]

名稱	特徵	用途
SPCC	(一般用)適用於彎曲加工及簡單的引伸加工,主要用於平板	嵌板類(冰箱門、鋼製傢俱、電梯側板)
	(硬質)1/8 硬質、1/4 硬質、1/2 硬質、硬質	小型櫃櫥、管等
SPCD	(引伸用)適合於比 SPCC 更嚴格的引伸加工	汽車、電氣用品、農機具等的引伸用
低降伏點鋼片	重視沖壓形狀性的良好加工性鋼片	要求形狀性的汽車輕加工部份
SPCE SPCEN	深引伸:有最好的深引伸性,SPCEN 非時效性深引伸:為對降伏點伸長的保證	汽車的檔泥板類、燃料桶、承油盤、洗衣機脫水槽等

表 3-4　冷軋薄板的種類[55](續)

名稱	特徵	用途
搪瓷用鋼片	加工性相當於 SPCD 適合搪瓷的鋼片	石油器具、建材、浴缸、洗臉盆、電氣器具
耐候鋼片	添加合金元素，以防止腐蝕的耐候性鋼片	鐵路車輛、汽車、建材
潤滑鋼片	塗有特殊潤滑劑的鋼片，不用潤滑油可進行沖壓加工的鋼片	汽車零件、電氣零件
高張力鋼片	保證高張力的良好加工性鋼片	保險桿、避震器、門柱等

表 3-5　冷軋薄板與熱軋薄板比較[55]

品質特性　　滾軋法分類			熱軋鋼片			冷軋鋼片		
			1.2～3.2					
目標種類			SPHC　SPHD　SPHE			SPCC　SPCD　SPCE		
表面、尺寸、形狀	表面粗糙度 R_{max} (μm)		黑　皮　～20　酸　洗　～25　噴　砂　～30			Dall　加工 3～10　Bright 加工 0.20～2.5		
	厚度公差(mm) ↑ $\begin{cases}1.2\times914(mm)\\1.6\times914(mm)\\2.3\times914(mm)\end{cases}$		±0.18　±0.22　±0.25			±0.08　±0.11　±0.13		
	平坦度 ↑ $\begin{cases}1.2\times914(mm)\\1.6\times914(mm)\\2.3\times914(mm)\end{cases}$		對 4,000mm 長度　18mm 以下　16mm 以下　16mm 以下			12mm 以下　8mm 以下　6mm 以下		
機械性質	抗拉強度(kgf/mm²)		28 以上			28 以上		
	伸延率(%) ↑ $\begin{array}{l}全製品厚度\\\begin{cases}厚度1.2mm\\厚度1.6mm\\厚度2.3mm\end{cases}\end{array}$		27以上　30以上　31以上　29以上　32以上　33以上　29以上　32以上　35以上			37以上　39以上　41以上　38以上　40以上　42以上　38以上　40以上　42以上		
	Lankford 值($\bar{r}$ 值)厚度 1.6mm		0.80～0.95			1.10～1.80		

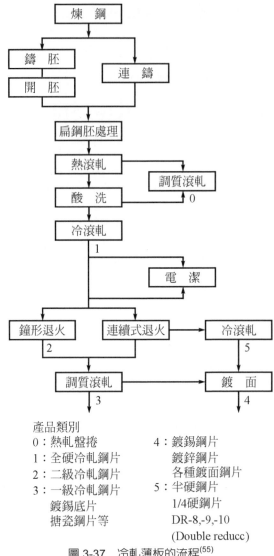

產品類別
0：熱軋盤捲　　　　4：鍍錫鋼片
1：全硬冷軋鋼片　　　鍍鋅鋼片
2：二級冷軋鋼片　　　各種鍍面鋼片
3：一級冷軋鋼片　　5：半硬鋼片
　　鍍錫底片　　　　　1/4硬鋼片
　　搪瓷鋼片等　　　　DR-8,-9,-10
　　　　　　　　　　　(Double reducc)

圖 3-37　冷軋薄板的流程[55]

3-4-4　棒材與線材滾軋

棒材與線材的製造工程大致分為進料、加熱、滾軋、精整等，如圖 3-38 所示。棒材及線材之軋輥孔型通常為方型、菱型、圓型及橢圓型四種，其孔型變化序列亦有下列數種：

(1) 方型-菱型-方型，主要用於大斷面之粗軋段。

(2) 方型-橢圓型-方型，用於中斷面之粗軋段。

(3) 方型-菱型-方型，用於方型棒材之精軋段。

(4) 方型-橢圓型-圓型，或圓型-橢圓型-圓型，用於圓型棒材之精軋段。

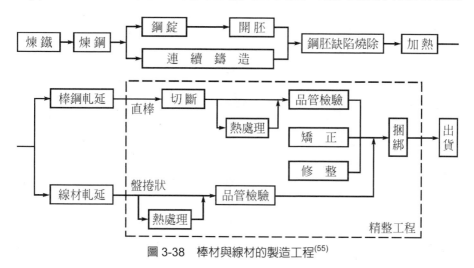

圖 3-38　棒材與線材的製造工程[55]

如圖 3-39 所示為棒材的種類，一般長度約在 3.5 至 12 公尺之間。由小胚滾軋成圓棒材有三種方式：

(1) 橢圓-方角法。

(2) 菱形-方角法。

(3) 平四角法。

形狀 名稱	圓棒鋼	角鋼	六角鋼	平鋼	八角鋼	半圓鋼
大型棒鋼	a>100	a>100	a>100	a>100	a>100	a>100
中型棒鋼	100≥a≥50	100≥a≥50	100≥a≥50	130≥a≥65	100≥a≥50	130≥a>65
小型棒鋼	a<50	a<50	a<50	a≤65	a<50	a≤65

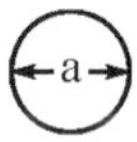

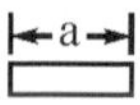

圖 3-39　棒材的種類[55]

如圖 3-40 所示。表 3-6 所示爲棒材的代表性用途及加工製程。線材之滾軋則可用如圖 3-41 所示之序列，又表 3-7 所示爲線材的代表性用途及加工製程。

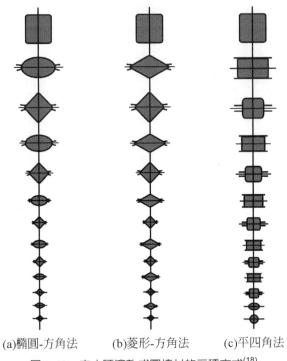

(a)橢圓-方角法　　(b)菱形-方角法　　(c)平四角法

圖 3-40　由小胚滾軋成圓棒材的三種方式[18]

表 3-6　棒材的代表性用途及加工製程(機械構造用碳鋼)[17]

加工方法	加工工程	用途例
熱間鍛造	切斷→模鍛造→Ⓗ→切削→高週波淬火→研磨→(矯正)	齒輪類、軸類及其他汽車零件
冷間鍛造	表面處理→抽拉→(矯正研磨)→切斷→潤滑處理→冷鍛→切削→(淬火)→研磨	凸緣類 螺紋製品
切削	►(熱處理ⒶⓃ(H))→切斷→切削 ►高週波淬火→研磨	銷、軸類
冷抽	►表面處理→冷抽→矯正研磨→切斷→切削 ►高週波淬火→研磨	零件類 桿類

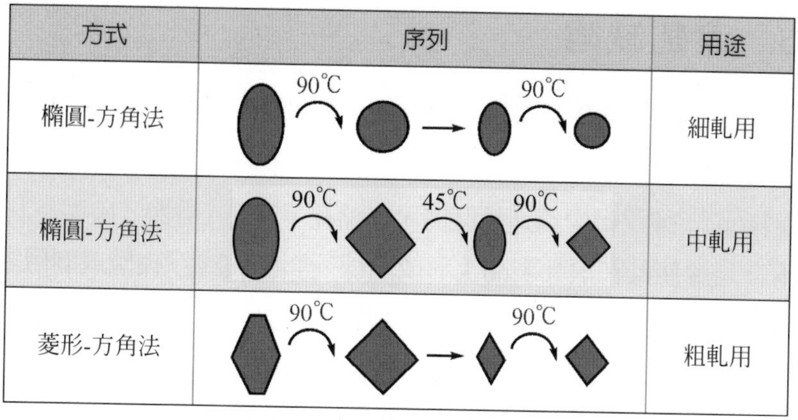

方式	序列	用途
橢圓-方角法	90℃ → 90℃	細軋用
橢圓-方角法	90℃ 45℃ 90℃	中軋用
菱形-方角法	90℃ → 90℃	粗軋用

圖 3-41　線材滾軋可用之序列[1]

表 3-7　線材的代表性用途及加工製程[55]

鋼種	二次加工工程	用途例
低碳鋼線材	除銹━━━ 伸線 　　　━━━ 伸線→鍍鋅 　　　━━━ 伸線→除銹→伸線	混凝土用鐵線 鉚釘、螺絲 銲接鐵網 有刺鐵線
高碳鋼線材	韌化→除銹→伸線 　━━ 電鍍→Stranding→Crossing 　━━ 韌化→除銹→伸線━━ 藍化處理 　　　　　　　　　　　━━ 油回火	鋼線鋼纜 各種線彈簧
鋼琴線線材	韌化→除銹→伸線 　━━ 韌化→伸線→表面研磨 　━━ 表面切削→韌化→伸線→油回火 　━━ 韌化→伸線→撚線加工→藍化	鋼琴線 引擎汽閥彈簧 PC 鋼線
冷壓用線材	除銹━━━ 伸線 　　　━━━ 球狀化處理→除銹→伸線 　　　━━━ 伸線→球狀化處理→除銹→伸線	

3-4-5 滾軋缺陷

滾軋製品的缺陷，依其來源可分為：胚料缺陷、加熱缺陷、滾軋缺陷及退火缺陷(如圖 3-42)。

1. 胚料缺陷：煉鋼廠中鑄造鑄胚時，其縮孔、氣孔、砂眼、破裂及其他成份缺陷，均會使其在滾軋製品上形成凹線、浮泡、破裂、夾層或剝層等缺陷。

2. 加熱缺陷：在均熱爐中，將胚件放置過久過熱，或加熱過快及過慢，或造成脫碳等，均是滾軋製品產生斷裂的主要原因。

3. 退火缺陷：退火缺陷則是因熱處理爐中未能保持或超過與不及規定的溫度，或熱處理時間過長或不足，使製品的組織發生變化，而達不到所要求的機械性質，甚或使製品表面破裂，如此則需再作成本高昂的後處理，甚至令製品不堪使用。

4. 滾軋缺陷：滾軋過程中，熱作滾軋常有過大的橫向加寬，造成廢邊，而輥縫孔型間位置的不準確或不良的調整，使製品表面形成刮傷，或是輥子曲度補正不良等皆會造成各種產品缺陷。

圖 3-42　滾軋製品缺陷的來源

滾軋缺陷常見的有如圖 3-43 所示。圖(a)之板緣呈波浪狀，主要是軋輥彎曲變形所致；因板料中心處較兩側為厚，滾軋時材料在兩側所產生的伸長變形較中心處多，中心處材料沿滾軋方向的伸長變形受到限制使得製品形成皺紋現象。圖(b)及圖(c)之缺陷則主要是材料在滾軋溫度下的延性較差所致。圖(d)的夾層情形則可能是因滾軋製程上不均變形所致或鑄錠內本身已存在有缺陷所造成。

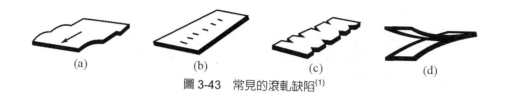

(a)　　　　(b)　　　　(c)　　　　(d)

圖 3-43　常見的滾軋缺陷[1]

3-5　其他滾軋法

3-5-1　螺紋滾軋法

　　螺紋滾軋(Thread rolling)是將圓桿的胚料置於旋轉的圓滾模或往復運動的平板模之間，以適當的壓力滾軋成凹凸的溝紋。如圖 3-44 為各種螺紋滾軋方法。用滾軋法所製造螺紋，不僅生產速率高及成本低，而且強度大、表面光度高、又節省加工材料，如圖 3-45 為切削法與滾軋法之比較。

模具的種類	圖示	模具(胚料)的驅動方法	擠入方法	適用機械
二平板模	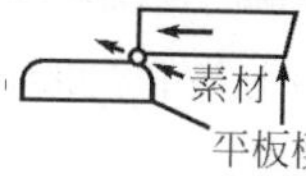 素材 平板模	模具的往復運動	模具形狀(兩模間的幾何間隙)	平板模滾製機
二圓滾模	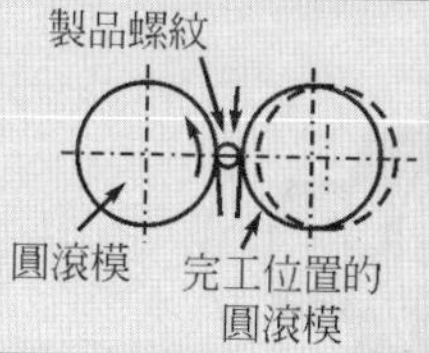 製品螺紋 圓滾模　完工位置的圓滾模	模具的旋轉運動	利用油壓或凸輪使模具接近	旋轉軸移動式二模滾製機
三圓滾模	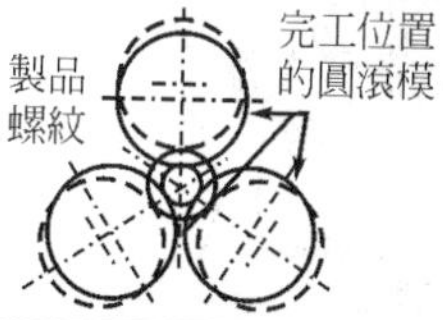 完工位置的圓滾模 製品螺紋	模具的旋轉運動	利用油壓或凸輪使模具接近	旋轉軸移動三模滾製機
扇形模具圓滾模	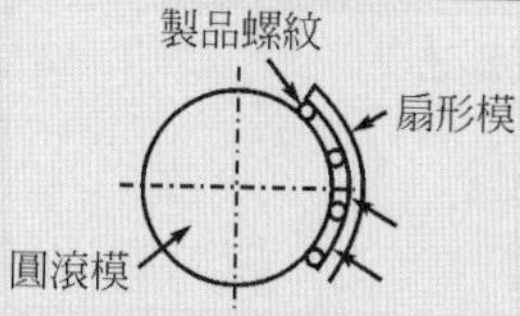 製品螺紋 扇形模 圓滾模	圓模的旋轉運動	模具形狀(兩模間的幾何間隙)	行星滾製機

圖 3-44　各種螺紋滾軋方法[1]

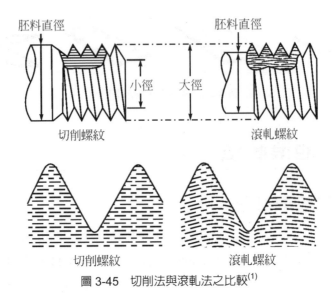

圖 3-45　切削法與滾軋法之比較[1]

3-5-2　鋼珠滾軋法

鋼珠係利用歪斜滾軋製成，亦即利用具有螺旋形槽的軋輥，互相交叉成一定角度，作同向旋轉，使胚料自轉又向前餵進，因而受壓變形而獲得製品，如圖 3-46 所示。

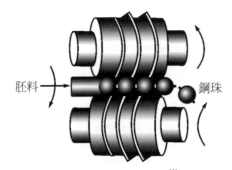

圖 3-46　鋼珠滾軋法[1]

3-5-3　旋轉管子穿刺法

　　旋轉管子穿刺法(Rotary tube piercing)係用於製作無縫鋼管。如圖 3-47 所示，其原理乃係圓棒受到徑向壓力作用時，在圓棒中心會產生拉伸應力，因此，當不斷地受到壓應力時，圓棒中心就逐漸產生孔隙。兩個歪斜軋輥透過旋轉運動拉動圓棒前進，而心軸則做擴孔及孔的尺寸精整(Sizing)之用。

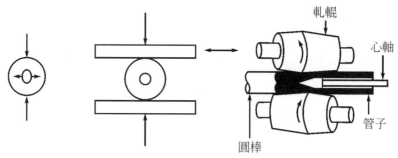

圖 3-47　旋轉管子穿刺法[82]

習題三

1. 何謂滾軋？如何分類？

2. 解釋下列名詞：(1)輥縫(2)接觸長度(3)咬入角(4)減縮量。

3. 何謂自由滾軋？其條件為何？

4. 繪簡圖說明軋輥速度與材料速度間的關係。

5. 何謂中性點？說明之。

6. 何謂摩擦丘？摩擦係數對摩擦丘有何影響？

7. 滾軋負荷如何計算？

8. 影響滾軋負荷的因素有那些？說明之。

9. 說明滾軋機組的種類及其特色。

10. 何謂串列式滾軋機？

11. 何謂開胚滾軋？主要目的為何？

12. 說明型材滾軋的材料流動。

13. 型材滾軋的方法有那兩類？比較說明之。

14. 板狀材料如何分類？

15. 說明原板滾軋的方法。

16. 請比較熱軋薄板與冷軋薄板。

17. 說明棒材及線材的製造工程。

18. 滾軋製品的缺陷來源有那些？

19. 說明螺紋滾軋的特色與方法。

20. 簡要說明旋轉管子穿刺法的基本原理。

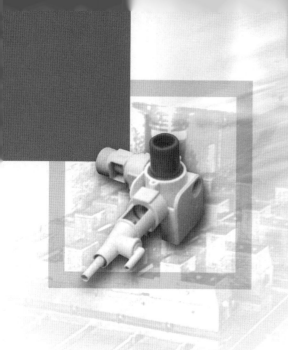

Chapter **4**

鍛造加工

4-1 鍛造概要

4-1-1 鍛造的意義與發展

　　鍛造(Forging)係利用加壓機具及工模具產生及傳遞衝擊或擠壓的壓力，使金屬材料產生局部或全部的塑性變形，以獲得所需幾何尺寸、形狀及機械性質之製品的加工方法，如圖 4-1 所示。

圖 4-1　鍛造的基本概念[2]

　　鍛造乃是人類最古老的加工技術之一，因可得堅硬而銳利的製品，故成為古代製作刀劍等兵器或農用器具的主要方法。依據古文獻記載與歷史學家推論，我國的鍛造技術早在戰國時代就有相當的技術基礎，如傳說中的絕世名劍：干將、莫邪、龍淵、太阿等皆是鍛造的產物。明宋應星的「天工開物」裡第十篇「錘鍛第十」即描述各種我國古代的鍛造技術。國外鍛造發展方面，在西元前七百年已有發明在壓砧上模鍛貨幣的記載，另外亦有記錄利用水車及一些曲柄連桿機構做為鍛造工具，但一直到十五世紀才有利用沖壓機具來製造貨幣的記錄，而有關使用落錘鍛造機的記載則於十七世紀方有記述。(參閱圖 4-2 及圖 4-3)

圖 4-2　我國古代鍛造工作[2]

圖 4-3　古代利用水車進行鍛造工作[2]

　　經由鍛造加工而得之鍛件，由於在鍛壓過程中強迫材料塑性變形，因而可改善晶粒組織，使材質細密化、均質化，並獲得優良的抗疲勞性、韌性及耐沖擊性等機械性質，故極適合製造各種高強度之金屬製品或零組件。因此鍛造已是現今產業發展相當重要的加工技術，尤其若需求物理性能高、韌性好、強度

高的零件就非鍛製品不可。其與汽車工業、重工業、手工具業有密切的關係，從一般典型的民間用品，如船舶用柴油引擎之曲軸、汽車曲柄、輪圈、齒輪、活塞頭、連結器、螺栓、手工具，至技術層次較高的產品，如軋鋼機轉軸、鐵道車輛元件、渦輪機圓盤、飛機引擎、電動機轉軸、戰機及飛彈構件等，皆是鍛造加工的產物。因此鍛造加工的應用範圍乃涉及機械工業、化學工業、汽車工業、礦業、土木工業等，如表 4-1 所示。

表 4-1 鍛造製品的用途[2]

工業類別	用途
船舶	柴油引擎、渦輪機、減速(增速)裝置、軸系統及其他輔助設備的零件
鐵路	車廂、機關車、電車、柴油引擎、蒸汽機及其他驅動裝置之零件
汽車	引擎部分、傳導系統、方向系統等之零件
礦業	破碎機、磨碎機、選礦機及礦山機械之零件等
鋼鐵工業	軋延機、煉鐵、煉鋼設備、起重機、臺車等之零件
機械工業	金屬工作機械、金屬加工機械、產業車輛等之零件
化學工業	煉油廠之反應塔、熱交換器、石油化學之反應塔、分離器、肥料化學工業之阿摩尼亞合成塔、尿素合成塔、合成樹脂工業之高壓反應塔、油脂油學工業、染料藥品合成工業之反應塔、分離塔及其他輔助設備之配件等
窯業	水泥廠之旋窯、磨碎機零件、玻璃廠之輾機、輥子等
電力	水力發電及火力發電設備之零件等
土木建設	疏浚船、挖土機、整地機械、卡車等零件
造紙工業	製紙機械及紙漿製造機械之零件
纖維工業	纖維廠設備零件
國防工業	艦艇、軍用飛機、火炮、特殊車輛等之零件及砲彈彈體
其他製造業	木材加工業、橡膠工業、印刷工業等設備之零件等

4-1-2　鍛造的特點與目的

　　鍛造在古代即扮演重要加工角色，至今亦能成爲現代產業發展相當重要的加工技術，主要是具有下列特點

1. 對於相同零件而言，施以鍛造則較其他機械加工法，可獲得細密的晶粒組織，並且可減少零件內部氣孔、罅裂等缺陷。

2. 可獲致連續的晶粒流動而形成機械性的纖維化狀態，材料因而能得到最大方向性的強度、耐衝擊及抗疲勞等優良機械性質。

3. 對於形狀複雜的零件而言，鍛造加工較機械加工更具經濟性，且適合大量生產，可降低生產成本。

4. 藉著金屬流動的方式，鍛造加工比其他切削加工可節省較多材料，減少材料損耗，降低生產成本。

　　但下列各點亦是相關研究人員不斷試圖改善與解決的方向

1. 在熱間鍛造時，胚料表面容易氧化而迅速產生一層銹皮，當鍛打時，銹皮會不斷脫落，也因而影響鍛件的精度。

2. 鍛造模具造價較高，換模作業也耗時，故不適於進行少量生產。

3. 鍛造製程變數很多，技術經驗需長期累積，因此掌握不易，也因而影響製程及結果的控制與成效。

　　具體言之，鍛造有二種目的

1. 鍛鍊：破壞粗大鑄造組織，使之細粒化，並使胚料內的空隙壓著，並隨著流動變形而形成機械性纖維化的組織-鍛流線(Forging flow line)(如圖 4-4)，以提高韌性、強度等機械性質。

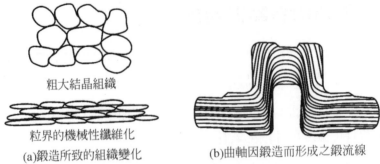

粗大結晶組織

粒界的機械性纖維化

(a)鍛造所致的組織變化

(b)曲軸因鍛造而形成之鍛流線

圖 4-4　鍛造所形成的鍛鍊效果[84]

2.　成形：將胚料鍛成具有連續鍛流線的各種製品形狀，如圖 4-5 所示。

圖 4-5　具複雜形狀之鍛品示例[62]

4-1-3　鍛造的分類

　　鍛造的分類如圖 4-6 所示，茲簡述如後：

一、依工作溫度之不同而分(參閱表 4-2)

1.　熱間鍛造(Hot forging)：將金屬材料加熱至再結晶溫度而鍛造者，簡稱熱鍛。熱間鍛造因在高溫作業，金屬流動性良好，可塑性佳，變形所需的壓力、能量較小，且複雜形狀與大型鍛件易於成形。但是鍛件易生氧化皮，

表面欠光平，尺寸難達精確，加熱費用高，且因鍛模表面溫度上昇，硬度
降低使鍛模壽命減短，同時作業環境差，管理不易。

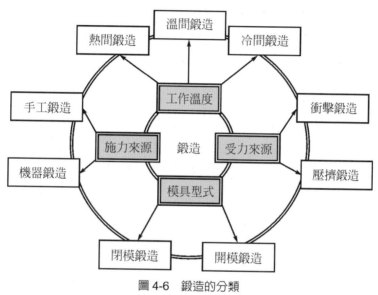

圖 4-6　鍛造的分類

2. 冷間鍛造(Cold forging)：若材料不加熱而在室溫進行者謂之冷間鍛造，簡
稱冷鍛。冷鍛因係在常溫下進行塑性變形，故引起加工硬化，且相同製品
所須鍛造能量較熱鍛爲大，同時爲避免鍛模變形保持其剛性，故要使用高
價值的模具材料，一般僅適合小型工件的生產。但冷鍛亦有其優點，如經
鍛造的表面平滑無氧化皮，尺寸精度高，由於加工硬化可以提高鍛件的機
械性質，並利用其特性，使用低廉材料鍛造後可以直接使用，鍛造後不須
再切削加工或僅小量切削加工，能節約材料及後續加工之浪費。

3. 溫間鍛造(Warm forging)：加熱溫度在再結晶溫度以下室溫以上而鍛造
者謂之，簡稱溫鍛。此法係取冷、熱鍛的中間溫度進行鍛造作業，所以
材料仍在加熱狀態，變形所需負荷不高，尺寸亦可控制較熱鍛準確，且
表面情況亦較佳，可說是得冷、熱鍛兩者之利而去其弊的鍛造法，發展
潛力相當高。

表 4-2　熱間與冷間鍛造的特性比較[2]

加工法	熱間鍛造	冷間鍛造
鍛品重量(kg)	0.005～1000	0.01～35
高度／直徑	無限制	無限制
形狀	複雜	限制
材料利用率	50～70%	90～95%
精度	IT13～15	IT7～9
表面精度	30～100μm	1～10μm
主目標	高強度要切削	高強度少量切削
自動化可能性	困難	容易
工程數	3～4 工程	多工程
拔模斜度	3 度～10 度	～0 度
鍛造溫度	850～1250℃	室溫

二、依受力形態之不同而分

1. 衝擊鍛造(Impact forging)：簡稱衝鍛，其鍛造的負荷是成瞬間衝擊的形態施給，材料塑性變形亦是在極短時間內完成。由於材料在模穴內受力進行的流動時間較短，因此較適合鍛件體積小且形狀較不複雜的加工。

2. 壓擠鍛造(Press forging)：簡稱壓鍛，此法之鍛造壓力是以漸進的方式增加，以促使金屬材料產生降伏而變形，因此其施力運作時間也較長。因為材料在模穴內受力流動時間較長，胚料有較充裕的時間進行流動充模，因此可用於體積較大或形狀較複雜鍛件的加工。

三、依模具型式之不同而分(參閱圖 4-7)

1. 開模鍛造(Open-die forging)：又稱自由鍛造(Free forging)，乃是將金屬胚料放置在平面或簡易形狀面的上下鍛模之間，施行加壓鍛打的加工。此種

鍛造法可利用普通的工具，對金屬材料施予局部壓力逐漸變形，複製性差，在金屬流動及尺寸等方面之控制較難，完全依操作人員之技術，但它具有低廉的模具和安裝費用，適合於少量生產及閉模鍛造用之預鍛成形。

2. 閉模鍛造(Closed-die forging)：乃是將金屬胚料放置在具有三度空間模穴內，使上下模密合而成形的鍛造法。因閉模鍛造之胚料被限制在模穴中流動，故能有精確的尺寸控制，亦可以顧慮晶粒流動，而獲最大強度方向，且具有高度的複製性。但設備較昂貴，模具成本高，非大量生產無法達到其經濟性。

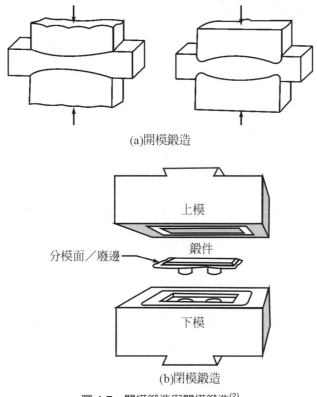

(a)開模鍛造

(b)閉模鍛造

圖 4-7　開模鍛造與閉模鍛造[2]

四、依施力來源之不同而分

1. 手工鍛造(Hand forging)：此法係直接用人的雙手握持各種鍛打工具對胚料進行加壓鍛打。在古代大都用此法製造各種器具，但現今之鍛件幾乎全部用機器鍛造，手鍛僅限於修理工作及小量零件使用。

2. 機器鍛造(Machine forging)：此法係利用各種不同型式的鍛造機器產生強大的外力，對金屬胚料進行鍛鍊或成形的加工。由於壓力強大，速度快，適合大量生產及大型胚料的鍛製，是現今鍛造方法的主流。

4-1-4　鍛造的流程

　　鍛造製程依鍛件性質需求不同及生產條件的差異，過程簡繁各異，通常一個鍛件從鍛胚的準備到成形、檢驗，約需經過八個步驟，即備料、加熱、預鍛、模鍛、整形、修整、熱處理、檢驗。

1. 備料係包括胚料之檢視、截鋸成適當大小及長度、修整清潔表面等。

2. 加熱則是利用瓦斯、燃油、電阻熱與感應式之加熱爐，將胚料加熱至所需的鍛造溫度。

3. 預鍛係針對較複雜之鍛件無法一次鍛打完成者，先利用鍛粗、延伸等體積分配、彎曲及粗鍛等方式預先鍛成過渡形狀，以減低鍛造壓力、材料流動阻力及溢料損失等。

4. 模鍛係利用所需各模穴進行最後的鍛打成形。

5. 整形則是以剪邊機、整形機或相關鍛造機來進行模鍛後的整形校直，通常大鍛件或薄截面且複雜鍛件才需要，如以近淨形鍛造之鍛件，則無需再進行剪邊處理。

6. 修整係利用鉗工工具、手提研磨機或噴砂、酸洗等方式來清除鍛件表面的毛頭、缺陷或氧化鱗皮等。

7. 熱處理則是依據不同材質做適當之加熱與冷卻處理，以達所要求之機械
性質。

8. 檢驗係包括各項尺寸外觀之檢測、機械性質試驗及檢視鍛件缺陷之各種非
破壞檢驗。

圖 4-8 為典型鍛造工廠的作業流。

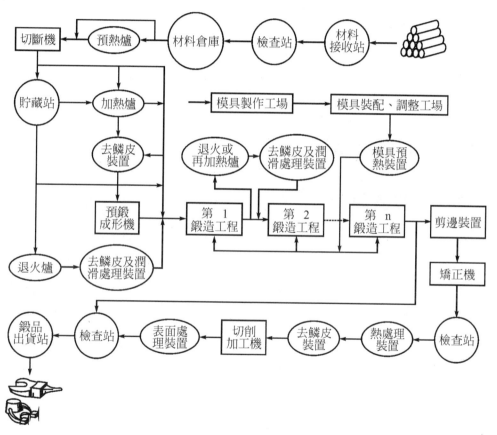

圖 4-8　典型鍛造工廠的作業流程[2]

因此，整個鍛造工程可概括為六大領域：鍛品設計、鍛模設計與製作、胚
料準備、前處理及磨潤，鍛造成形、鍛件後處理及檢驗，如圖 4-9 所示。

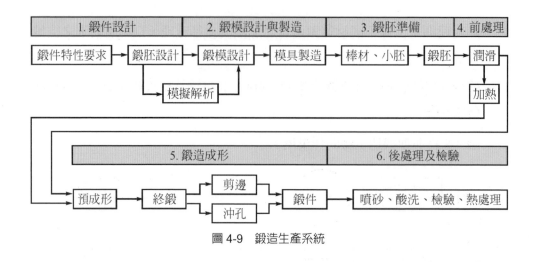

圖 4-9　鍛造生產系統

4-2　鍛造基礎

4-2-1　鍛造負荷

　　鍛造在進行前爲便於進行鍛造機的選擇及鍛模受力狀況的估計,須先估算鍛造所需負荷及能量,較正確的方法可採用各種鍛造力學解析法來推導,但有時爲方便起見,常依經驗來做概略的估算。一般而言,鍛件愈複雜,投影面積愈大,腹板及肋愈薄或愈高,則所需之負荷愈高。如圖 4-10 所示爲典型的模鍛負荷與沖程圖,負荷隨著胚料之充模而逐漸增加,當廢邊形成時,負荷急速增高,至閉模時負荷達於頂點。負荷-沖程曲線下所包含的面積即爲鍛造所需的能量。

　　依據一般學理的經驗公式,鍛造負荷 $F = k \cdot \sigma \cdot A$,其中 k 是壓力乘積因子(鍛件屬形狀簡單而無廢邊時爲 3～5,形狀簡單而有廢邊時爲 5～8,形狀複雜而有廢邊時爲 8～12),σ 爲材料的塑流應力,A 爲包含廢邊之鍛件投影面積。

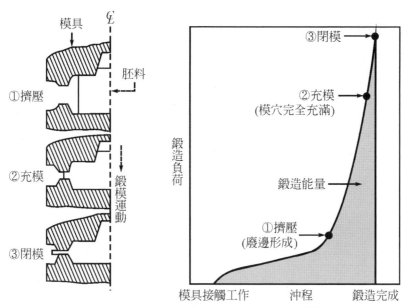

圖 4-10　所示為典型的模鍛負荷與沖程圖[18]

4-2-2　可鍛性

　　可鍛性(Forgeability)乃是鍛造時材料能產生塑性變形且不破裂損毀的承受能力。影響可鍛性的因素除了溫度之外有二類：冶金因素與機械因素。

一、冶金因素

1.　結晶構造：FCC 大於 BCC，BCC 大於 HCP。

2.　成份：純金屬較合金佳。

3.　純度：金屬中含有不溶解化合物時可鍛性大為增進。

4.　相位數：雙相合金較單相合金低。

5.　晶粒大小：晶粒越小可鍛性越佳。

二、機械因素

1. 應變率：通常金屬在冷鍛溫度顯示低延性者在應變率增大時，可鍛性降低，如爲高延性者，則在應變率增大時，其可鍛性不致受影響至可察覺的程度。

2. 應力分佈：應力分佈較均勻，能得到較均勻的金屬流動，可鍛性較佳。

    圖 4-11 爲各種材料之可鍛性比較。

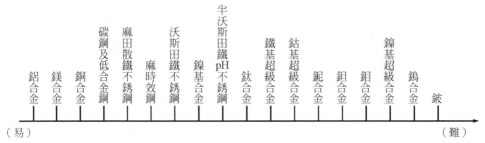

圖 4-11　各種材料之可鍛性比較

4-2-3　鍛造溫度

鍛造溫度爲鍛造製程的重要變數，如果加熱溫度太低將減少可能鍛打時間，反覆重新加熱亦降低鍛造效率，材料加熱耗損大，而且溫度過低，只形成鍛件表面的鍛擊，致使材料表面產生過大的應力，生成外觀不易察覺的裂痕，又如果溫度太高，不但有過度的氧化，使材料表面產生所謂之焚燒現象，同時過高的加熱溫度會使結晶粗大，如此材料加熱至此溫度已不值得做爲鍛造材料，尚且易使加熱爐損傷。

表 4-3 爲各種材料的鍛造溫度，碳鋼爲鍛造最常用的材料，其鍛造溫度範圍依其含碳量之多寡而異，因其固相線溫度隨含碳量的增加而降低，所以鍛造溫度範圍之上限，亦隨含碳量之增加而降低，但其溫度下限則保持不變，皆在再結晶溫度之上。至於溫度上限，一般約在固相線以下 500～600°F 之間，如圖 4-12 所示。

表 4-3　各種材料的鍛造溫度[2]

材料	室溫之可鍛性	冷加工後之再結晶溫度(°F)	冷加工後之退火溫度(°F)	高溫鍛造之溫度範圍(°F)	備註
純鋁	甚好	300	650	600～900	可在室溫加工
黃銅	甚好	400	1000～1250	1100～1650	
青銅	尚好	750	1000～1250	1100～1650	
純銅	甚好	400	1000～1400	800～1900	
杜拉鋁合金	好	500	640～670	600～850	
純金	極好	390	500～1000		在室溫加工
純鐵	好	840	1100～1400	1500～2400	
純鉛	極好	室溫以下	室溫		在室溫加工
蒙納合金	尚好	500	1350～1450	1600～2100	
純鎳	尚好	1100	1100～1750	1600～2300	
結構鋼(低碳)	尚好	900	1100～1400	1500～2200	
高碳鋼	不好	1000	1100～1400	1400～2000	
純銀	極好	390	500～1000		在室溫加工
純錫	極好	室溫以下	室溫		在室溫加工
純鎢	不好	2190	2200～2500	1100～2900	
普通熟鐵	尚好	900	1100～1400	1650～2400	

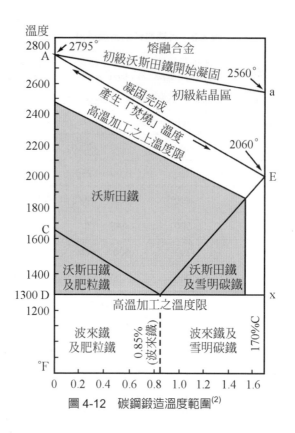

圖 4-12　碳鋼鍛造溫度範圍[2]

4-2-4　鍛造潤滑

　　鍛造使材料塑性變形，將導致胚料表面積與微視結構的變化、新生面的露出，因此潤滑處理有其重要性。鍛造潤滑主要的目的有：降低摩擦以減小鍛模之磨損與過熱，避免鍛模與材料間的黏著使鍛件易於脫模，控制及增進金屬流動的均勻性及充模能力，減低鍛造所需的負荷，避免鍛件激冷缺陷的產生。

　　選用鍛造潤滑劑需考慮潤滑劑的特性：絕緣性、低阻性、冷卻性、絕熱性、潤濕性、穩定性、分離性、安定性、純淨性、安全性、經濟性等。表 4-4 為鍛造潤滑劑示例。通常熱間鍛造是將石墨等潤滑劑噴塗在鍛模模穴上，而冷間鍛造則可對鍛胚施以皮膜化成處理(Conversion coating)。

表 4-4　鍛造潤滑劑示例[2]

鍛造方式	碳鋼、低合金鋼	不銹鋼	鋁合金	銅合金	鈦合金	其他合金
冷間鍛造	• 礦油＋極壓添加劑 (S, P, Cl 化合物)及／或油性添加劑(脂肪酸，油脂，皂等) • 抽拉用石灰，硼砂，硬脂酸鈣或鋁皮膜 • 磷酸鋅、鈣皮膜＋硬脂酸鋅及／或二硫化鉬、石墨 • 礦油、有機溶劑中二硫化鉬、石墨	• 礦油＋氯化石蠟等極壓添加劑 • 亞克力樹脂等有機溶媒＋固體潤滑劑 • 鍍銅膜＋極壓及／或加油性添加劑的礦油(肥粒鐵系忌硫) • 草酸鹽皮膜＋脂肪酸皂	• 獸脂(羊毛脂等)、脂肪油、脂肪酸鈉皂或硬脂酸鋅 • 苛性鈉腐蝕後用上述潤滑劑 • 礦油＋極壓添加劑或固體潤滑劑 • 磷酸鋅＋硬脂酸鋅	• 獸脂(羊毛脂等)、脂肪油、脂肪酸或硬脂酸鋅 • 脂肪或脂肪酸＋極壓潤滑劑或石墨 • 硫酸腐蝕後用上述潤滑劑 • 高粘度油，滑脂，蠟等(不宜用硫化油)	• 礦油＋極壓添加劑或固形潤滑劑 • 氟化鈦皮膜＋皂或石墨滑脂	• 對英高鎳、瓦史帕洛依等 • 鍍銅膜＋硬脂酸鹽
溫間鍛造	• 礦油＋石墨 • 水＋石墨 • 磷酸鹽＋石墨油(須急速加熱)					
熱間鍛造	• 鋸屑 • 礦油＋石墨 • 水＋石墨 • 水溶性合成潤滑劑(高分子，玻璃，膠狀雲母)		• 水＋石墨及／或二硫化鉬 • 礦油＋石墨(等溫鍛造時)		• 玻璃 • 二硫化鉬	

4-3　鍛造機具設備

4-3-1　概　說

　　鍛造在生產過程中所需的機器設備，大致有鍛打設備(包含手工鍛造工具、鍛造機)、材料切斷設備、加熱設備、表面清潔設備、模具製作設備、試驗檢查設備、搬運設備及其他輔助設備等。

　　常見的手工鍛造工具如圖 4-13 所示，鐵砧是手工鍛造時工件放置其上來進行鍛擊的工具，火鉗係用來夾持工件以便進行加熱及鍛打，鐵錘用於直接或間接鍛打經加熱的工件，鑿子則用於刻痕或切斷工件，沖頭做為工件沖孔之用，型砧及型錘用來鍛製各形凹凸件，花砧係用以配合鍛製特定形狀。

　　鍛造機依力、能特點之不同可區分為：限能量(Energy restricted)、限行程(Stroke restricted)及限負荷(Load restricted)三大類。限能量鍛造機之變形能乃由一個或多個運動體之動能(Kinetic energy)轉換而來，鍛打時，工件變形到該運動體可用能量用完為止，工件欲繼續變形則需再次打擊，因此設備之規格常以每次打擊之最大有效動能來表示，各種落錘鍛造機、螺旋壓床均是。限行程鍛造機之力與能的傳遞，主要靠旋轉的曲柄或偏心軸，通過連桿或楔形塊，將回轉運動變成滑塊之直線運動，同時將電動機之能量藉由裝設於鍛錘(滑塊)上之模具傳遞到鍛件上，達到成形之目的。這種設備被設計製造完成後，其運行都有一定行程，故稱之限行程設備，鍛件之變形只能在一次行程中完成，而其規格即以行程中最大可能出力之大小而訂定。典型之設備有曲柄壓床(Crank press)、肘節壓床(Knuckle press)等。限負荷鍛造機在工作時，可能施加於胚料或鍛件上使其變形之最大壓力，於行程中之任何位置上都是一定的，典型設備有油壓壓床(Hydraulic press)、軌跡鍛造機(Orbital press)等。

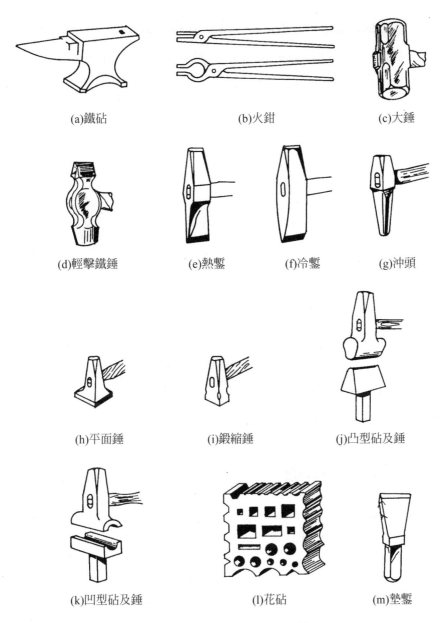

(a)鐵砧　　(b)火鉗　　(c)大錘

(d)輕擊鐵錘　(e)熱鏨　(f)冷鏨　(g)沖頭

(h)平面錘　(i)鍛縮錘　(j)凸型砧及錘

(k)凹型砧及錘　(l)花砧　(m)墊鏨

圖 4-13　常見的手工鍛造工具[1]

普通鍛造機基本上可大致分為二類：

1. 落錘鍛造機(Drop hammer forging machine)簡稱落錘(Hammer)。

2. 壓力鍛造機(Press forging)簡稱鍛造壓床(Press)。如圖 4-14 所示。

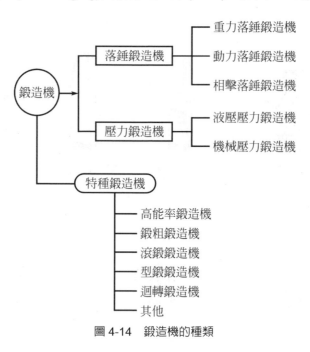

圖 4-14　鍛造機的種類

4-3-2　落錘鍛造機

　　落錘鍛造機(Drop hammer forging machine)係利用鍛錘(Ram)及上模自某一高度落下產生衝擊力作用於胚料，使材料產生塑性變形以成形的機器。落錘鍛造機約有三種，即重力落錘鍛造機、動力落錘鍛造機及相擊落錘鍛造機。

　　重力落錘鍛造機(Gravity-drop hammer forging machine)又稱自由落下落錘鍛造機，其鍛擊力完全藉鍛錘及上模之重量，自某一高度落下產生之重力加速度，衝擊至下方的下模所產生之力量，並沒有施加額外的外力。此種鍛造機依其提升機構之不同而有皮帶式、鏈條式、板式及活塞式四種，如圖 4-15 所示，圖 4-16 係板式重力落錘鍛造機。

分類特徵	皮帶式落錘鍛造機		鏈條式落錘鍛造機	板式落錘鍛造機	活塞式落錘鍛造機
	皮帶聯結  1	壓力輪聯結  2		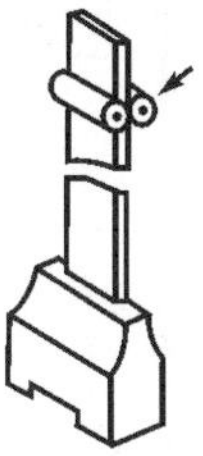	
工作能量	$m_r \cdot g \cdot H$ $= G \cdot H$	$m_r \cdot g \cdot H$ $= G \cdot H$	$m_r \cdot g \cdot H$ $= G \cdot H$	$m_r \cdot g \cdot H$ $= G \cdot H$	$m_r \cdot g \cdot H$ $= G \cdot H$
聯結器	靭帶	皮帶	摩擦聯結器	板	閥
提升機構	皮帶		鏈	板	活塞桿
儲能器	飛輪			—	壓縮空氣槽

圖 4-15　重力落錘鍛造機之不同提升機構[2]

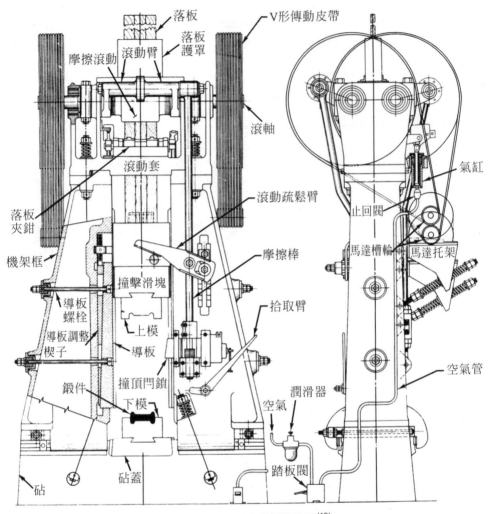

圖 4-16 板式重力落錘鍛造機[19]

　　動力落錘鍛(Power-drop hammer forging machine)其鍛擊能量之產生除由鍛錘及上模之重量外，同時也利用其他動力使鍛錘向下施加更大的力量。此種機器之鍛擊力較重力落錘鍛造機大，同時其鍛擊力可由操作者自由控制，對於預鍛之體積分配相當有益。圖 4-17 係空氣式動力落錘鍛造機的構造。

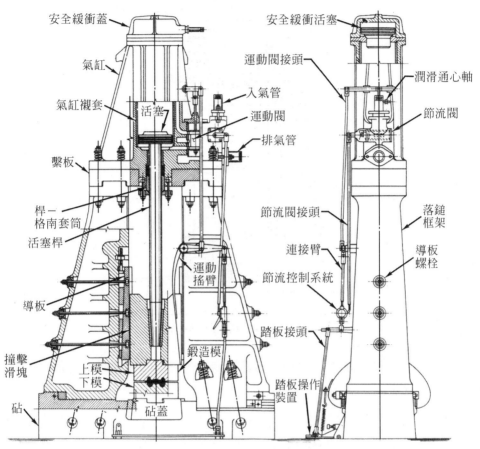

圖 4-17 空氣式動力落錘鍛造機的構造[19]

　　相擊落錘鍛造機(Counter blow hammer forging machine)係動力落錘鍛造機的改良，其鍛錘的打擊是來自兩個鍛錘的運動，此兩鍛錘是同時由反方向迫近，而在中間點相遇以產生強大的鍛擊力。與單動鍛造機相較，此機衝擊震動少，能量損失少，鍛錘運動部摩擦少，運轉壽命增加。此種機器其動力有些是氣壓式或液壓式，亦有些是機械液壓合併式或機械氣壓合併式。如圖 4-18 為直立式相擊落錘鍛造機的構造。

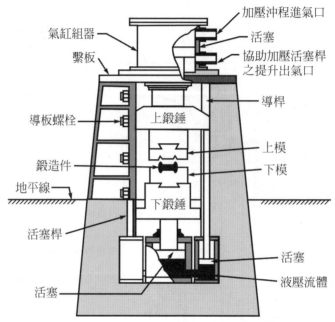

圖 4-18　直立式相擊落錘鍛造機的構造[19]

　　除此之外，開模鍛造用之動力落錘鍛造機雖然與閉模鍛造用之動力落錘鍛機類似，但基本上有二個不同點：

1. 閉模鍛造之動力落錘鍛造機其落錘係採用腳踏來操作控制，但開模者其操作控制則採用兩個板桿，並連接到一群組件以手操縱，因此操縱較靈活。

2. 開模鍛造機之鍛錘之砧與機是分開，但衝擊錘與上模則包括在機架上，由於砧與機架分開，所以砧所承受的衝擊力不會傳到機架，一般是使用橡樹枕木來吸收部份錘擊力，如圖 4-19 所示。

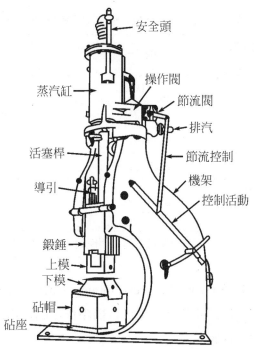

圖 4-19　開模鍛造用之動力落錘鍛造機[25]

4-3-3　壓力鍛造機

　　壓力鍛造機(Press forging machine)係以緩慢的壓力，使胚料在鍛模模穴內成形的機器。應用此種機器來鍛造，因胚料受力時間較長，鍛擊能量不僅施於胚料表面，且亦達到心部，所以表裏受力一致，鍛件品質較佳。壓力鍛造機依其動力來源之不同，而有液壓式及機械式，液壓式動作較慢，但能量較大，而機械式則動作較快，但能量較小，表 4-5 為其性能比較。

表 4-5　液壓式及機械式壓力鍛造機的性能比較

鍛造機種類 特性	機械式	油壓式
1. 鍛壓速度	快	較慢
2. 鍛壓力	無法調節	可任意調節
3. 沖程	較短	較長
4. 下死點	在固定位置	可調節
5. 單位時間沖程數	多	較少
6. 能量	較小	甚大
7. 用途	不適合自由鍛造適合閉模鍛造	適合自由鍛造與閉模鍛造

液壓式壓力鍛造機(Hydraulic press forging machine)係利用高壓液體遞壓力，驅動鍛錘之活塞以低速運動，來進行擠壓作用的鍛造機器，如圖 4-20 為液壓式壓力鍛造機的外觀。

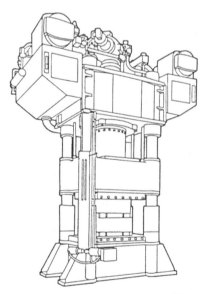

圖 4-20　液壓式壓力鍛造機[72]

　　機械式壓力鍛造機(Mechanical press forging machine)則是利用曲軸等機械構件來傳動，將電動機的回轉運動經由飛輪、曲軸或偏心軸等轉換成直線運動，帶動滑塊鍛模以進行鍛打成形的機器。如圖 4-21 為機械壓力鍛造機的外觀。機械式壓力鍛造機依其驅動滑塊機構之不同，可分為曲軸式(Crank)、偏心式(Eccentric)、肘節式(Knuckle)、凸輪式(Cam)、連桿式、小齒輪式(Pinion)等。茲將較常見的簡述如後：

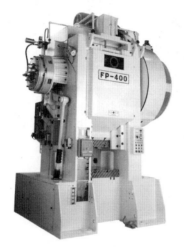

圖 4-21　機械壓力鍛造機的外觀[63]

1.　曲軸式壓力鍛造機：如圖 4-22 所示，係以馬達帶動飛輪，經由小齒輪軸、小齒輪、主齒輪，將飛輪貯存之能量傳到曲軸，再經由連桿使滑塊作上下運動以達到鍛打的目的。

2.　肘節式壓力鍛造機：如圖 4-23 所示，乃是將曲輪運動再經由肘節機構(Toggle joint)傳遞於鍛錘上。

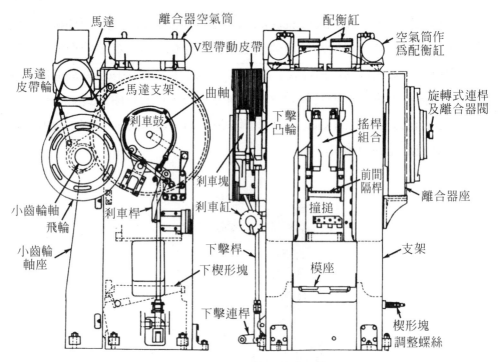

圖 4-22 曲軸式壓力鍛造機[2]

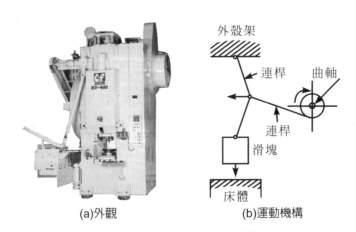

(a)外觀 　　　　　　 (b)運動機構

圖 4-23 肘節式壓力鍛造機[63]

3. 楔形壓力鍛造機(Wedge-type press forging machine)：此種鍛造機的原理與曲軸式壓力鍛造機的原理相仿，係由飛輪貯存之能量經由曲軸傳送，而使楔子作水平方向往復運動，以帶動滑塊作上下運動，如圖 4-24 所示。

4. 蘇格蘭軛壓力鍛造機：如圖 4-25 所示，此係偏心式壓力鍛造機之一，在滑塊中有蘇格蘭軛(Scotch yoke)構件，當曲軸開始迴轉時，蘇格蘭軛前進運動使滑塊開始下降，隨著曲軸連續迴轉，使蘇格蘭軛作前後方向往復運動，滑塊因而作上下運動。

5. 摩擦式壓力鍛造機：又稱螺旋壓力鍛造機(Screw press forging machine)，此機器係利用旋轉摩擦輪驅動飛輪，而飛輪之運動則被主軸上的多線螺桿及螺帽轉換成直線運動，如圖 4-26 所示為其外觀構造。

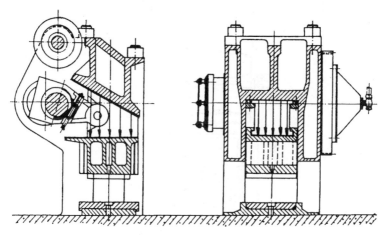

圖 4-24　楔形壓力鍛造機[2]

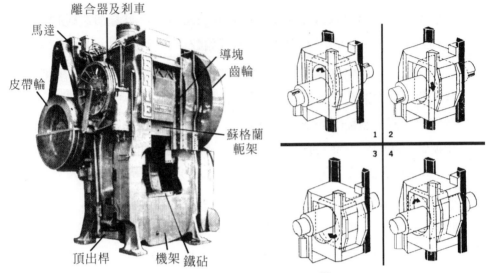

離合器及刹車

馬達

皮帶輪

導塊

齒輪

蘇格蘭軛架

頂出桿　機架　鐵砧

圖 4-25　蘇格蘭軛壓力鍛造機[2]

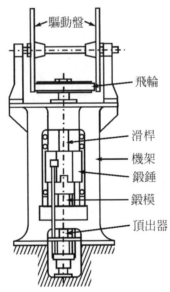

驅動盤

飛輪

滑桿

機架

鍛錘

鍛模

頂出器

圖 4-26　摩擦式壓力鍛造機[2]

4-3-4　特種鍛造機

　　爲配合特殊工作需要，因而特種型式的鍛造機的種類也就各式各樣，茲將較常見的幾種簡述如下。

一、高能率鍛造機

　　高能率鍛造機(High-energy-rate forging machine)係一種高能量、高速度的鍛造機，且整體重量很小，它是採用相擊原理，而且是用高壓惰性氣體來驅動鍛錘以獲得高能量之打擊能力。此種鍛造機通常是用來鍛造對稱形或同心的鍛件，譬如齒輪、輪圈等，對於非對稱形鍛件，因鍛打時有偏心荷重，故較不適用。如圖 4-27 爲鍛錘內機架式高能率鍛造機。

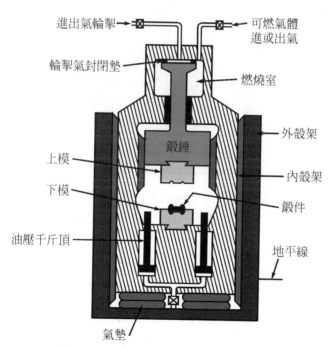

圖 4-27　鍛錘內機架式高能率鍛造機[19]

二、鍛粗鍛造機

鍛粗鍛造機(Upsetting forging machine)係用來使棒料端部擴大的機器,其運動機構與機械式壓力鍛造機類似,亦是用飛輪及曲軸來驅動滑塊鍛粗沖頭,使胚料沿軸向運動而壓縮,外徑因而粗大成形,如圖 4-28 為水平式鍛粗鍛造機的外觀及構造。

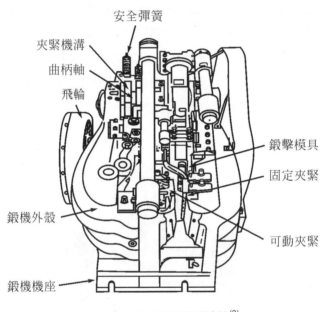

安全彈簧
夾緊機溝
曲柄軸
飛輪
鍛擊模具
固定夾緊
鍛機外殼
可動夾緊
鍛機機座

圖 4-28　水平式鍛粗鍛造機[2]

三、滾鍛機

滾鍛機(Roll forging machine)乃是利用一組反向迴轉輥輪將材料之橫斷面變小且延伸的機器,其主要作用一可以做為閉模鍛造之預鍛成形的體積分配,另一可就做為主成形的鍛造作業。滾鍛機有直形滾鍛機及環形滾鍛機兩類,如圖 4-29 所示。

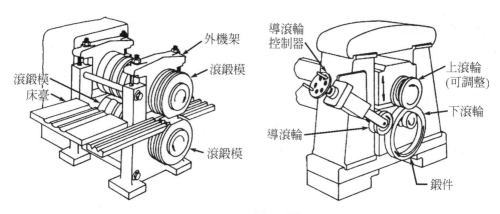

圖 4-29　滾鍛機[18]

四、型鍛機

　　型鍛機(Swaging machine)係利用一動力驅動之環,以高速旋轉,使滾子推動凸輪表面以迫壓各分段之鍛模,使圓桿或管件胚料端部施以高頻率之擊壓而成形,如圖 4-30 所示,此機依其模具運作之不同可分為旋轉模型鍛機(Rotary die swaging machine)及固定模型鍛機(Stationary die swaging machine)二類,前者係鍛模旋轉撞擊工作,使之迅速成形,後者係中心之鍛模組固定,由四周滾輪轉動撞擊工件成形。

圖 4-30　型鍛機[2]

五、迴轉鍛造機

迴轉鍛造機(Rotary forging machine)又稱軌跡鍛造機(Orbital forging machine)，係使用一對模具在連續加工中使胚料逐漸變形而成形的一種漸進鍛造設備。此機器因在同一時間內只有胚料之小部分產生變形，故鍛造所需力量約為傳統鍛造的 10%，因此機器和模具之變形及摩擦力減小，適合生產高精密度鍛件，亦適用於多類少量之鍛件，且其震動噪音也很小，如圖 4-31 為其構造。

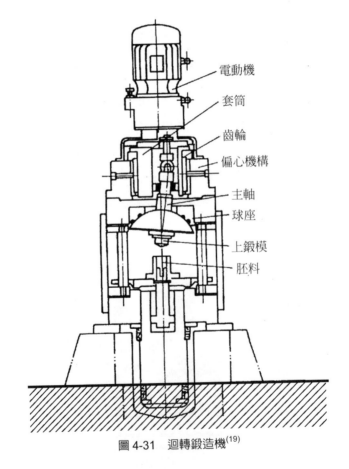

電動機
套筒
齒輪
偏心機構
主軸
球座
上鍛模
胚料

圖 4-31　迴轉鍛造機[19]

4-3-5　鍛造機的選用

　　選用鍛造機之前應先對鍛造機的種類、特性及能力等有相當的認識與了解。並依訂單的特性斟酌廠內現有設備加以運用，使鍛造工作得以順利進行。如圖 4-32 為其運用程序，另圖 4-33 為鍛造機的特性要素。

　　茲將數種主要鍛造機的選用歸納如後：

1. 落錘鍛造機：用於中、小量之生產，因不易使其自動化，不適宜大量生產，主要用在開模鍛造，一般依經驗通常多選用工件重量為落錘型砧的 15% 之機器。

2. 相擊落錘鍛造機：因兩型砧對打，鍛擊能量沒有損失，直立式相擊落錘鍛造機因下型砧亦在運動，被加工件不易被夾住，故較少用於小型工件之鍛造，而適合於大型工件鍛造。小型工件通常以水平式相擊落錘鍛造機來生產。

3. 曲軸式壓力鍛造機：機構上撓性較大，壓力能量不高，但有下死點，故加工尺寸精度頗高，大多用於小型工件之擠壓、模鍛、廢邊整緣及固定型多模穴組合型鍛。

4. 肘節式壓力鍛造機：行程較短，但在下死點時之壓力極大，可用於需要大壓力之整形及冷鍛之用，適合於大量生產。

5. 液壓式壓力鍛造機：行程甚長、速度慢，適合大型壓製工件之矯正、廢邊剪除及鑄錠鍛鍊，但不適合多道次之鍛造工作。

6. 摩擦式壓力鍛造機：性能介於落錘鍛造機及壓力鍛造機之間，適用於小型鍛粗之工件，圓形小型工件之鍛造及需分割模之鍛造，如螺栓、管彎頭等。

7. 鍛粗鍛造機：適於軸狀零件、中空零件、較長工作件之體分配，圓長形工件需多道次加工之鍛造。

8. 滾鍛鍛造機：鑄錠之鍛鍊、型料、棒料、管料、板料之加工製造，以及簡單形狀之成形。

9. 型鍛鍛造機：適用於小件之桿料、管材之縮小成形，可自動化用於大量生產。

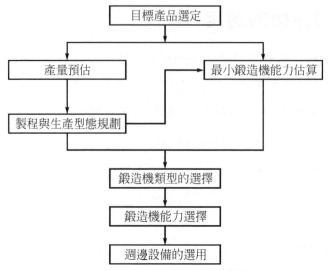

圖 4-32　鍛造機的運用程序[56]

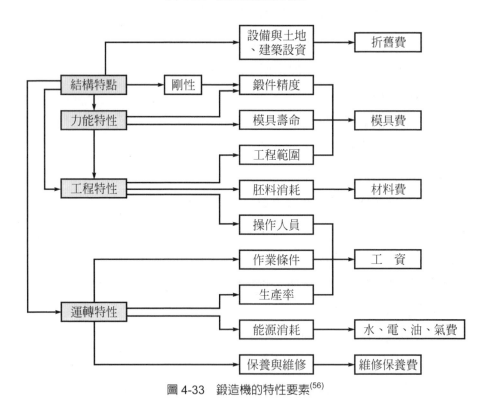

圖 4-33　鍛造機的特性要素[56]

4-4 鍛件與鍛模設計

4-4-1 鍛件設計

由零件圖繪製成冷鍛件圖，其主要的設計要項有鍛件形狀、分模線、拔模斜度、內外圓角、肋及腹板、餘塊、鍛件公差及加工裕留量等。簡述如下：

一、鍛件形狀設計

鍛件基本上可分為兩類，一為開模鍛件(自由鍛件)，二為閉模鍛件，兩者之差別在於是否以三維(Three dimension)之模閉穴形狀來限制鍛造時金屬之流動成形。閉模鍛件一般又可分為粗鍛件(Blocker-type forging)、普通鍛件(Conventional forging)及精密鍛件(Precision forging)三類，如圖 4-34 所示。

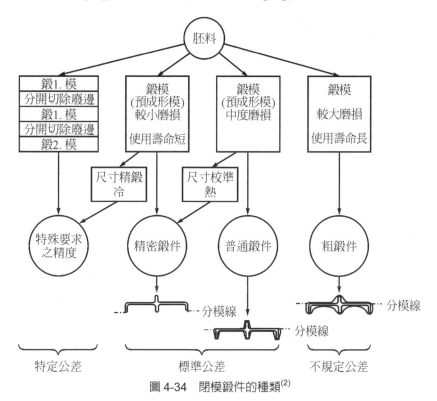

圖 4-34 閉模鍛件的種類[2]

鍛件形狀種類繁多，因此鍛件設計時其形狀並沒有特定之依據可遵循，但設計時應儘量使鍛件能有最少之完工加工面，且使其有簡單及對稱的形狀，避免有陡急的斷面變化、過度的材料堆積、強烈的方向的轉變及稜銳之邊緣，在連接部分也應有充份的圓弧角，避免有過分凹入或凸起的角、線或窄肋，尺寸精度高的部分儘量集中在上模或下模上，此外也應儘可能使鍛件廢邊的切除容易。

二、分模線設計

分模線(Parting line)或稱分離線、分割線，它是上下鍛模的分開線。通常設計鍛件的第一步驟就是決定分模線的位置與形狀。分模線可為直線，亦可為不規則曲線，通常視最後鍛品的幾何形狀而定。分模線位置和形狀選擇的正確與否，會影響到模鍛鍛造製程、鍛件品質、鍛模與切邊模製程的複雜程度等。而選擇分模線時之最基本要求是必須確保鍛件能很容易的從成形模穴中取出，此外，還須能盡量滿足金屬容易充滿模穴、簡化模具製造、容易檢查錯模、能平衡模鍛錯模力、毛邊能切除乾淨等要求、如表 4-6 所示。有些鍛件在選擇分模面時無法同時滿足上述要求，則需依據具體情況進行分析，以滿足其主要要求為前提。最常見之情況為只滿足鍛造流線的要求，如圖 4-35 所示。

表 4-6   分模線選擇之基本要求[56]

應滿足	合理	不合理
金屬容易充滿模穴		
簡化模具製造		

表 4-6　分模線選擇之基本要求[56](續)

應滿足	合理	不合理
容易檢查錯模	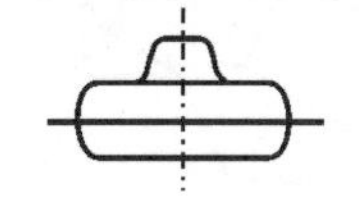	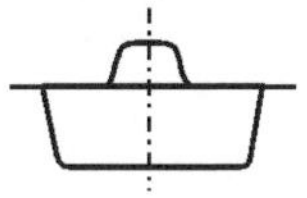
平衡模鍛之錯模力		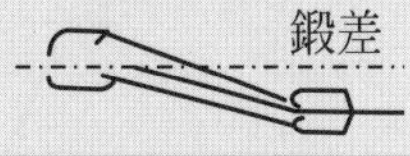 鍛差
毛邊應能切除乾淨	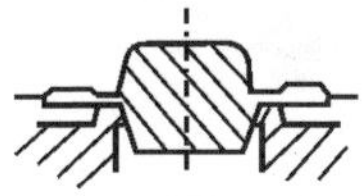	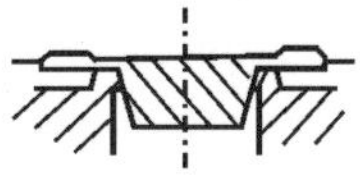

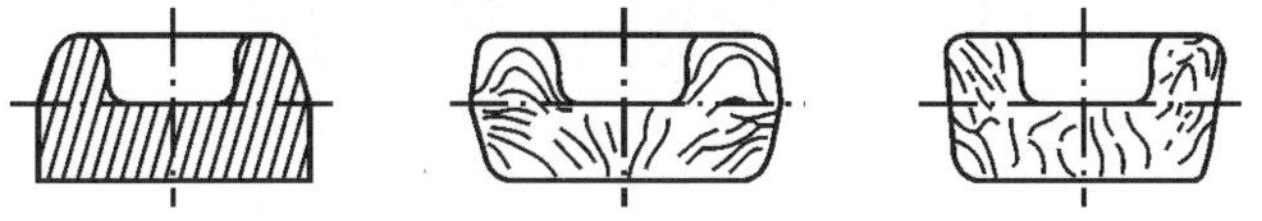

(a)零件　　　　　(b)不正確　　　　　(c)正確

圖 4-35　滿足鍛造流線的要求的分模線設計[2]

三、拔模斜度

　　鍛件分模線決定之後，還應考慮鍛件是否易於從鍛模模穴中取出，影響鍛件脫模容易與否，可以脫模力之大小來解釋之，脫模力大小概括受兩因素影響：模壁因回彈作用而夾緊鍛件，鍛件因冷收縮而造成鍛件外壁與內孔之夾緊力。由於這兩個因素所致夾緊力的存在與變化，更兼其所導致摩擦力之存在，故須額外施以脫模力才有可能使鍛件脫模。脫模力之施加可用兩種基本方式：

1. 拔模角設計：拔模角(Draft angle)(如圖 4-36)係於鍛件周圍鍛造方向傾斜的高度。拔模角之存在會使脫模力降低甚多，最後僅須依靠鍛件自身重量或夾鉗的些微施力即可脫模。

2. 頂出裝置之作用：通常而言，有頂出裝置之成形設備其拔模角可較小甚至取零，但此時其所須之脫模力則變大。

　　拔模斜度角大小的設定並無一定的規則可遵循，通常為按鍛造材料、鍛件形狀、鍛造備及方法等等之不同而異。最普通的拔模斜度角是 7°，而外拔模斜度角可較內拔模斜度角小。如表 4-7 所示。

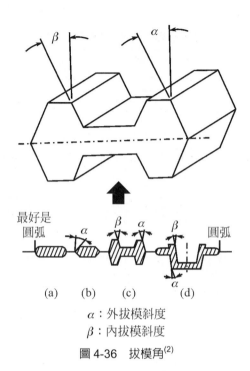

α：外拔模斜度
β：內拔模斜度

圖 4-36　拔模角[2]

表 4-7　拔模斜度角大小的設定[2]

鍛造機類別	落錘鍛造		壓床鍛造	
鍛件類別	大型鍛件	小型鍛件	大型鍛件	小型鍛件
外拔模斜度	5～7°	5°	5°	3～5°
內拔模斜度	7～10°	5～7°	5°	5°
直立軸且段差大	7～10°	5～7°	3～7°	3～7°

四、內外圓角之設計

　　由於在鍛件中如有銳利的模穴內外隅角，會使材料流動困難，產生流動穴模不足的現象，如圖 4-37 所示，太小的內圓角(Fillet)會使金屬流動時產生流穿(Flow through)的現象，以致形成冷夾層(Cold shut)之缺陷，太小的外圓角(Corner)將使鍛模產生應力集中，同時因熱疲勞而變形，縮短鍛模壽命，故通常需有適當的內圓角及外圓角。

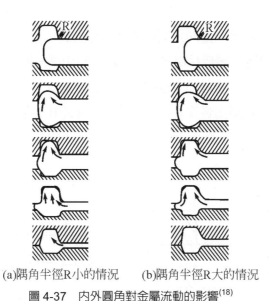

(a)隅角半徑R小的情況　　(b)隅角半徑R大的情況

圖 4-37　內外圓角對金屬流動的影響[18]

五、肋及腹板的設計

肋(Rib)是垂直於鍛造平面的薄部位,而腹板(Web)則是平行於鍛造平面的薄部位,此兩部分質量較少,溫度下降迅速,因為材料變形抗力增加,鍛造壓力需較大,故是鍛件中較難以鍛打成形的部位,如圖 4-38 所示。

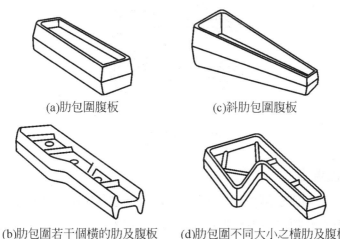

(a)肋包圍腹板　　　　　　(c)斜肋包圍腹板

(b)肋包圍若干個橫的肋及腹板　　(d)肋包圍不同大小之橫肋及腹板

圖 4-38　肋及腹板使鍛造困難度增加(由 A 至 D 困難度逐漸增加)[2]

　　肋之尺寸大小並無一定的規則可依循,但通常肋之高度不應超過其寬度的
八倍,大部份的鍛造工廠皆採用 4:1 至 6:1 的肋高－肋寬。而以鍛件中完全
由肋圍繞的腹板為例,其最小厚度與寬度之比也以 1:8 為原則。一般而言,
模鍛時鍛件並不直接鍛出貫穿孔,而是具有一層沖孔腹板的盲孔,鍛造後再將
此腹板沖除,常見的沖孔腹板有平底式、斜底式、帶倉式、拱底式及壓凹式五
種,如圖 4-39 所示。

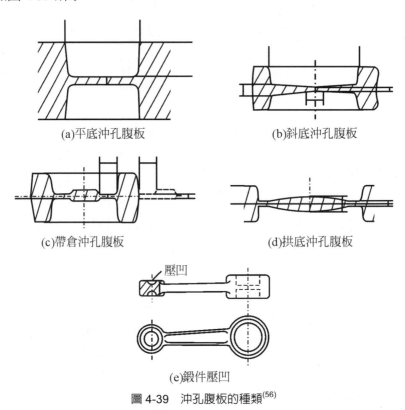

(a)平底沖孔腹板　　　　　　　　(b)斜底沖孔腹板

(c)帶倉沖孔腹板　　　　　　　　(d)拱底沖孔腹板

(e)鍛件壓凹

圖 4-39　沖孔腹板的種類[56]

六、鍛件公差規定

　　鍛件之公差通常依鍛件性質、形狀等而定,愈狹窄的公差則表示鍛件水準
愈高,但相對的其製造的工程數也隨之增加,因此,非必要最好不要將公差定
得太嚴。很多國家對於鍛件公差皆訂有標準,一般依成形設備有落錘與機械式

壓力鍛造機熱鍛件公差及端鍛鍛造機熱鍛件公差兩類，而鍛件之品級一般有二級，即普通級與精密級，在 CNS 中則是採用 F 級及 E 級。有關鍛件之公差可參考日本之 JIS B-415 及 B-416，德國之 DIN 7523 及 7526，我國 CNS B1318 及 B1319。

　　鍛造公差依鍛件品級分為普通級(F 級)、精密級(E 極)兩級，而重要公差項目則有厚度、長度、寬度、高度、中心間距、圓弧半徑、拔模斜度、錯模、撓曲、深孔偏移、毛邊殘留、毛邊齒、表面粗糙度及剪斷端部變形等。在查察公差表時需先確定鍛件重量、材料易鍛性及鍛件容積比等，如表 4-8 所示。

表 4-8　鍛造公差示例[19]

鍛件等級：普通級(F 級)　　　　厚度公差及容許差　　　　單位 mm

鍛件重量 (kg)	材料易鍛性 M₁ M₂	鍛件容積比 S₁ S₂ S₃ S₄	16 以下 公差	容許差	16以上40以下 公差	容許差	40以上63以下 公差	容許差	63以上100以下 公差	容許差	100以上160以下 公差	容許差	160以上250以下 公差	容許差	250以上 公差	容許差
0.4 以下			1	+0.7 / −0.3	1.1	+0.7 / −0.4	1.2	+0.8 / −0.4	1.4	+0.9 / −0.5	1.6	+1.1 / −0.6	1.8	+1.2 / −0.6	2	+1.3 / −0.7
0.4 以上 1.2 以下			1.1	+0.7 / −0.4	1.2	+0.8 / −0.4	1.4	+0.9 / −0.5	1.6	+1.1 / −0.5	1.8	+1.2 / −0.6	2	+1.3 / −0.7	2.2	+1.5 / −0.7
1.2 以上 2.5 以下			1.2	+0.8 / −0.4	1.4	+0.9 / −0.5	1.6	+1.1 / −0.5	1.8	+1.2 / −0.6	2	+1.3 / −0.7	2.2	+1.5 / −0.7	2.5	+1.7 / −0.8
2.5 以上 5 以下			1.4	+0.9 / −0.5	1.6	+1.1 / −0.5	1.8	+1.2 / −0.6	2	+1.3 / −0.6	2.2	+1.5 / −0.7	2.5	+1.7 / −0.8	2.8	+1.9 / −0.9
5 以上 8 以下			1.6	+1.1 / −0.5	1.8	+1.2 / −0.6	2	+1.3 / −0.7	2.2	+1.5 / −0.7	2.5	+1.7 / −0.8	2.8	+1.9 / −0.9	3.2	+2.1 / −1.1
8 以上 12 以下			1.8	+1.2 / −0.6	2	+1.3 / −0.7	2.2	+1.5 / −0.7	2.5	+1.7 / −0.8	2.8	+1.9 / −0.9	3.2	+2.1 / −1.1	3.6	+2.4 / −1.2
12 以上 20 以下			2	+1.3 / −0.7	2.2	+1.5 / −0.7	2.5	+1.7 / −0.8	2.8	+1.9 / −0.9	3.2	+2.1 / −1.1	3.6	+2.4 / −1.2	4	+2.7 / −1.3
20 以上 36 以下			2.2	+1.5 / −0.7	2.5	+1.7 / −0.8	2.8	+1.9 / −0.9	3.2	+2.1 / −1.1	3.6	+2.4 / −1.2	4	+2.7 / −1.3	4.5	+3 / −1.5
36 以上 63 以下			2.5	+1.7 / −0.8	2.8	+1.9 / −0.9	3.2	+2.1 / −1.1	3.6	+2.4 / −1.2	4	+2.7 / −1.3	4.5	+3 / −1.5	5	+3.3 / −1.7
63 以上 110 以下			2.8	+1.9 / −0.9	3.2	+2.1 / −1.1	3.6	+2.4 / −1.2	4	+2.7 / −1.3	4.5	+3 / −1.5	5	+3.3 / −1.7	5.6	+3.7 / −1.9
110 以上 200 以下			3.2	+2.1 / −1.1	3.6	+2.4 / −1.2	4	+2.7 / −1.3	4.5	+3 / −1.5	5	+3.3 / −1.7	5.6	+3.7 / −1.9	6.3	+4.2 / −2.1
200 以上 250 以下			3.6	+2.4 / −1.2	4	+2.7 / −1.3	4.5	+3 / −1.5	5	+3.3 / −1.7	5.6	+3.7 / −1.9	6.3	+4.2 / −2.1	7	+4.7 / −2.3
			4	+2.7 / −1.3	4.5	+3 / −1.5	5	+3.3 / −1.7	5.6	+3.7 / −1.9	6.3	+4.2 / −2.1	7	+4.7 / −2.3	8	+5.3 / −2.7
			4.5	+3 / −1.5	5	+3.3 / −1.7	5.6	+3.7 / −1.9	6.3	+4.2 / −2.1	7	+4.7 / −2.3	8	+5.3 / −2.7	9	+6 / −3
			5	+3.3 / −1.7	5.6	+3.7 / −1.9	6.3	+4.2 / −2.1	7	+4.7 / −2.3	8	+5.3 / −2.7	9	+6 / −3	10	+6.7 / −3.3
			5.6	+3.7 / −1.9	6.3	+4.2 / −2.1	7	+4.7 / −2.3	8	+5.3 / −2.7	9	+6 / −3	10	+6.7 / −3.3	11	+7.3 / −3.7
			6.3	+4.2 / −2.1	7	+4.7 / −2.3	9	+5.3 / −2.7	9	+6 / −3	10	+6.7 / −3.3	11	+7.3 / −3.7	21	+8 / −4

七、加工裕留量

由於鍛件於鍛造後，經常需要再進行機械加工，故鍛件設計時須預留加工所需的裕度，即加工裕留量。而於決定加工裕留量之前需先對鍛件特定尺寸及形狀特性有所認識與研析，如圖 4-40 為機械加工裕量與鍛造公差的關係。

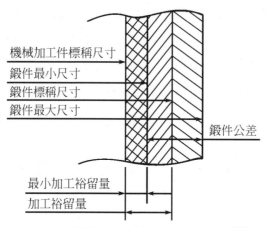

圖 4-40　機械加工裕量與鍛造公差的關係[56]

影響機械加工裕量的因素有：完成鍛件之形狀、鍛件材料、胚料表面情況、使用之加工方法、加工機器、加工工具及鍛件數量等。但加工裕量應儘可能取小，以獲致下列益處，降低材料浪費、提高切削刀具壽命、縮短加工時間、降低成本。然在設定加工裕量時往往也需考慮到：鍛件搬運的碰傷、脫碳層與氧化層及誤差等問題。

4-4-2　鍛模設計

鍛模的種類繁多，按鍛造機不同有落錘鍛模、壓床鍛模、螺旋壓床鍛模、鍛粗鍛模…等。按加工用途的不同分有鍛造模具、擠壓模具、滾鍛模具、整形模具、剪邊模具…。按鍛造結構的不同有整體式鍛模、鑲入式鍛模。按終鍛模穴結構的不同有開式鍛模、閉式鍛模。按分模面數量的不同分有單一分模面鍛模、多向模鍛鍛模。如圖 4-41 及圖 4-42 分別為落錘鍛模與壓床鍛模的構造。

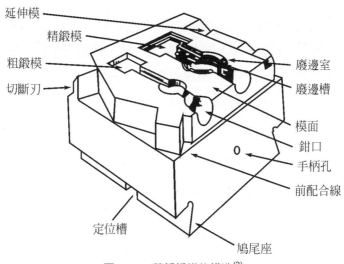

延伸模
精鍛模
粗鍛模
切斷刃
廢邊室
廢邊槽
模面
鉗口
手柄孔
前配合線
定位槽
鳩尾座

圖 4-41　落錘鍛模的構造[2]

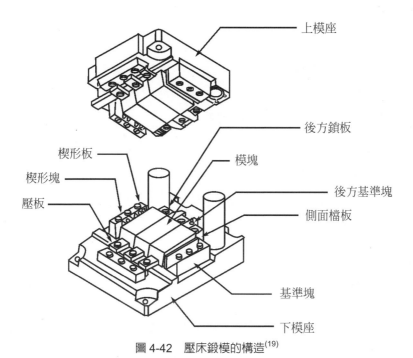

上模座
後方鎖板
楔形板
模塊
楔形塊
壓板
後方基準塊
側面檔板
基準塊
下模座

圖 4-42　壓床鍛模的構造[19]

　　鍛模設計是為了實現一定的變形加工而進行的。因此，在生產中應首先根據零件的尺寸形狀、技術要求、生產批量大小和工廠的具體情況確定變形技術和模鍛設備，然後再設計鍛模。鍛模設計的程序如下：

1.　分析成品的形狀(研究成品的鍛造加工性)。

2.　根據零件圖設計鍛件圖。

3.　確定鍛造方法和鍛造設備種類，並計算所需噸位大小。

4.　確定模鍛製程和設計模穴，其順序是先設計終鍛模穴，然後設計預鍛模穴(含制胚模穴)。

5.　設計鍛模模體。

6.　設計切邊模和沖孔模。

7.　設計矯正模(根據需要)。

8.　確定模具材料。

　　設計鍛模時應滿足以下要求：

1.　保證獲得滿足尺寸精度要求的鍛件。

2.　鍛模應有足夠的強度和高的壽命。

3.　鍛模工作時應當穩定可靠。

4.　鍛模的結構應滿足生產率的要求。

5.　便於鍛造操作。

6.　模具製造簡單。

7.　鍛模安裝、調整、維修簡易。

8.　在保證模具強度的前提下儘量節省鍛模材料。

9.　鍛模的外觀尺寸等應符合鍛造設備的規格。

4-5　鍛造方法

4-5-1　開模鍛造法

　　鍛造方法基本上有二類：開模鍛造(Open-die forging)及閉模鍛造 (Close-die forging)。開模鍛造又稱自由鍛造(Free forging)，係金屬胚料於鍛打成形時，並不是藉著完全封閉的模穴來限制其三度空間的流動，而只是以簡單形狀的開式鍛模或手工具來進行反覆的鍛打。因此，開模鍛造通常包括一般的手工鍛造及平模鍛造，如圖 4-43 所示。

(A)平模鍛造　　　　　　　　　　　　　　　(B)手工鍛造

圖 4-43　開模鍛造[2]

　　採用開模鍛造的時機為：

1.　鍛件太大：如大型船用主軸及渦輪發電機大軸等，因其尺寸過大，以致無法利用閉模鍛造進行鍛壓成形。

2. 性質要求：當該胚料主要是要求晶粒流向及韌性、強度等機械性質時，則用模具形狀簡單的開模鍛造即可。

3. 少量生產：如果鍛件需求生產的數量很少時，以閉模鍛造來生產並不合於經濟性的要求。

4. 時間緊迫：當鍛件之交貨時程有限，並無充裕時間進行製造閉式鍛模及試鍛。

開模鍛造必須配合各種基本操作的進行，方能完成鍛造。一般而言，開模鍛造比較重要的基本操作包括鍛伸、伸展(Flattening forging)、鍛粗(Upsetting forging)、彎曲、扭轉、沖孔、擴孔(Enlarging forging)、鍛孔、切槽、及切斷等，如圖 4-44 所示。鍛伸係將胚料的斷面逐次縮減，使胚料朝胚料軸向延伸的操作，其主要目的在於使鍛件內部材質達到鍛鍊效果，以及製作出工件所需的外觀尺寸與形狀。伸展係利用狹窄鍛砧將扁平胚料鍛打使之展延的操作。鍛粗則是將胚料高度減少而斷面積增大的操作，其目的在於充分增加胚料在整個鍛造加工的鍛造比率，鍛出扁平之鍛件，以及配合鍛縮操作，進行反覆的鍛造來改善鍛件的方向性。將胚料施加壓力使其彎摺形成某一角度的操作謂之彎曲，彎曲作業進行時應注意彎曲部位是否有裂痕或破壞之虞。扭轉乃是將鍛胚各部份壓扭成不同軸心位置的操作。沖孔是利用沖頭將胚料鍛壓出孔洞的操作，沖頭則有實心或空心兩種。擴孔係將心軸放置在已沖孔的中空鍛胚之孔內以繼續將孔徑擴大的操作，此種操作之鍛胚長度並無太大變化，但壁厚則減少、內外徑變大。鍛孔或稱心軸鍛長，是將心軸放置在已沖孔的中空鍛胚之孔內，由外施加徑向壓力，使壁厚減少、長度延伸的操作。切槽則是利用三角形鏨將實心胚料開切出凹槽的操作，它是鍛造凸肩心軸的先期工作。切斷則是以熱鏨或冷鏨方式將胚料分切的操作。

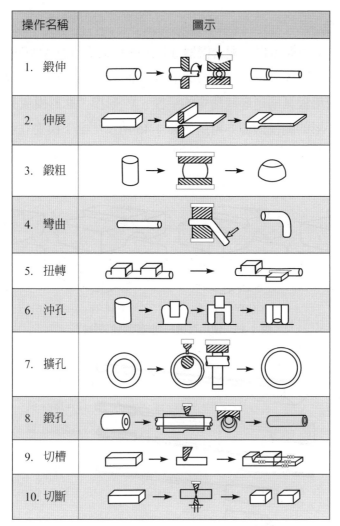

操作名稱	圖示
1. 鍛伸	
2. 伸展	
3. 鍛粗	
4. 彎曲	
5. 扭轉	
6. 沖孔	
7. 擴孔	
8. 鍛孔	
9. 切槽	
10. 切斷	

圖 4-44　開模鍛造的各種基本操作[19]

　　開模鍛造於每一階段的鍛造變形程度皆應一定的大小，不可使鍛胚造成加工度過量而造成破裂。一般表示變形程度的方式有二，一是以互相垂直的三個方向應變值來表示，另一是以鍛縮比、鍛粗比及斷面積減少率來表示，其中鍛縮比是胚料鍛造前後斷面積的比值，鍛粗比是胚料鍛造前後高度的比值，斷面積減少率則是指胚料鍛造後斷面積增加或減少的比率。

一、平模鍛造

　　平模鍛造係以簡單模具配合機器進行的開模鍛造，現代的開模鍛造大都利用動力式落錘鍛造機或液壓式壓力鍛造機來進行，以方便地控制鍛打的沖程及力量大小，所用模具則是形狀簡單的平模、V 形模、曲形模或其組合，如圖 4-45 所示。小形的開模鍛造亦可用如圖 4-46 所示，上下模獨立或上下模連成一組的簡易模型工具，以人手扶持於鍛錘間來進行鍛打工作，此種鍛造或有稱為胎模鍛造(Loose tooling forging)如圖 4-47 所示。

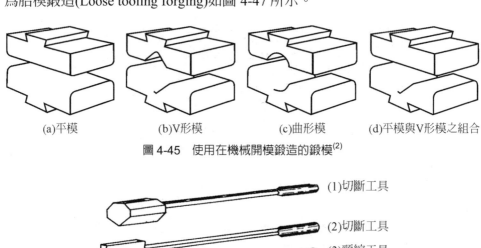

(a)平模　　　　(b)V形模　　　　(c)曲形模　　　　(d)平模與V形模之組合

圖 4-45　使用在機械開模鍛造的鍛模[2]

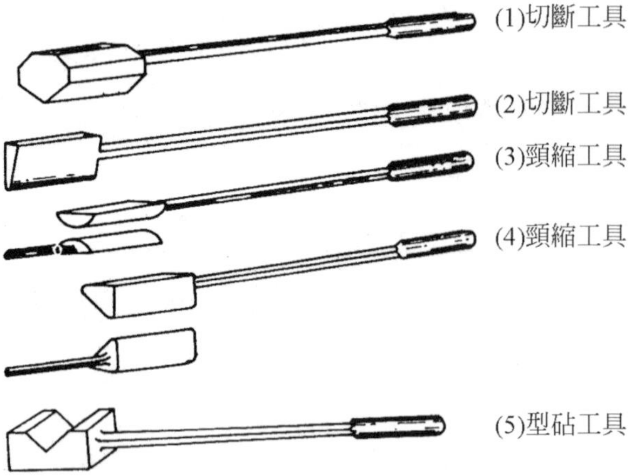

(1)切斷工具

(2)切斷工具

(3)頸縮工具

(4)頸縮工具

(5)型砧工具

(a)獨立式胎模鍛造工具

圖 4-46　胎模鍛造工具[2]

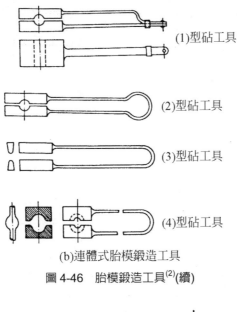

(1)型砧工具

(2)型砧工具

(3)型砧工具

(4)型砧工具

(b)連體式胎模鍛造工具

圖 4-46　胎模鍛造工具[2](續)

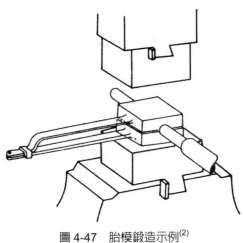

圖 4-47　胎模鍛造示例[2]

　　利用機械開模鍛造的實例頗多，如圖 4-48 係火力發電機用渦輪傳動軸的開模鍛造工程，前數工程大都以消除鑄造組織的鍛鍊作業為重點。又圖 4-49 則係曲軸的鍛造過程。

	工程	鍛造略圖
1	鋼塊	
2	鍛頸，鍛圓柱 B 切斷	
3	鍛粗，鍛方形 中溫間鍛造	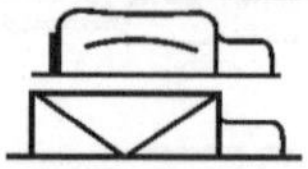
4	粗鍛	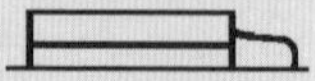
5	鍛粗，鍛方形 中溫間鍛造	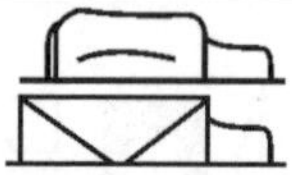
6	粗鍛	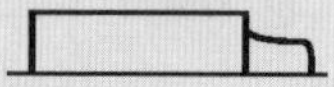
7	開槽	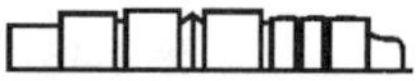
8	開槽，柱身完工 T 軸完工	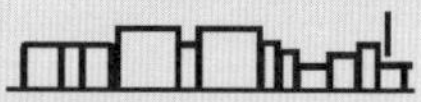
9	B 軸完工 練完工	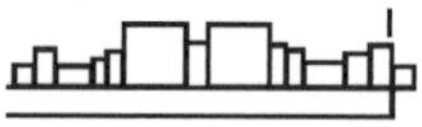

圖 4-48　火力發電機用渦輪傳動軸的開模鍛造工程[17]

	工程	鍛造略圖		工程	鍛造略圖
1	鋼塊	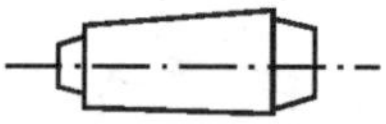	2	切底端	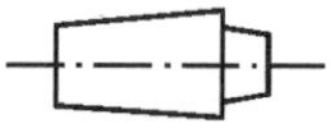
3	鍛粗	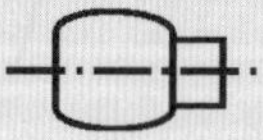	4	鍛角	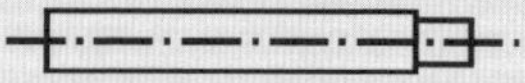
5	開槽		6	切入	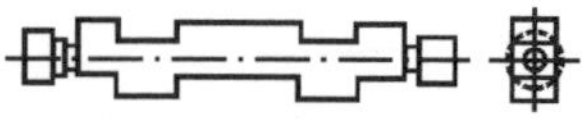
7	扭轉完工	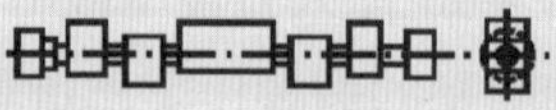	8	軸承部車削	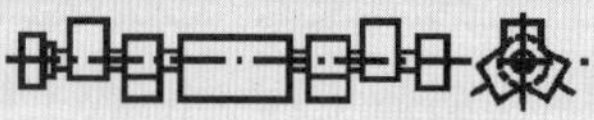

圖 4-49　曲軸的開模鍛造工程[17]

二、手工鍛造

　　雖然現代鍛造製程皆借助各種鍛造機器來進行，但在零星修理或小量的加工，手工鍛造亦是方便而經濟的成形方法，如圖 4-50 所示係以手工鍛造翼形螺帽鍛件的程序。

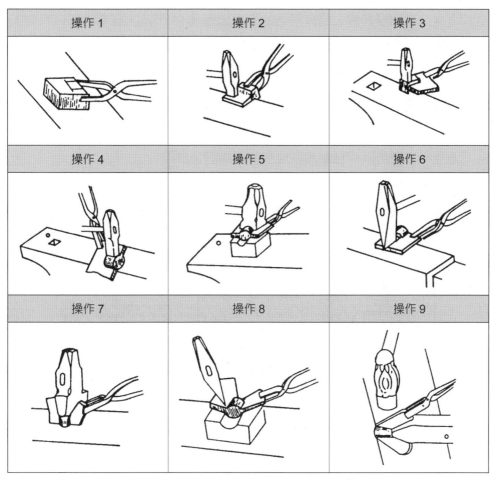

圖 4-50　翼形螺帽鍛件的手工鍛造程序[2]

4-5-2　閉模鍛造法

　　閉模鍛造簡稱模鍛，係將金屬完全封閉於模具中，藉鍛造機施加的擠壓或衝擊的能量，使金屬變形來充滿上下模穴的加工法，如圖 4-51 所示。當鍛造完成件有確信其形狀需求時、鍛造品需有良好的複製性或均一的物理性質時，就可考慮採用閉模鍛造。閉模鍛造的步驟如圖 4-52 所示，通常由胚料至完工成形，其間必需經歷中間成形，即所謂預鍛(Preforging)，因形狀複雜及多岐的鍛件，很難以一道工程或一模穴來成形。進行預鍛成形有下列益處：

1.　廢邊形成較少，故可節省材料。

2.　使胚料容易進入模穴，並易於充滿模穴。

3.　避免模穴彎角阻滯材料流動成形，消除鍛造缺陷。

4.　保護成形模穴，提高鍛模壽命。

5.　降低完工成形鍛造壓力及能量。

6.　提高鍛件精度與品質。

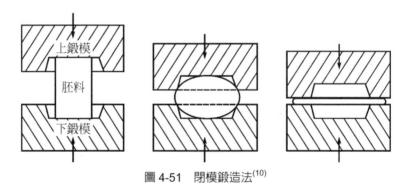

圖 4-51　閉模鍛造法[10]

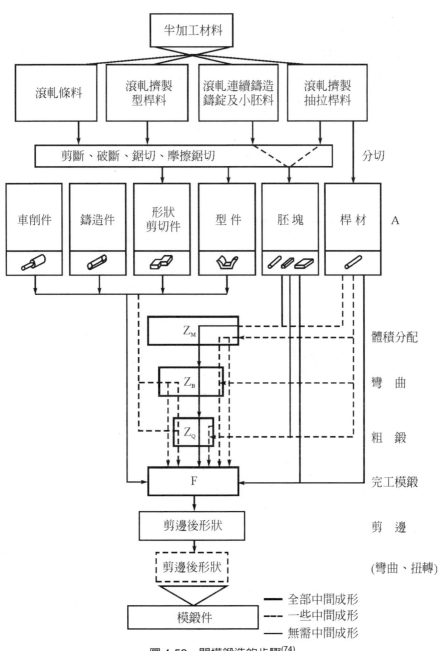

圖 4-52　閉模鍛造的步驟[74]

　　預鍛成形通常有三項任務，即體積分配、彎曲、粗鍛成形，體積分配係對對沿著軸心線各斷面積不同的鍛胚，依各部份之直徑大小加以調節，以便分配與各部份有適當的體積。彎曲是對軸心非直線的鍛胚先給予壓彎成某一角度或曲率，使其能置入下一道次的成形模穴。粗鍛係完工模鍛成形前的工程，在於使胚料略具與完成件相同的形狀及尺寸，如圖 4-53 所示。圖 4-54 為連桿之閉模鍛造製程。

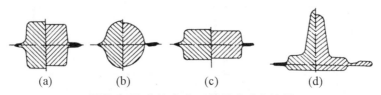

預鍛(粗鍛成形)與完工模鍛成形之比較

圖 4-53　粗鍛[57]

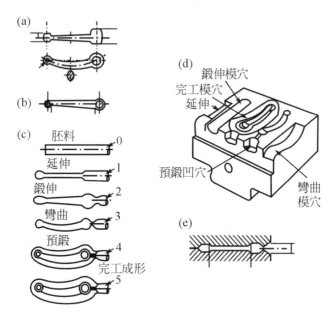

(a)鍛件，(b)伸直之鍛件，(c)鍛造工程，(d)下模，(e)鍛伸模穴

圖 4-54　連桿之閉模鍛造製程[2]

4-5-3　其它鍛造法

為了配合不同需求，各種新鍛造技術也就不斷出現，茲簡述如後：

一、加熱鍛粗鍛造法

加熱鍛粗鍛造(Hot upset forging)又稱熱端鍛(Hot upsetting or Hot heading)，係將有均勻斷面的棒或管料予以鍛擊擴大直徑或重新改變斷面積的鍛造方法，如圖 4-55 所示。另圖 4-56 為電阻加熱鍛粗法。

二、滾鍛鍛造法

滾鍛(Roll forging)係將胚料置於滾輪模間以鍛製成各種斷面形狀的鍛造法，滾鍛依其加工胚料形態之不同而有兩種，一是用於桿料斷面形狀改變的直形滾鍛，另一種則是製作圓輪等的環形滾鍛，直形滾鍛有兩種目的，一是製作成品用，如汽車排檔桿、飛機螺旋槳葉片等，二是作為閉模鍛造之體積分配用。環形滾鍛則可用任何能鍛的材料來鍛製環形零件，如環形齒輪胚、軸承套環等。如圖 4-57 所示。

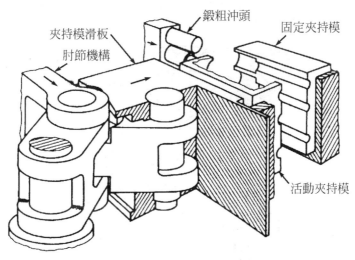

圖 4-55　加熱鍛粗鍛造法[18]

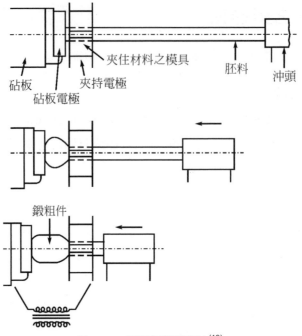

夾住材料之模具
胚料
沖頭
砧板
夾持電極
砧板電極

鍛粗件

圖 4-56　電阻加熱鍛粗法[19]

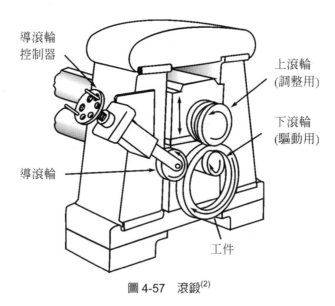

導滾輪
控制器

上滾輪
(調整用)

下滾輪
(驅動用)

導滾輪

工件

圖 4-57　滾鍛[2]

三、型鍛鍛造法

　　型鍛(Swaging)係利用徑向鍛鎚對工件施以壓力的一種鍛造成形法，其主要目的在於改變工件外觀或增加工件長度，如圖 4-58 所示，型鍛的特色是：

1. 變形力小工具壽命高。

2. 機械性質佳，精度高。

3. 變形均勻可塑性提高。

4. 生產速度快，自動化程度高。

5. 可鍛製各種階級軸及複雜內孔空心件。

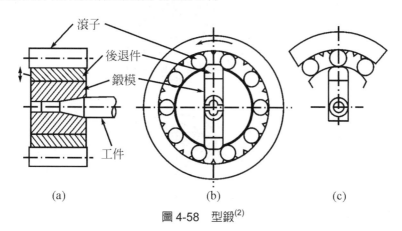

圖 4-58　型鍛[2]

四、迴轉鍛造法

　　迴轉鍛造(Rotary forging)又稱軌跡鍛造(Orbital forging)或搖模鍛造(Rocking die forging)，係使用一對模具在連續加工中使胚料逐漸變形的一種漸進鍛造法，如圖 4-59 所示，上模對下模傾斜一個角度而沿著胚料周圍迴轉成形。迴轉鍛造的優點有：

1. 負荷小。

2. 精度高。

3. 鍛造極限高。

4. 換模速度快。

5. 模具壽命長。

6. 震動噪音小。

7. 容易自動化。

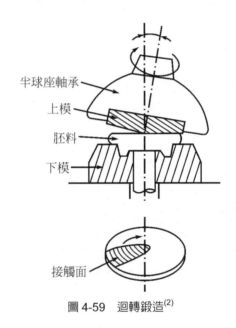

半球座軸承

上模

胚料

下模

接觸面

圖 4-59　迴轉鍛造[2]

五、粉末鍛造法

　　粉末鍛造(Powder forging)或稱燒結鍛造(Sinter forging)，係利用粉末燒結體來鍛造以生產零件的方法，如圖 4-60 所示。粉末鍛造的主要特點是：

1. 材料使用率高，後續機械加工道次少。

2. 機械性質之改善，尤其像疲勞強度等動態性能較粉末冶金好。

3. 省能源，特別是在燒結、熱處理於連續步驟完成時。

4. 高精度與冶金品質相對於原始設計，可節省重量。

5. 自動化的可行性高。

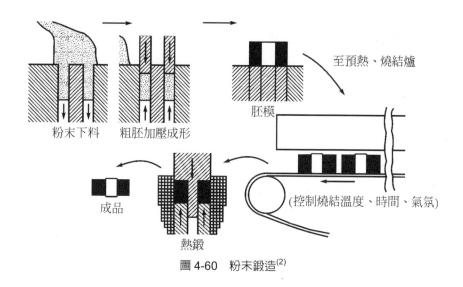

圖 4-60　粉末鍛造[2]

六、熔融鍛造法

熔融鍛造(Melting forging)係以高壓力使熔融狀態的金屬凝固成形的鍛造方法，主要目的在於去除鑄造的凝固缺陷，以提高鍛件的品質，如圖 4-61 所示。

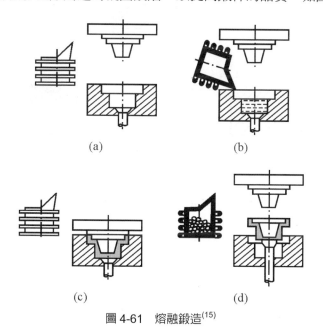

圖 4-61　熔融鍛造[15]

七、熱模、恒溫，超塑性鍛造法

　　熱模鍛造(Hot die forging)、恆溫鍛造(Isothermal forging)及超塑性鍛造(Super plastic forging)三種鍛造方法與傳統鍛造法最主要的差別，乃在於模具與胚料之溫度差及接觸時間，如圖 4-62 所示，一般而言，在傳統鍛造中(熱間鍛造)，其模具與胚料之溫度相差可達 1000 度以上(依鍛造材料之不同而異)，但熱模鍛造之模具溫度較鍛件溫度最多約低 200 度左右，而恒溫鍛造的溫度差則又更小。超塑性(Super plasticity)是材料能大量拉伸變形而不產生頸縮的能力。超塑性鍛造就是在特定溫度範圍下約高於 0.5Tm，(Tm 為熔點溫度 kelvin)，以比恒溫鍛造更低的變形應變速率(10^{-1}～$10^{-5}S^{-1}$)施加壓力，接觸時間長，所需負荷很小。

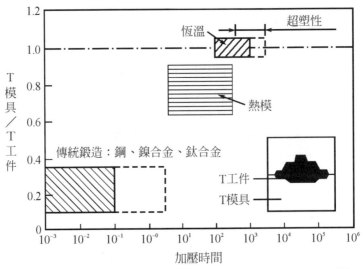

圖 4-62　熱模鍛造、恆溫鍛造及超塑性鍛造與傳統鍛造的比較[19]

4-6　鍛件的缺陷與檢驗

4-6-1　鍛件的缺陷

　　鍛造工程在進行時，可能會由於材料選用、鍛造設計或鍛造作業實施的不當，而產生種種缺陷(Defect)，進而影響鍛件的品質。鍛件缺陷形態若要細分可多達數十種之多，茲將常見的十種列述如表 4-9 所述。

表 4-9　鍛件缺陷形態[1]

缺陷種類	說明
1. 摺料(疊層)	金屬於模穴內流動時摺疊於自身之表面上所形成之缺陷
2. 縮管	鑄錠收縮造成之孔隙於鍛造後仍存留於鍛件中所形成
3. 流穿	金屬填充完成後被迫流過肋骨基部或凹處致使晶粒結構破壞所形成之缺陷
4. 挫曲	長形鍛件沿長軸方向發生歪曲之現象
5. 欠肉	模穴於鍛造過程中未能完全填滿所導致之缺陷
6. 擠壓缺陷	以擠壓方式成形之中央部位肋骨，由主體或腹板流入太多金屬時，於主體底部產生之孔穴狀缺陷
7. 縫隙	裂痕或大量聚集之非金屬介在物或深夾層經鍛造後形成線形之縱向縫隙
8. 冷夾層	摺料或流穿缺陷形成時伴有氧化皮及潤滑劑之捲入時稱之
9. 熱撕裂	由低融點脆性相之撕裂造成之缺陷
10. 爆裂	因急速升溫或降溫導致表裡溫度分佈不均所造成之破壞

4-6-2　鍛件的檢驗

　　鍛造完成後，通常需藉助各種檢驗方法來瞭解鍛件是否合乎所需的要求，鍛件是否有缺陷產生而影響其品質與功能。鍛件檢驗的方法可歸納分為物理性質及化學性質檢驗兩種，如圖 4-63 所示。

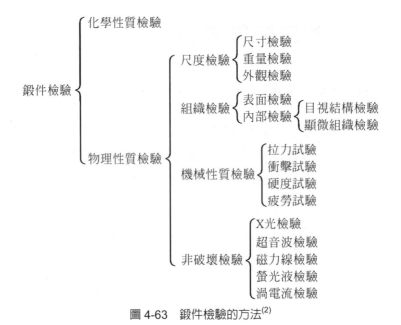

圖 4-63　鍛件檢驗的方法[2]

習題四

1.　何謂鍛造？有何特色？

2.　鍛造如何分類？並請比較各類鍛造。

3.　說明鍛造的流程。

4.　繪製模鍛的負荷-沖程曲線圖，並簡要說明之。

5.　何謂可鍛性？影響因素有那些？

6.　鍛造溫度對鍛造製程有何影響？

7.　鍛造進行潤滑處理有何目的？

8.　比較冷鍛與熱鍛潤滑處理的差異。

9.　何謂限能量、限行程及限負荷鍛造機？各有那些鍛造機？

10.　請比較落錘鍛造機與壓力鍛造機。

11.　請比較液壓式及機械式壓力鍛造機。

12.　請列出特種鍛造機至少五種。

13.　說明鍛造機的運用程序。

14.　何謂分模線？選擇分模線有那些基本要求？

15.　脫模力受那兩因素的影響？如何施加脫模力？

16.　鍛件設計內外圓角有何意義？

17.　沖孔腹板有那幾種型式？

18.　如何決定鍛造公差？

19.　說明開模鍛造與閉模鍛造的使用時機。

20.　請列出開模鍛造的基本操作至少五種，並簡要說明之。

21. 何謂胎模鍛造？

22. 預鍛有何益處？有那些任務？

23. 何謂滾鍛？型鍛？

24. 何謂迴轉鍛造？有何特點？

25. 何謂粉末鍛造？有何特點？

26. 比較熱模、恒溫及超塑性鍛造與傳統鍛造的不同。

27. 說明鍛造缺陷五種。

28. 說明鍛件檢驗的方法。

Chapter **5**

擠伸加工

5-1 擠伸概說

5-1-1 擠伸的意義與發展

擠伸(Extrusion)或稱擠製、擠壓、擠型，係將胚料放置於盛錠器中，然後對胚料施以壓力，迫使材料從模具口流出，做前向或後向的塑性流動，使工件形成的斷面形狀與模口斷面相同，此種塑性加工法謂之，如圖 5-1 所示。

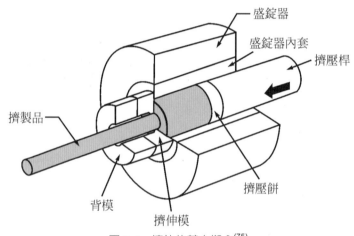

圖 5-1 擠伸的基本概念[75]

擠伸的觀念可溯至西元 1797 年，由一位英國工程師 S. Bramah 所提出，並於 1810 年成功地發展出鉛的擠伸法，首先是用來製造鉛管，爾後又做包覆電纜等加工。而到 1894 年，英國人 G. A. Dick 成功地設計出可用於擠壓熔點和硬度較高之銅合金的擠伸機，從此擠伸就成為金屬成形加工法非常重要的一環。就整個擠伸加工的發展而言，前期是從軟金屬到硬金屬，從手工到機械化及連續化，由於現今對擠製品斷面複雜化、尺寸小型與大型化、高精度化、高效率化的要求不斷增加，促使各種擠伸技術快速的發展。

擠伸適合製造各種斷面形狀(如圖 5-2)的長直製品，譬如市面上各型鋁門窗的框體，其形狀特殊，用其他加工方法很難製，但用擠伸法則相當容易。因

此，舉凡各種長直形的桿、管、板、線等，皆可用此法製造，經切取適當長度後直接成為各種零件，或供下游做為進一步成形加工的素材。圖 5-3 為各種鋁合金的擠伸製品，圖 5-4 為各種擠伸製品在船體結構上的應用。

圖 5-2　各種斷面形狀的擠伸製品[26]

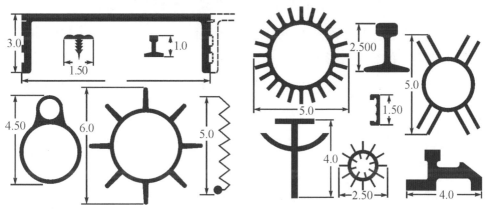

圖 5-3　各種鋁合金的擠伸製品[58]

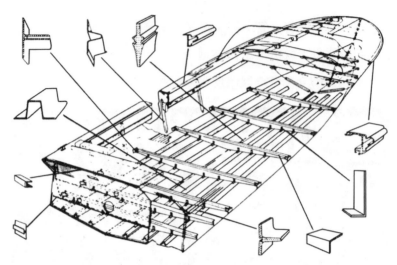

圖 5-4　各種擠伸製品在船體結構上的應用[85]

5-1-2　擠伸的優缺點

擠伸加工與其他塑性加工相較，具有下列優點：

1. 製品形狀可以較複雜：胚料承受強烈三軸向壓應力作用，可有較佳的塑性，獲得大變形量，因此形狀複雜或低塑性材料亦能成形。

2. 僅需一次加工程序產量大：擠伸生產製程簡便，只要單次加工製程即可進行產量大的金屬成形。

4. 製品強度改善且精度高表面光滑：擠壓變形可改善材料組織，提高機械性能，而且製品的尺寸精度與表面光度頗佳。

5. 設備簡廉成本低：擠伸生產製程短，設備簡單且所需數量不多，因而投資成本較低。

6. 製品長度不受限制：擠伸製品可以有較長的長度，尤其利用各種連續擠伸法更能擠出長度不受限制的製品。

其缺點是：

1. 產製效率不高：普通擠伸加工的生產速度比滾軋約慢三倍，成品率也較低。

2. 製品組織性能不均：擠伸製品在中心與表層、頭部與尾部的組織皆會因流動不均勻而產生組織不均的現象。

3. 工模具耗損大：因模具受到三軸向高壓力，促使工模具強度及壽命影響頗大。

4. 製品斷面必需是均一：非均一斷面的製品難以利用擠伸法成形。

5-1-3　擠伸的分類

擠伸之分類方式有許多種，茲將基本的分類分述如後：(參閱圖 5-5 所示)

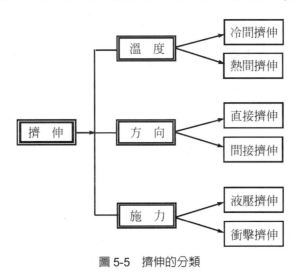

圖 5-5　擠伸的分類

一、依擠伸溫度之不同分

1. 冷間擠伸(Cold extrusion)：於材料再結晶溫度以下進行之擠伸，或謂不加熱擠伸。

2. 熱間擠伸(Hot extrusion)：於材料再結晶溫度以上進行之擠伸，或謂加熱擠伸。

二、依擠伸方向之不同分

1. 直接擠伸(Direct extrusion)：又稱前向擠伸或正向擠伸(Forward extrusion)，擠伸時胚料之流動方向與壓力方向相同者。

2. 間接擠伸(Indirect extrusion)：又稱後向擠伸或反向擠伸(Backward extrusion)，擠伸時胚料之流動方向與壓力方向相反者。

三、依擠伸施力之不同分

1. 液壓擠伸(Hydrostatic extrusion)：利用均勻的壓力推動擠伸胚料的擠伸方式謂之。

2. 衝壓擠伸(Impact extrusion)：利用瞬間衝擊力來推動擠伸胚料的擠伸方式謂之。

5-2 擠伸的基本原理

5-2-1 擠伸變形的過程

依金屬流動的特點，擠伸的變形過程一般可分為三個階段：(a)開始擠伸階段(或稱填充擠伸階段)，(b)基本擠伸階段(或稱平流擠伸階段)、(c)完成擠伸階段(或稱紊流擠伸階段)，如圖 5-6 所示。

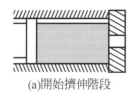 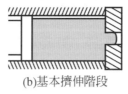 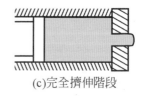

(a)開始擠伸階段   (b)基本擠伸階段   (c)完全擠伸階段

圖 5-6 擠伸變形的過程[27]

1. 開始擠伸階段：由於擠伸胚料直徑小於盛錠器的內徑，因此在擠壓桿壓力的作用下，依據最小阻力原理，金屬首先向空隙流動，此時係一種鍛粗的變形模式，直到金屬充滿盛錠器。但由於工具形狀的拘束作用，此階段胚

料的受力情況比一般圓柱體自由鍛粗更爲複雜，如圖 5-7 爲其受力狀態。由於胚料在充塡過程中直徑逐漸增大，單位壓力因而不斷上升，尤其是當一部份金屬與盛錠器筒壁接觸後，接觸摩擦及內部液靜壓力增大，導致此階段所需的力量急速增加。

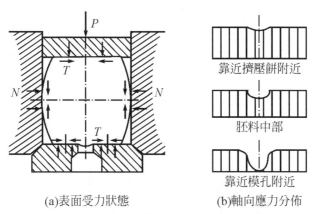

(a)表面受力狀態　　　　(b)軸向應力分佈

圖 5-7　開始擠伸階段胚料的受力狀態[27]

2. 基本擠伸階段：此階段乃是從金屬開始流出模孔到正常擠壓過程即將結束時爲止，隨著擠壓的進行，正向擠伸的擠伸力逐漸減少，而反向擠伸則保持不變，這是接觸摩擦面積變化之故。金屬在基本擠伸階段的流動特性因擠伸條件不同而異，由圖 5-8 可知，平行於擠壓軸線的縱向網格線在進出模孔時發生了方向相反的兩次彎曲，其彎曲角度由中心層向外逐漸增加，此乃表示擠伸時金屬內外層具有不均勻性。

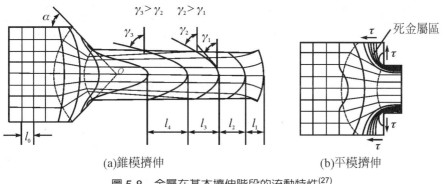

(a)錐模擠伸　　　　　　(b)平模擠伸

圖 5-8　金屬在基本擠伸階段的流動特性[27]

3. 完成擠伸階段：傳統理論認為，當盛錠器筒內胚料的剩餘長度減小到穩定流動塑性區的高度相等(即壓餅接觸塑性變形區，如圖 5-9)時，擠伸力開始上升，金屬流動即進入完成擠壓階段。完成擠伸階段的特徵是金屬徑向流動速度增加，使金屬流動出現紊流狀態，如圖 5-10 所示，為在完成擠伸階段塑性區的變化與金屬流動狀況。在此階段的初期，由於塑性區體積迅速增加，變形所需能量上升，因而擠伸壓力急速升高。

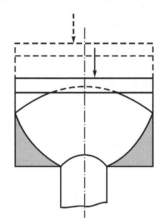

圖 5-9　完成擠壓階段之壓餅接觸塑性變形區[27]

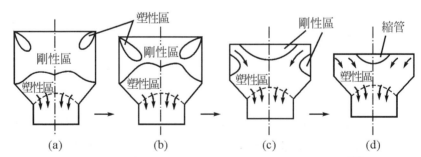

圖 5-10　在完成擠伸階段塑性區的變化與金屬流動狀況[27]

5-2-2　擠伸金屬流動

擠伸時金屬流動的狀況十分重要,因它與擠伸製品的組織、性質、表面品質、外形尺寸、形狀精確度及模具壽命等,皆有很大的關連性。影響擠伸金屬流動的主要因素有:

1. 接觸摩擦:擠伸加工之摩擦以擠伸盛錠器筒壁上的摩擦力對對金屬流動的影響最大,當筒壁上的摩擦力很小時,變形區很小且集中在模孔附近,反之,當摩擦很大時,變形區和死金屬區的高度皆會增大,金屬流動很不均勻,並會促使外層金屬過早向中心流動而形成較長的中心縮管缺陷。

2. 擠伸溫度:通常擠伸溫度越低,材料對模具的黏結作用也較低,金屬的流動性也就越均勻。而胚料加熱的不均勻,影響著斷面變形阻力的均勻性,因而會導致金屬流動的不均勻。當加熱溫度增高,材料的導熱性下降,使胚料斷面溫度分佈不均,金屬流動也就不均勻。

3. 胚料特性:胚料的強度特性對金屬流動也有相當的影響,高強度金屬的流動比低強度金屬均勻。而對同一種材料而言,低溫時強度高,其流動均勻性要比高溫時佳。胚料在擠伸塑性變形過程中,高強度金屬產生的變形熱效應與摩擦熱效應較顯著,此種熱量分佈的改變將促使流動較為均勻。此外高強度金屬擠伸的外摩擦對流動的影響較小,流動因而也較均勻。

4. 模具形狀:錐模與平模係工業上最常用的擠伸模,通常模角愈大,流動愈不均勻,此乃因隨著模角增大,死金屬區大小及高度增加,死金屬區與流動金屬間的摩擦作用也就增高。當平模擠伸時(即模角等於九十度),金屬流動最不均勻,如圖 5-11 為各種模角對金屬流動的影響。

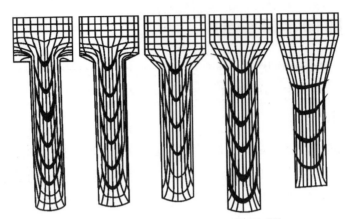

圖 5-11　各種模角對金屬流動的影響[16]

5.　變形程度：變形程度過大或過小，金屬流動皆不均勻。通常隨著變形程度
　　的增加，金屬變形及流動的不均勻性也愈大，但變形不均勻性增加到一定
　　程度後，剪切變形深入內部而開始朝均勻的變形轉化。如圖 5-12 所示，
　　當變形程度在 60％左右，擠伸製品內外層的機械性質差異最大，但當變
　　形程度達 90％時，因變形深入內部，其內外層的機械性質趨於一致。

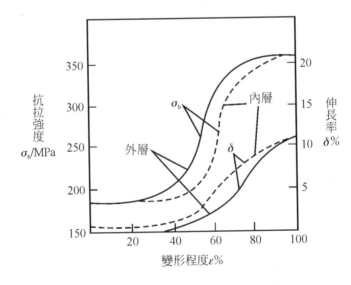

圖 5-12　變形程度對金屬流動的影響[27]

因此，影響金屬流動的因素可歸納為外在因素：接觸摩擦、擠伸溫度、模具形狀、變形程度及內在因素：合金成份、胚料強度、導熱性、相變化。再深入分析其潛在原因也就是金屬在產生塑性變形時的臨界剪應力或降伏強度，因此如欲獲得較均勻的流動，最根本的對策是使胚料斷面上的變形阻力均勻一致，但因擠伸的變形區幾何形狀及外在摩擦總是存在，因此金屬流動變形的不均勻性也就相對出現。

總之，受各種因素錯綜複雜的影響，擠伸金屬的流動特性將呈現多樣形式，但歸納之，擠伸金屬流動可分為四種基本模式：S 型、A 型、B 型、C 型，如圖 5-13 所示。

流動模式	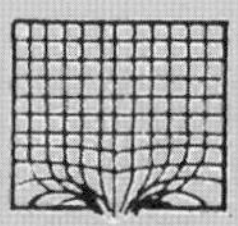 S	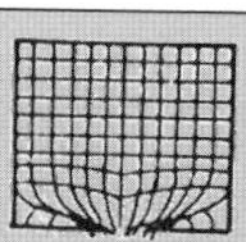 A	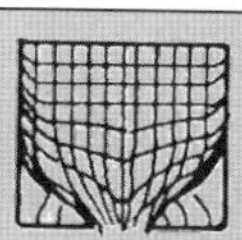 B	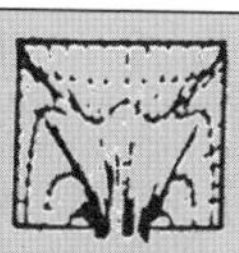 C
胚料	均勻	均勻	均勻	均勻
胚料示例	理想	Pb, Al, Fe 有潤滑	Cu, Al, Al 合金	Mg, α及β黃銅
摩擦	無	低	高	高
缺陷	無	無	次表面缺陷 (靠產品中心處)	擠伸缺陷 (靠產品中心處)

圖 5-13　擠伸金屬流動的四種基本模式[74]

1. S 型：此種流動模式只有反向擠伸法才能獲得，由於胚料與盛錠器筒壁絕大部份無相對運動，只有在鄰近擠伸模的筒壁因金屬流向模孔才有摩擦，因此胚料上的網格變化不大，變形區與死金屬區也很小。

2. A 型：在正向擠伸時，當胚料與盛錠器筒壁間的摩擦很小，則會獲得 A 型流動模式，它的變形區與死金屬區比 S 型稍大。由於金屬流動均勻，因此較不會產生中心縮管及剪離環等缺陷。

3. B 型：當胚料與盛錠器筒壁間的摩擦較大時，會產生 B 型流動模式，它的變形區已擴展到整個胚料,但因擠伸初始階段尚未發生外側金屬向中心流動的情況，因此在擠伸後期會出現不太長的縮管缺陷。

4. C 型：當胚料與盛錠器筒壁間的摩擦很大時，胚料內外溫差又很明顯時，較易形成 C 型流動模式,此種模式的金屬流動最不均勻,因擠伸初始時，外側金屬因筒壁流動受阻而向中心流動,因此會出現較長的縮管缺陷。

5-3 擠伸方法

5-3-1 直接擠伸法

直接擠伸法乃是將可塑狀胚料，放置於能承受高壓之模具容器內，利用高壓力之擠壓桿，迫使材料從擠壓桿對面之模孔內擠出，如圖 5-14 所示。此法適用於需經常變換擠伸製品形狀及尺寸的製程。表 5-1 所示為其操作程序。

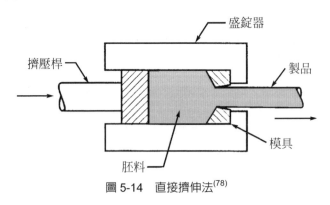

圖 5-14　直接擠伸法[78]

表 5-1　直接擠伸法的操作程序[18]

步驟		說明	圖示
1	裝料	利用擠壓桿將胚料推入盛錠器內	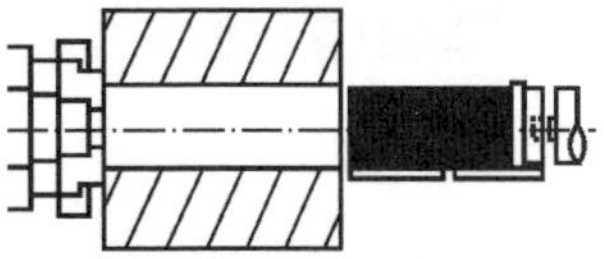
2	擠壓	擠壓桿繼續往前送，當胚料長度剩約四分之一直徑時，即停止擠壓	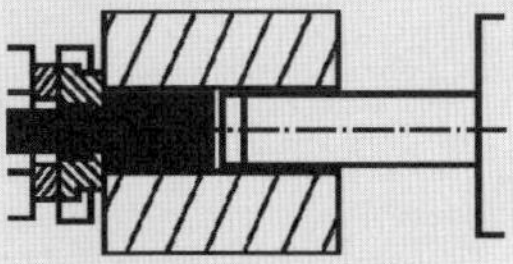
3	退料	將盛錠器後退，並將剩餘之胚料退出	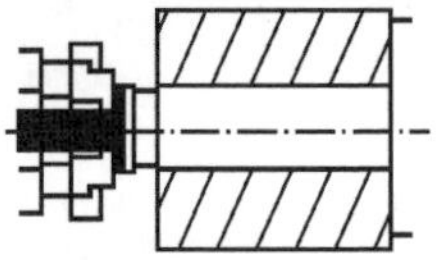
4	剪斷	擠壓桿後退之後，將剩餘的胚料剪除，然後又將盛錠器前送，使盛錠器與模具面閉密	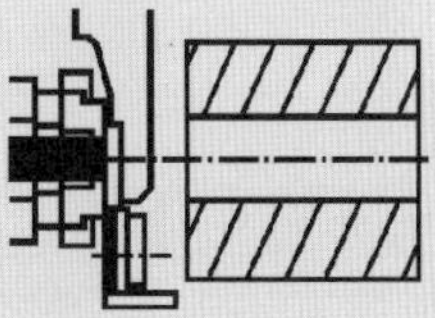

直接擠伸法具有下列優點：

1. 所容許之製品外圓最大。

2. 胚料準備簡易。

3. 可擠壓陽極處理用的材料。

4. 可進行多孔擠製。

5. 可在擠模出口裝設淬冷設備。

6. 彎扭之不良擠製品擠出時，可立即移除。

5-3-2　間接擠伸法

間接擠伸法乃是將模具置於空心擠壓桿的前端，在擠伸時，模具和盛錠器作相對運動，使製品由空心擠壓桿擠出，如圖 5-15 所示，此法所需之壓力較

小，因原料在盛錠器內無滑動作用，亦無摩擦阻力，但擠壓桿必須為中空，其
強度差，且擠製件不能得到適當的支持，通常都用於擠伸四方形、六方形、圓
形及形狀不複雜的小型品。表 5-2 所示為其操作程序。

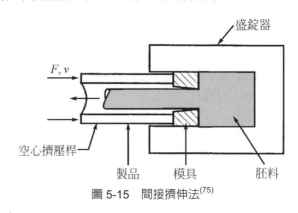

圖 5-15　間接擠伸法[75]

表 5-2　間接擠伸法的操作程序[18]

	步驟	說明	圖示
1	裝模	將模具置於擠壓桿前端	
2	裝料	將胚料放入盛錠器內	
3	擠壓	將盛錠器密合，並開始擠壓	
4	剪斷	擠壓終了時，將剩餘的胚料剪除，然後又將模具移動到擠壓桿前端	

間接擠伸法具有下列優點：

1. 可用之胚料重量比直接擠伸法大很多。
2. 最高擠伸比較直接擠伸法高。
3. 擠製品內部無外層夾雜。
4. 擠製品前後各段之尺寸均勻。
5. 擠製品各項性能較直接擠伸法均勻。
6. 擠伸壓力較直接擠伸法為低且較均勻。
7. 需剪斷之薄廢料較少。
8. 胚料與盛錠器摩擦小，故盛錠器壽命長。
9. 擠伸製程之末期較不會產生中心縮管的缺陷。
10. 可擠製被覆品。

5-3-3　液靜壓力擠伸法

液靜壓力擠伸法(Hydrostatic extrusion)乃是被擠伸之胚料由工作液所圍繞，並以此液體為壓力之傳動介質，擠伸壓力即由液體傳輸至胚料而產生擠伸作用，如圖 5-16 所示。此法不僅適合於脆性材料之擠伸，也可用於如鋁、銅等金屬之延性材料，且細長型之製品亦很適合。表 5-3 所示為其操作程序。

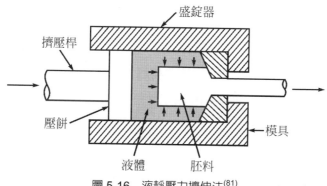

圖 5-16　液靜壓力擠伸法[81]

表 5-3　液靜壓力擠伸法的操作程序[18]

	步驟	說明	圖示
1	裝模與裝料	將模具及胚料裝設妥當	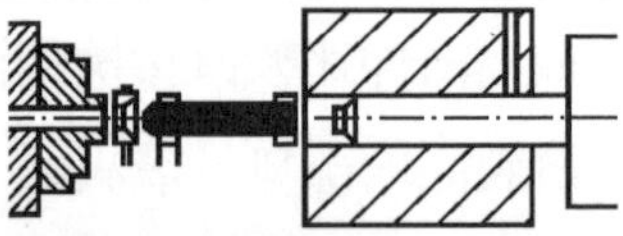
2	加高壓液體	將盛錠器密閉後加入高壓液體	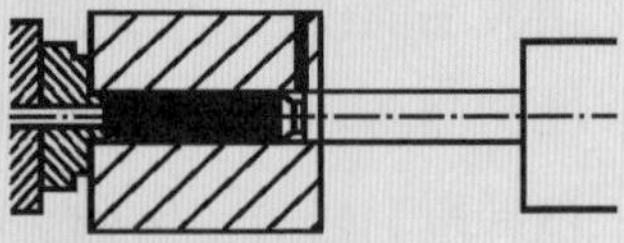
3	擠壓	擠壓桿前進，開始擠壓	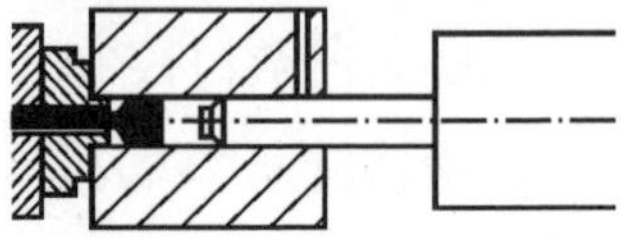
4	剪斷	擠壓終了時，將擠製品剪切	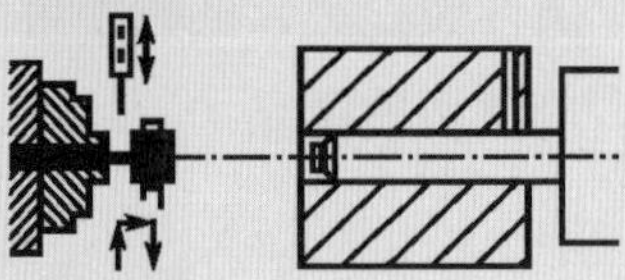

液靜壓力擠伸法具有下列優點：(參閱圖 5-17)

1. 可採用冷胚料。

2. 可用之擠伸速度最高。

3. 因胚料可在盛錠器內自由旋轉，所以可擠製螺旋形之產品，如圖 5-18 所示。

4. 擠製品內部無外層雜物夾入。

5. 擠製品前後各段之尺寸及性質均勻。

6. 因為流動均勻，因此可以擠製被覆材料。

7. 可用較大之擠伸比，如圖 5-19 所示。

8. 表面光滑、尺寸安定。

9. 摩擦損失小。

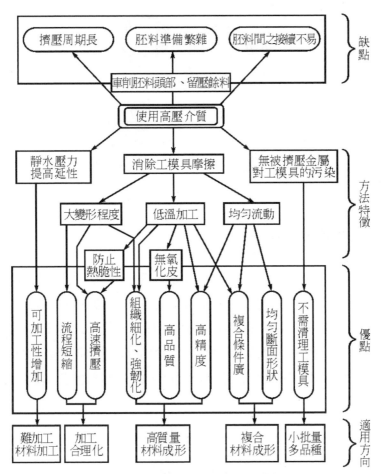

圖 5-17　液靜壓力擠伸的特徵[26]

圖 5-18　以液靜壓力擠伸法擠製之螺旋形產品[81]

圖 5-19　以液靜壓力擠伸法擠製較大擠伸比產品[81]

5-3-4　覆層擠伸法

　　覆層擠伸法(Sheating extrusion)常用於使電纜或綱索外加一金屬或非金屬
保護層，如圖 5-20 所示，上方的盛錠器爲熔融的被覆胚料，由一液壓之活塞
擠壓桿使熔融被覆胚料包繞繩索周圍熔接而成一層均勻之被覆層，並能產生足
夠的夾持力，推送纜繩通過模孔前進。此一擠伸行程完成之後，提起活塞擠壓
桿，加入新的被覆胚料，繼續施工，中間就不會有間斷之虞。表 5-4 所示爲覆
層擠伸法的程序。

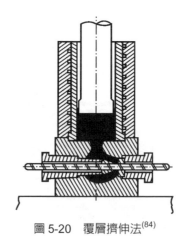

圖 5-20　覆層擠伸法[84]

表 5-4　覆層擠伸法的程序[59]

步驟		說明	圖示
1	裝料	將覆層材料裝填妥當	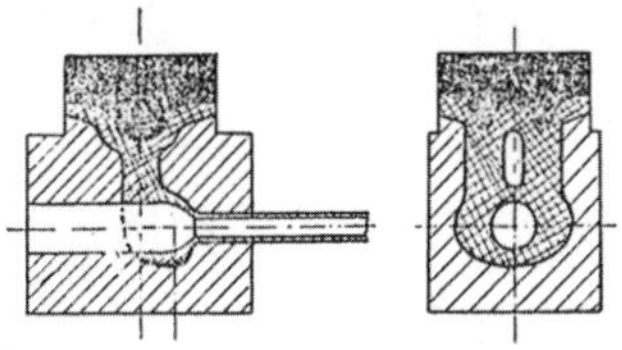
2	擠壓	施加壓力擠壓覆層材料	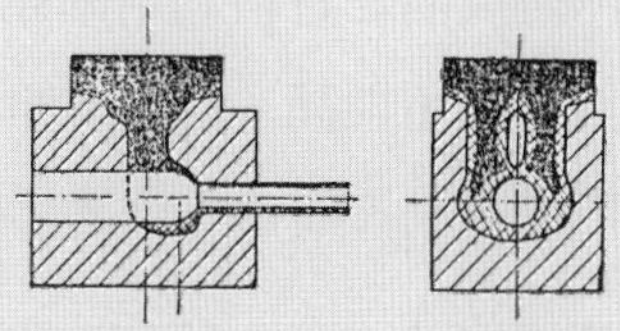
3	覆層	連續將覆層材料包覆之	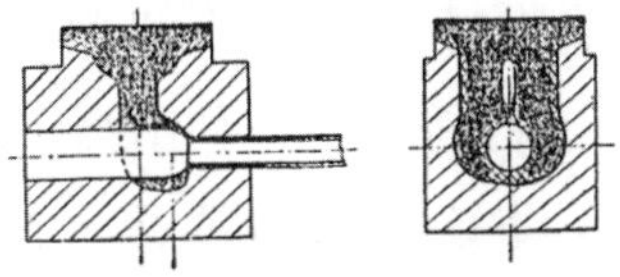

5-3-5　連續擠伸法

連續擠伸法(Continuous extrusion)係將細長型胚料連續送入擠壓變形槽內，經由驅動圓輥，以輥面摩擦所供應之擠伸壓力將胚料咬入而縮減斷面積後由擠伸模具擠出，以製造連續製品的一種方法。普通擠伸法最大的缺點是加工的不連續性，對擠伸生產效率影響頗大，又因係間斷性的製程，材料利用率無法提高。連續擠伸法於 1970 年及 1971 年分別由 Fuchs 提出黏性流體摩擦力擠壓法及 Green 提出 Conform 擠壓法後，才逐漸實用化。

連續擠伸法具有下列優點：

1. 設備成本較低。

2. 可大量生產。

3. 能直接一次擠出所需形。

4. 連續型生產，製品長度不受限制。

5. 胚料不需預熱，無需加熱設備及能源，可免除表面氧化損失及其致使成品劣化。

6. 不但可用熱軋或熱擠之材料，也可採用直接連續鑄造之細徑材及乾淨的細塊料廢料。

7. 所得成品之材料利用率為 98％以上，而傳統之擠製僅 80～90％。

8. 設備互用性高，如欲擠伸不同的材料，僅需換下環槽轉輪，不必擔心材料污染。

　　連續擠伸法可大致分為兩類：一是利用槽輪或鏈帶之運動件與胚料摩擦力產生擠壓變形，以擠伸無限長度的擠伸件，如順擠法(Conform)、軋擠法(Extrolling)等，二是利用高壓液體的壓力或黏性摩擦力，或再輔以外力作用，來產生連續的擠伸變形，如黏性流體摩擦擠伸法(Viscous drag continuous extrusion)、連續液靜擠壓抽拉法(Continuous hydrostatic extrusion drawing)。目前以 Conform 連續擠伸法的應用最廣，如圖 5-21 所示，而表 5-5 為 Conform 連續擠伸法製品的種類與用途。

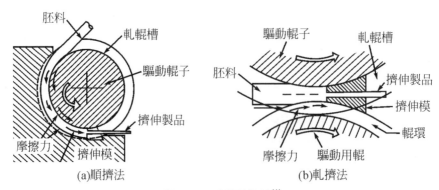

圖 5-21　連續擠伸法[1]

表 5-5　Conform 連續擠伸法製品的種類與用途[27]

種類	尺寸範圍	特徵及用途
線材	$\phi 1 \sim 6$ mm	導線、線圈線、銲線、高性能複合材料線材
棒材	$\phi 10 \sim 30$ mm	以粉末或顆粒為原料直接成形的鋁基銅基複合材料、微晶或細晶材料
管材	$\phi 5 \times 0.4 \sim 55 \times 2$ mm	冷凍空調用管、冰箱、電視天、石化工業或交通運輸熱交換器用管
型材	斷面積 $20 \sim 500 mm^2$，最大外接圓直徑 $\phi 200mm$	建築用型材、熱交換器用多孔扁管、空心異型導體
包覆線材	最大心材直徑 $\phi 8.5mm$，最小包覆層厚度 $0.15 \sim 0.2mm$	同軸電纜線、高壓架空導線、防護籃網、超導包覆材

除了 Conform 連續擠伸法之外，其他連續擠伸法亦不斷被發展出來，例如，如圖 5-22 所示為連續鑄擠法(Castex)，它是將連續鑄造與 Conform 法結合的方法，熔融胚料經由電磁汞或重力澆注連續供給，由水冷式槽輪與槽封塊構成的模腔來達到擠壓與結晶凝固作用，以擠伸出連續製品。

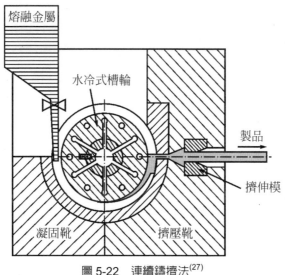

圖 5-22　連續鑄擠法[27]

5-3-6　複合擠伸法

　　爲了避開直接擠伸開始時的壓力峰值,並獲得所需的特定要求或效果,而將二種不同的擠伸方法(例如直接擠伸與間接擠伸)結合成一體,此種謂之複合擠伸法,如圖 5-23 所示。

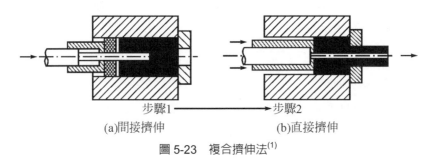

圖 5-23　複合擠伸法[1]

5-3-7　其他擠伸法

一、多胚料擠伸法

　　多胚料擠伸法如圖 5-24 所示,係於盛錠器上開設多個擠壓腔,在各個擠壓筒內裝入尺寸和材質相同或不同的胚料,其後同時進行擠壓使材料流入具有凹穴的擠伸模內經銲合成一體後再由模孔擠出,以獲得所需形狀與尺寸的擠製品。此種方法不會有普通分流模擠伸的胚料分流現象,擠伸模強度可較佳,因此適於擠伸高強度空心型材。但缺點是胚料表面亦進入銲合面,所以胚料表面的預處理及胚料加熱的防止氧化就非常重要。

二、半固態擠伸法

　　半固態擠伸法如圖 5-25 所示,係一種將液相與固相共存狀態(半固態)的胚料充填至盛錠器內,經由擠壓桿施加壓力,使胚料流出擠伸模孔口,並達到完全凝固,以獲得具有均勻斷面的製品的擠伸法。

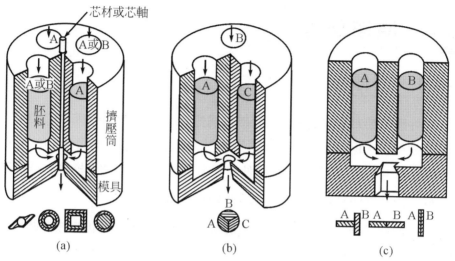

圖 5-24　多胚料擠伸法[27]

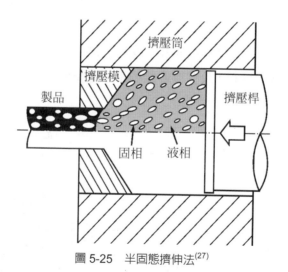

圖 5-25　半固態擠伸法[27]

5-4 擠伸設備

5-4-1 擠伸機

　　擠伸機依動力來源之不同分有機械擠伸機與液壓擠伸機,前者之最大特色是擠壓速度快,但因擠壓速度非恆定,對工具壽命及製品性能均勻性非常不利,因此應用有限。目前以液壓擠伸機應用最廣,而液壓擠伸機依其結構型式分有臥式擠伸機與立式擠伸機,表 5-6 為其比較。

　　臥式擠伸機(如圖 5-26)目前應用最廣,其操作、監測及維修較方便,它可普遍用於生產各種輕合金棒材、實心型材、空心型材、異形斷面型材、普通管材、異形斷面管材及線材等擠製品,但臥式擠伸機在長期使用過程中的磨損、變形及各零件的熱膨脹,將使擠壓桿、盛錠器、模座等主要擠伸工具無法齊一同心線,如此可能導致管壁厚度不均,或型材擠伸流動不均勻等缺陷。立式擠伸機主要用於擠伸管胚料,及壁厚偏差要求較嚴格的小直徑管材,也可用於冷擠壓及小型擠壓試驗。

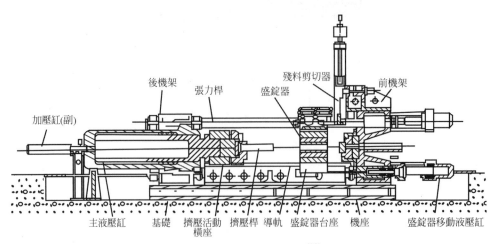

圖 5-26　臥式擠伸機結構[16]

表 5-6　臥式擠伸機與立式擠伸機的比較[1]

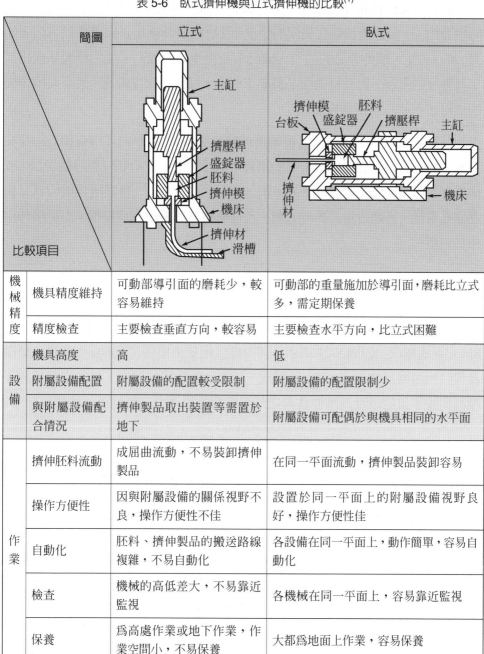

比較項目		立式	臥式
機械精度	機具精度維持	可動部導引面的磨耗少，較容易維持	可動部的重量施加於導引面，磨耗比立式多，需定期保養
	精度檢查	主要檢查垂直方向，較容易	主要檢查水平方向，比立式困難
設備	機具高度	高	低
	附屬設備配置	附屬設備的配置較受限制	附屬設備的配置限制少
	與附屬設備配合情況	擠伸製品取出裝置等需置於地下	附屬設備可配偶於與機具相同的水平面
作業	擠伸胚料流動	成屈曲流動，不易裝卸擠伸製品	在同一平面流動，擠伸製品裝卸容易
	操作方便性	因與附屬設備的關係視野不良，操作方便性不佳	設置於同一平面上的附屬設備視野良好，操作方便性佳
	自動化	胚料、擠伸製品的搬送路線複雜，不易自動化	各設備在同一平面上，動作簡單，容易自動化
	檢查	機械的高低差大，不易靠近監視	各機械在同一平面上，容易靠近監視
	保養	為高處作業或地下作業，作業空間小，不易保養	大都為地面上作業，容易保養

　　臥式擠伸機依擠壓方法又可分正向擠伸機與反向擠伸機，前者可用於普遍的擠伸加工，但在擠伸條件相同的情況下，反向擠伸機比正向擠伸機可節省能源 20～40％，擠伸製品的品質、成品率及生產率皆較高。然由於製品規格受工具強度的限制，對胚料表面品質要求較高，操作複雜度較高，故反向擠伸機的使用並不如正向擠伸機廣泛。

　　依用途及結構之不同又有單動擠伸機及雙動擠伸機，前者沒有獨立的穿孔系統，故僅適於實心棒材與型材的擠伸，但若能使用空心胚料與隨動穿針，或使用實心胚料與空心擠伸模，亦可擠伸管材與空心型材。雙動擠伸機因具有獨立穿孔系統，普通皆用於擠伸管材，若更換實心的擠壓桿與墊模，亦可擠伸出棒材與型材。

5-4-2　擠伸工具

　　擠伸工具係由模具組、盛錠器(Container)、擠壓桿(Stem)及擠壓餅(Dummy block)等所構成，如圖 5-27 所示，其中模具組是由模套、擠伸模、背模、墊模及模組裝置器(Tool carrier)所組成。如表 5-7 爲這些個別工具的主要功用。模具組除了需能承受高擠伸負荷之外，亦應能迅速而方便地進行更換。

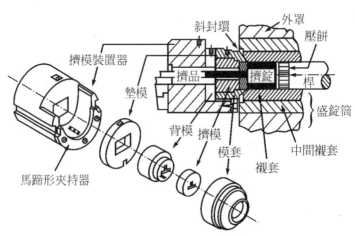

圖 5-27　擠伸工具構成[81]

表 5-7　擠伸工具之個別工具的主要功用

個別工具名稱	主要功用
擠伸模(Die)	形成擠伸製品的斷面
模套(Die holder)	固持擠伸模
背模(Die backer)	支撐擠伸模以避免其崩裂或破壞
墊模(Bolster)	傳遞擠伸負荷由背模至擠模裝置器
壓力環(Pressure ring)	延伸模具組長度至擠模裝置器尺寸
擠模裝置器(Die carrier)	固持整個模具組於擠伸機上
擠壓桿(Extrusion stem)	從壓餅傳遞擠伸負荷至胚料

　　擠伸模一般可分為實體擠伸模及空心擠伸模。前者係用於擠製實心斷面的擠製品，後者則用於擠伸空心斷面的擠製品。實體擠伸模有平模及錐模兩種，如圖 5-28 所示，平模的模角等於 90°，其特點是在擠伸時，可以形成較大的死金屬區(Dead zone)，以獲得優良的製品表面，但如死金屬區產生斷裂，則製品將出現擠伸缺陷，而且平模的擠伸壓力也較大，尤其在高溫或高強度的擠伸，模孔會因塑性變形而變小，因而影響製品精度。錐模的擠伸壓力可能較小，但因死金屬區很小，因而無法阻止胚料表面缺陷和偏析物流入模孔，擠伸製品的品質將因而劣化，所以錐模的應有一最佳錐角，一般以 55°～70°為佳。圖 5-29 為各種材料的實體擠伸模。

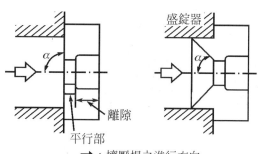

➡：擠壓桿之進行方向

(a)平模($\alpha=90°$)　　　　　　(b)錐模

圖 5-28　平模及錐模[17]

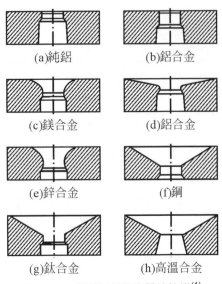

(a)純鋁　　　　　　(b)鋁合金

(c)鎂合金　　　　　　(d)鋁合金

(e)鋅合金　　　　　　(f)鋼

(g)鈦合金　　　　　　(h)高溫合金

圖 5-29　各種材料的實體擠伸模[1]

　　空心擠伸模係在模具內有一熔合室(Welding chamber)，實心擠伸胚料分成數個流束，當流束經熔合空時再予熔合，並形成空心製品。空心擠伸模常見有窗口模(Porthole)、橋形模(Bridge die)及支架模(Spider die)三種，如圖 5-30 所示。

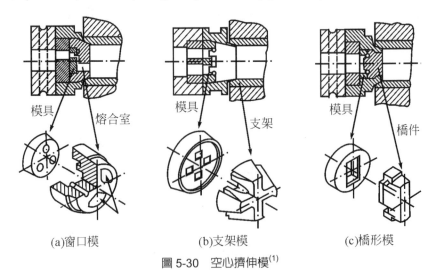

模具　　熔合室　　　　　模具　　支架　　　　　模具　　橋件

(a)窗口模　　　　　　(b)支架模　　　　　　(c)橋形模

圖 5-30　空心擠伸模[1]

以窗口模擠伸的成品率較高，模具易於加工製造，能用來擠伸出各種高精度、光滑表面而形狀複雜的薄壁空心型材及多孔空心件，但於製程中或結束時的凹模內殘料清理較困難。支架模適用於外形尺寸較大的空心型材，擠伸負荷較窗口模小，型材成品率較高，殘料清理也較容易，但模具加工較不易。橋形模的殘料清理較容易，擠伸阻力較小，模具加工難易度介於前兩種模具之間，此種擠伸模常用於需高擠伸壓力及品質要求較高的薄壁空心型材或硬合金鋁材。如表 5-8 為此三種空心擠伸模的比較。

表 5-8　三種空心擠伸模的優劣比較[16]

模具類別	擠伸加工性能(擠伸阻力)	產品品質(成品率)	模具加工難易度	殘料清理與修模	適用場合
窗口模	差	優	易	難	所有空心製品
支架模	可	優	難	中	外形尺寸大的空心製品
橋形模	優	差	中	易	硬合金高品質薄壁空心型材

5-5　擠伸製程與缺陷

5-5-1　擠伸製程參數

金屬材料的可擠伸性(Extrudability)主要是表現在擠伸壓力、擠伸速度、製品品質、模具壽命等方面，而影響的因素則在擠伸胚料、擠伸技術、擠伸模具三方面，如圖 5-31 所示。要成功完成擠壓加工應考量的主要項目有：正確選擇擠壓方法與擠壓設備、正確選定擠壓製程參數、選擇優良的潤滑方案、選定合理的胚料尺寸、採用最佳設計的模具。

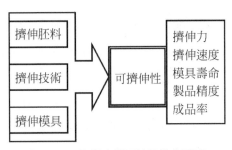

圖 5-31　影響金屬可擠伸性的因素

　　不同種類的材料的棒、管、線、型材等，應依需要選擇不同的擠伸方法與設備，主要應考慮：擠壓設備能完成擠伸方案的可能性，在擠伸條件下擠伸胚料的可擠伸性，擠伸製程能獲得要求品質的可行性。熱間擠伸的基本製程參數是擠伸溫度與擠伸速度，但要具體確立製程參數並不容易，通常可在理論分析的基礎上進行各種成形實驗，並參考實際擠伸生產製程的經驗值，如表 5-9 為各種材料的擠伸製程參數。

　　擠伸溫度越高，被擠壓胚料的變形阻力越低，有利於降低擠伸負荷，減少能源的消耗，但擠伸溫度較高時，製品的表面品質變差，容易形成粗大組織。擠伸比乃是指擠伸前胚料的斷面積與擠伸後製品斷面積的比值，擠伸比主要視擠伸壓力的大小、生產率及擠伸設備的能力而定，擠伸比越大則需採用較低的擠伸速度。擠伸速度與合金材料的可擠壓性有關，擠伸速度增加，擠伸負荷也跟著上升。擠伸速度的選擇也受擠伸溫度的影響，擠伸速度越快，因發熱且不易散去，因而導致胚料溫度上升，製品表面與組織將受到影響。

表 5-9　各種材料的擠伸製程參數[28]

金屬材料		擠伸溫度(°C)	擠伸比	擠伸速度(m/s)	擠伸壓力(Mpa)
鉛及鉛合金		200～250	～	0.10～1.0	300～600
鋅及鋅合金	純鋅	250～350	～200	0.033～0.38	～700
	鋅合金	200～320	～50	0.033～0.2	800～900
鋁及鋁合金	純鋁	450～550	～500	0.42～1.25	300～600
	防銹鋁合金	380～520	6～(30～80)	0.25～0.50	400～1000
	硬鋁合金	400～480	6～30	0.025～0.10	750～1000
鎂及鎂合金	純鎂	350～440	～100	0.25～0.50	～800
	鎂鋁合金	300～420	10～80	0.008～1.25	－
銅及銅合金	純銅	820～910	10～40	0.10～5.0	300～650
	青銅	650～840	10～40	0.10～3.3	200～500
鎳及鎳合金		1000～1200	玻璃潤滑～200	0.3～3.7	－
			石墨潤滑～20	0.3～3.7	－
鋼	低合金鋼	1100～1300	10～50	6.0～3.7	400～1200
	不銹鋼	1150～1200	10～35	6.0～3.7	400～1200
	高速鋼	1100～1150		6.0～3.7	400～1200
鈦及鈦合金	純鈦	870～1040	20～100	0.006～0.025	－
	鈦合金	815～1040	8～40	0.04～0.03	－
特殊合金	鎢	1400～1650	3～10	－	－
	鈹	400～1100	400～450	－	－
	鋯	850～960	～30	－	－

5-5-2　擠伸負荷

擠伸負荷是指在擠壓過程中為完成某一製程所需設備最大的壓力。擠伸負荷是擠伸製程的最重要參數之一，它是選擇擠伸機器容量、設計模具及擬訂合理製程參數的重要參考依據。擠伸負荷常隨製程條件之不同而不斷變

化，如圖 5-32 為三種擠伸法之沖程-負荷曲線圖，由圖可知，正向擠伸所需負荷最大，主要原因係其摩擦力較大。而由此曲線可說明擠伸負荷是由克服金屬變形所需的力及克服各種摩擦所需的力所構成。

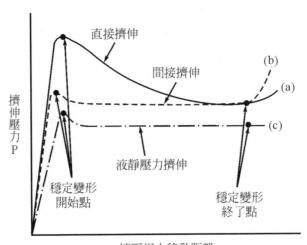

圖 5-32　擠伸之沖程-負荷曲線圖[(17)]

擠伸負荷可利用各種塑性力學解析法來分析，或用一些經驗公式來計算，以均勻變形能量法來分析，擠壓桿所需之擠伸負荷可由下列公式求得：

$$F = A_0 \cdot \varepsilon \cdot \overline{\sigma}_w + \pi \cdot D_0 \cdot L_0 \cdot \mu_f \cdot \overline{\sigma}$$

而　　$\varepsilon = \ln \dfrac{L_f}{L_o} = \ln \dfrac{A_0}{A_f} = \ln R$

$$\overline{\sigma}_w = \dfrac{\overline{\sigma}}{\eta_f}$$

式中　F　= 擠壓桿所需之擠伸負荷

　　　　ε　= 眞應變

　　　　L_0　= 胚料變形前長度

　　　　L_f　= 胚料變形後長度

A_0 = 胚料變形前斷面積

A_f = 胚料變形後斷面積

R = 擠伸比

$\bar{\sigma}_w$ = 變形阻抗應力

D_0 = 胚料變形前直徑

μ_f = 摩擦係數

η_f = 有效變形因子

　　圖 5-33 爲各種材料在不同溫度的塑流應力，表 5-10 爲各種材料在不同溫度的變形阻抗應力及有效變形因子。

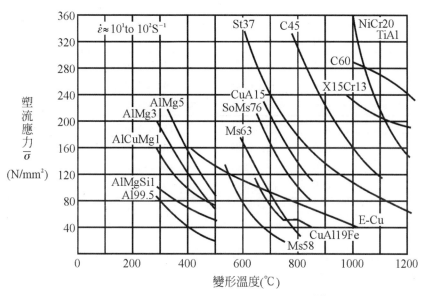

圖 5-33　各種材料在不同溫度的塑流應力[18]

表 5-10 各種材料在不同溫度的變形阻抗應力及有效變形因子[18]

材料	溫度	潤滑劑	變形阻抗應力($\bar{\sigma}_w$)	有效變形因子(η_f)
A199.5...................350	350	油／石墨	152 to 168	0.33 to 0.30
	400	油／石墨	147 to 178	0.26 to 0.21
	450	油／石墨	83 to 125	0.34 to 0.22
	500	油／石墨	74 to 94	0.34 to 0.21
CuZn39Pb2 650	650	油／石墨	102 to 166	0.44 to 0.27
	700	油／石墨	79 to 98	0.32 to 0.26
	750	油／石墨	79 to 98	0.23 to 0.21
	800	油／石墨	46 to 79	0.33 to 0.19
	800	無	39 to 48	0.39 to 0.31
CuZn40.....................800	800	無	35 to 46	0.51 to 0.39
	800	粗表面	29 to 34	0.69 to 0.59
CuZn37.....................750	750	油／石墨	180 to 186	0.28 to 0.27
	800	油／石墨	104 to 110	0.34 to 0.32
	850	油／石墨	72 to 79	0.35 to 0.32
E-Cu 800	800	油／石墨	159 to 166	0.37 to 0.35
	900	油／石墨	106 to 109	0.41 to 0.39
	900	粗表面	106 to 148	0.41 to 0.29
	1000	油／石墨	93 to 94	0.32
Steel Cq45 1150	1150	玻璃	198 to 208	0.45 to 0.43

　　影響擠伸負荷的因素主要有：胚料性質、胚料長度、斷面形狀、擠伸模具、擠伸溫度、擠伸速度、變形程度、摩擦作用及擠伸方法等(如圖 5-34 所示)，茲分述如後：

1. 胚料性質：主要是指胚料的強度與塑性特性，通常胚料的降伏強度越高，變形阻力就越大，所需擠伸負荷越高，而胚料的塑性愈佳，因加工硬化速度愈慢，所需擠伸負荷也就愈小。

2. 胚料長度：尤其在正向擠伸中，因胚料與盛錠器間存在較大的摩擦作用，所以胚料愈長所需的擠伸負荷也愈大，如圖 5-35 所示。

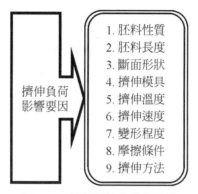

圖 5-34　影響擠伸負荷的要因

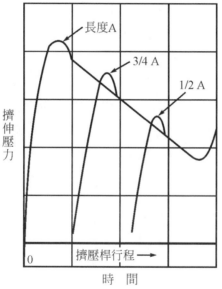

圖 5-35　胚料長度對擠伸負荷的影響[60]

3.　斷面形狀：擠伸製品的斷面形狀越複雜、越不對稱，則所需負荷也越高，
　　製品的複雜度可用形狀因素(Shape factor)來表示，即形狀因素 $S=L/A$，L
　　是斷面的輪廓長，A 是斷面積。

4.　擠伸模具：擠模角的大小對擠伸負荷有明顯的影響，錐形模所需負荷小於
　　平模，如圖 5-36 所示，擠模角在 45°～60° 之範圍內擠伸負荷最小，通

常將最小擠伸負荷的擠模角稱爲最佳擠模角。單模孔擠伸的負荷比多模孔
擠伸爲低，對稱分佈的模孔又比非對稱擠伸低。

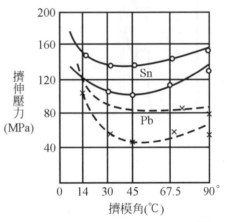

圖 5-36　擠模角與擠伸負荷的關係[16]

5. 擠伸溫度：通常擠伸溫度升高，金屬的變形阻力就下降，因而擠伸負荷也
較低，如圖 5-37 爲最大擠伸負荷與擠伸溫度的關係。而擠伸胚料、盛錠
筒及擠壓桿的溫度則是影響擠伸溫度的主要因素。

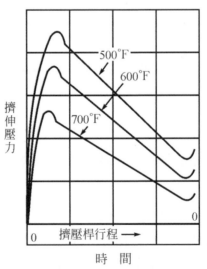

圖 5-37　擠伸溫度對擠伸負荷的影響[60]

6. 擠伸速度：擠伸速度乃是導因於材料變形阻力對擠伸負荷的影響所致，通常在擠壓初始階段或低溫擠伸時，隨著擠伸速度的增加，材料變形阻力增高，擠伸負荷也就增大，如圖 5-38 所示。但當擠伸速度很高時，由於加工硬化來不及呈現，變形功使材料升溫而軟化，變形阻力也就降低，擠伸負荷也就降低。

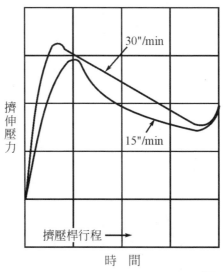

圖 5-38　擠伸速度對擠伸負荷的影響[60]

7. 變形程度：隨著擠伸變形程度的增大，擠伸負荷成正比升高，如圖 5-39 所示。一般而言，同一合金材料，在低溫擠伸時影響變形阻力的最主要因素是變形程度，而在高溫擠伸時，影響變形阻力的因素則是變形溫度、變形速度及變形程度的綜合效果。另圖 5-40 為擠伸比對擠伸負荷的影響。

8. 摩擦條件：在盛錠筒、變形區及工作區內的金屬皆承受接觸面的摩擦作用，這些摩擦阻力皆需消耗擠伸功，因而摩擦愈大所需的擠伸負荷也愈高，如圖 5-41 所示。

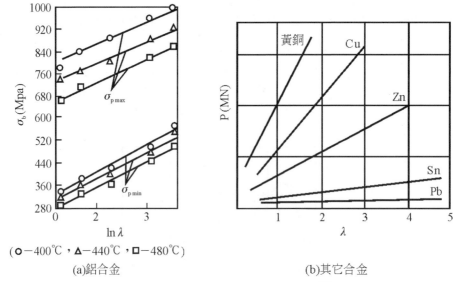

($\bigcirc$−400℃，$\triangle$−440℃，$\square$−480℃)

(a)鋁合金   (b)其它合金

圖 5-39 變形程度對擠伸負荷的影響[16]

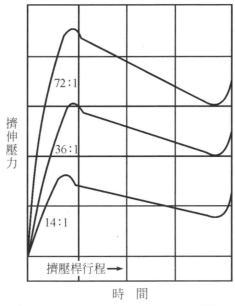

圖 5-40 擠伸比與擠伸負荷的關係[60]

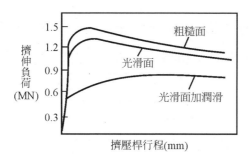

圖 5-41　模具表面狀態對擠伸負荷的影響[28]

9.　擠伸方法：如圖 5-42 所示，反向擠伸法因少了胚料與盛錠筒間的摩擦作用，因此其擠伸負荷比正向擠伸大約少 20～30%。

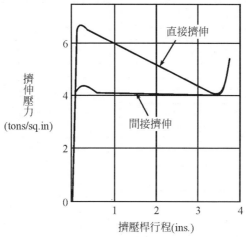

圖 5-42　擠伸方法與擠伸負荷的關係[60]

5-5-3　合金擠伸製程

各種材料的擠伸方法可以擠伸溫度範圍來分類：(如圖 5-43 所示)

1.　常溫擠伸：擠伸溫度在 300℃以下的金屬材料，如錫、鉛、銻等及其合金，主要係用於管子銲條及鋼索被覆材料等。

2.　低溫擠伸：擠伸溫度在 300℃至 600℃之間，包括鋁合金、鎂合金、鋅合金及熔點較低的黃銅等。

3. 中溫擠伸：擠伸溫度在 600°C 至 1000°C 之間，包括銅合金及鈦合金等。

4. 高溫擠伸：擠伸溫度在 1000°C 至 1800°C 之間，包括鎳合金及鋼等。

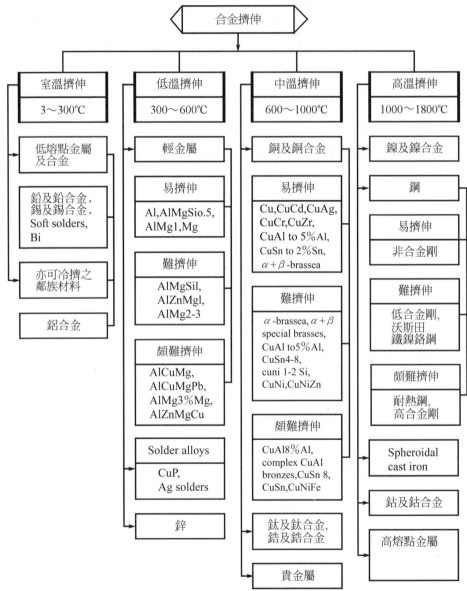

圖 5-43　以擠伸溫度範圍分類之各種材料的擠伸法[81]

5-5-4　擠伸缺陷

由於胚料性質、製程變數、模具狀況等的差異，在擠伸塑性變形過程各種行為的綜合作用之下，可能會使擠伸製品產生一些缺陷，因而影響產品的品質。擠伸製品的品質包括：斷面之形狀與尺寸、長度之形狀與尺寸、表面品質、及組織與性能等。擠伸金屬流動不均勻、擠伸速度與擠伸比過大、模孔變形等皆會導致製品斷面尺寸與形狀的偏差。模孔設計不當或磨損、製程參數控制不當等，會使擠製品產生長度方向的彎曲或扭曲。擠製品的表面則要求清潔、光滑，不得有裂痕、刮傷、雜質、斑點等。擠製品的組織與性能對結構件用途特別重要，因此除了應有的機械性質外，還要求不能有偏析、縮管、裂痕等缺陷。

茲將擠伸中常見的缺陷形式再分述如後：(參閱圖 5-44 所示)

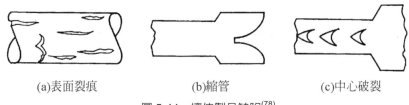

(a)表面裂痕　　　　(b)縮管　　　　(c)中心破裂

圖 5-44　擠伸製品缺陷[78]

1. 表面裂痕(Surface cracking)：如果擠伸溫度、速度或摩擦阻力太高時，造成材料表面溫度顯著升高，就會產生龜裂缺陷，此種缺陷可藉由降低胚料溫度或減緩擠伸速度來改善。低溫時也會產生表面龜裂，這是因為擠製品在模孔內形成階段性的黏著現象所造成。當製品與模孔產生黏著時，所需之擠伸壓力增加，隨之製品又向前移動，壓力釋放，如此不斷地循環發生，便在製品表面上形成間斷性的裂縫。

2. 縮管(Pipe)：如圖 5-13 所示之金屬流動模式 C，就容易有表面氧化層及不純物拉向中心處之傾向而形成類似一通風管的缺陷。此種缺陷的改善方法是使金屬流動更均勻，例如：控制摩擦現象、減低溫度梯度，或在擠伸前將胚料的表面層切除。

3. 中心破裂(Center bust)：此種缺陷主要是擠伸時胚料在模具成形區中心線
   上形成的液靜拉伸應力所造成，就如同抗拉試驗中試品的頸縮現象。這種
   中心破裂之傾向隨著模具角度或不純物含量的增加而增加，但隨著擠伸比
   (Extrusion ratio)或摩擦力之增加而減少。

習題五

1.　何謂擠伸？有何優缺點？

2.　擠伸如何分類？

3.　說明擠伸變形的過程。

4.　影響擠伸金屬流動的主要因素有那些？說明之。

5.　說明擠伸金屬流動的四種基本模式。

6.　比較直接擠伸法與間接擠伸法。

7.　何謂液靜壓力擠伸法？有何特徵？

8.　何謂覆層擠伸法？有何用途？

9.　何謂連續擠伸法？有何特色？

10.　何謂多胚料擠伸法？半固態擠伸法？

11.　簡要比較臥式擠伸機與立式擠伸機。

12.　擠伸工具是由那些構件組成？並說明各構件的功用。

13.　分析比較平模及錐模這兩種實體擠伸模。

14.　空心擠伸模有那三種？比較其優劣。

15.　影響金屬可擠伸性的因素有那些？簡要說明之。

16.　繪製直接擠伸、間接擠伸及液靜壓力擠伸的沖程─負荷曲線圖，並說明之。

17.　列出擠伸負荷的計算公式，並說明之。

18.　影響擠伸負荷的主要因素有那些？簡要說明之。

19.　擠伸製品的品質有那些？

20.　說明表面裂痕、縮管、中心破裂三種擠伸缺陷。

Chapter **6**

抽拉加工

6-1 抽拉概要

6-1-1 抽拉簡史

　　抽拉具有悠久的歷史，在西元前二十至三十世紀間就有用手工抽拉製成金屬細線的發現。西元前十五至十七世紀間也有用於裝飾品的各種貴金屬抽拉線。西元八至九世紀各種金屬線已能製作出來，初期的抽拉製程係以人力抽拉為主(如圖 6-1)，線徑較爲粗大。西元十四世紀在西德紐倫堡(Nuremberg)開始使用伸線板來抽線，如圖 6-2 所示，這是以鞦韆擺動方式的衝擊抽線。另圖 6-3 是西元十三世紀所出現的細線裝置，它是由轉盤式線軸與伸線板所構成。西元十三世紀中葉，德國首先製造了水力抽拉機，並逐漸推廣，直到十七世紀才接近現在的單捲筒抽線機，1871 年連續抽線機也問市了。隨著抽拉技術的發展，1927 年西貝爾及 1929 年薩克斯兩人兩人分別以不同觀點，第一次確立了抽拉理論，從此抽拉理論就不斷的發展。1955 年柯利司托伏松(Christopherson)成功研究出強制潤滑抽拉法，同年布萊哈(Blaha)及拉格克樂(Lagencker)發展了超音波抽拉法。近幾十年來，不但研究出許多新的抽拉法，高速抽拉的研究也展開，並成功製造出各種高速抽拉機具。而抽拉製品的產量也不斷提高，產品的種類與樣式也不斷增多，以抽拉法生產直徑大於 500mm 管材及 0.002mm 細絲線也非難事。

圖 6-1　早期的人力抽拉製程[26]

圖 6-2　早期之衝擊伸線圖[61]

圖 6-3　早期細線伸線圖[61]

6-1-2　抽拉的意義與種類

對材料施加拉力，迫使通過模孔，以獲得所需斷面形狀與尺寸的塑性加工法謂之抽拉(Drawing)，如圖 6-4 所示。抽拉加工常用於棒材、線材、管材的生產製造。抽拉加工按製品斷面形狀分有下列二種：(參閱圖 6-5)

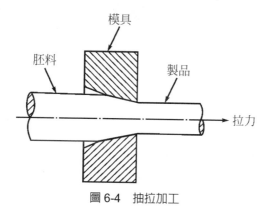

模具

胚料

製品

拉力

圖 6-4　抽拉加工

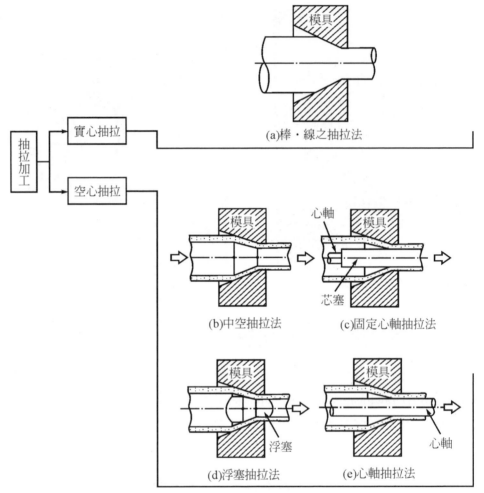

圖 6-5　抽拉加工的種類[17]

1.　實心抽拉：抽拉胚料為實心斷面，包括棒材、型材及線材的抽拉，如圖 6-6 為各種鋼線的斷面與用途示例，而隨著輕薄短小現代工業的發展，各種細線的應用也越來越多，如表 6-1。

2.　空心抽拉：抽拉胚料為空心斷面，包括普通管材及空心異形材的抽拉。而管材的抽拉有四種方法：

　　(1)　中空抽拉(Hollow sinking)：如圖 6-6(b)，僅用於縮小外徑。

(2) 固定心軸抽拉(Fixed mandrel drawing)：如圖 6-6(c)，不太適合長管抽拉。

(3) 浮動柱塞抽拉(Floating plug drawing)：如圖 6-6(d)，適合細長管之抽拉。

(4) 心軸抽拉(Mandrel drawing)：如圖 6-6(e)，係管與心軸同時抽拉，完成後一同取出。

抽拉與其他塑性加工法比較，具有下列特徵：

1.　抽拉製品的尺寸精度高，表面光滑。

2.　抽拉機具不複雜，維護方便容易。

3.　頗適於連續高速生產極小斷面的長製品。

4.　抽拉之道次變形量與總變形量受到抽拉應力的限制。

斷面	稱呼	用途	斷面	稱呼	用途	斷面	稱呼	用途
○	圓線		▽	梯形線	彈簧	 ◇	菱形線	鋼纜
 ○	橢圓線	機械部品	▽	半圓梯形線	針布	 ⊐⊏	凹矩形線	機械
◠	半圓線	建築工具	◠	凹半圓線	建築工具	D	D 形線	鋼纜
 ◇	扇形線	鋼纜	▽	扇梯形線	鋼纜	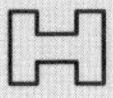 H	H 形線	建築
 ◠	流線形線	航空機	◇	四角星狀線	鋼纜	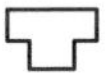 T	T 形線	建築
△	三角線	工具鋼纜	 ✻	六角星狀線	鋼纜	U	U 形線	紡織
□	角線	建築工具	Y	鼓形線	鋼纜	 X	X 形線	紡織
 ▭	平線	捲軸用彈簧	 Z	Z 線	鋼纜	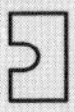 ⌐	有溝矩形線	鋼纜
 ◇	四角線	針地鋼纜	 ⚙	小齒輪	小齒車	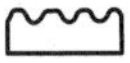 ∿	有溝矩形線	紡織

圖 6-6　各種鋼線的斷面與用途示例[17]

表 6-1　金屬細線的特徵及用途[53]

特性	用途	具體例	細線材質
高抗拉強度 高剛性	ERP 纖維補強無機材	纖維補強塑膠 纖維補強混凝土及灰泥(mortar)纖維補強陶瓷	鋼、不銹鋼
可動性	紡系、織布	耐熱布	不銹鋼
電氣之良導體性	導電性塑膠 導電性織布	面發熱性體、帶電防止、電磁波屏蔽材 電磁波、吸收體	黃銅、鋁合金、銅、鋼、不銹鋼
良導熱性	傳熱性塑膠 散熱、吸熱器	塑膠架構之散熱，導熱管之 wig	黃銅、銅、鋁合金
耐磨耗性	摩耗材、軸承材 纖維強化金屬	介金屬化合物碟狀式刹車熱片、離合器板	鋼、鑄鐵、黃銅、青銅
耐熱性	磨耗材 絗維強化金屬	同上	不銹鋼、鋼、黃銅、青銅
燒結性	纖維多孔質體 軸承材	過濾器、觸媒、含砥石粒之砂輪 含固體潤滑材之軸承	不銹鋼、鎳、鋼、青銅、黃銅、鑄鐵
潤濕性	纖維強化金屬	加壓鑄造的不銹鋼纖維強化鋁材	不銹鋼、青銅
高密度	高級質感材	防音材、吸音材	鉛、黃銅、青銅
振動特性	防振材、音響材	防音材、吸音材	鉛、鑄鐵

6-2　抽拉原理

6-2-1　實心抽拉基本原理

如圖 6-7 所示，抽拉加工時，材料的在變形區中金屬所受的外力有：抽拉力 P、模壁給予之正壓力 N 及摩擦力 F。金屬在抽拉力、正壓力及摩擦力的作用下，變形區的金屬係呈處於兩軸向壓應力(σ_r、σ_θ)與一軸向拉應力(σ_l)的狀態，變形區的金屬的變形狀態為兩軸向壓應變(ε_r、ε_θ)與一軸向拉應變(ε_l)的狀態。

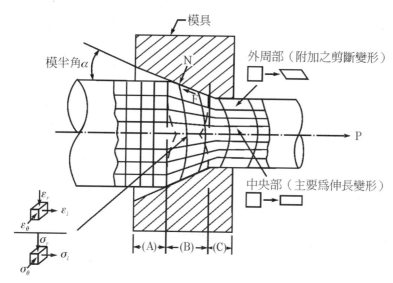

圖 6-7　抽拉的受力與變形[1]

　　抽拉前中心軸線上中央部的正方形格子於抽拉後變爲矩形，由此可知，金屬中心軸線上的變形是沿軸向拉伸，在徑向與周向被壓縮。而在周邊層外周部的正方形格子抽拉後變成平形四邊形，由此可見，周邊層上的金屬除了受到軸向拉伸、徑向與周向壓縮之外，還產生剪切變形，其原因是由於金屬在變形區中受到正壓力與摩擦力的作用，其合力方向產生剪切變形，因而沿軸向被拉長。又拉伸前網格橫向是直線，但進入變形區後逐漸變成凸向抽拉方向的弧線，而這些弧線的曲率由入口到出口端逐漸增大，到出口端後保持不再變化，此種現象說明在抽拉過程中，外周部的金屬流動速度小於中心部，並且隨模角、摩擦係數增大，這種不均勻流動更加明顯。棒材末端常在抽拉後出現縮管缺陷，就是外周部與中央部金屬流動速度差異所形成的。總之，實心抽拉時，外周部的實際變形是比中央部大，此乃因在外周部除了拉伸變形之外，尚包括彎曲與剪切變形，所以抽拉時，因變形量的不同，外周部的硬度常較中心部高。

　　抽拉加工時，材料的變形分爲三區，(A)(C)爲彈性變形區，(B)爲塑性變形區，如圖 6-8 所示，塑性變形區的形狀是：模具錐面(錐角 2α)和兩個球面所圍成的部份。而依據固體變形理論，所有塑性變形皆在彈性變形之後，並且伴

隨有彈性變形,而在塑性變形之後必然有彈性變形。因此在正常情況模具,出口處的軸承部(定徑部)也是彈性變形區。塑性變形區的形狀與抽拉過程的條件和被抽拉金屬胚料的特性有關,如果被抽拉的材料或抽拉條件有異動,變形區的形狀也就跟著改變,而塑性變形區的範圍通常受模具半角(α)及斷面減縮率(R_e)的影響。

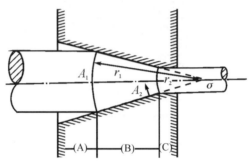

圖 6-8　棒材抽拉變形區的形狀[16]

6-2-2　空心抽拉基本原理

管材抽拉已無棒材抽拉的軸對稱變形條件,因此其應力與應變狀態也不同,變形的不均勻性、附加的剪切變形與應力皆有增加。管子空心抽拉時,其管壁厚度在變形區內並不是固定的,由於不同因素的影響,管件的壁厚最終是可以變薄、變厚或保持不變。

如圖 6-9 為管子空心抽拉的變形圖,主應力圖仍為兩軸向壓應力與一軸向拉應力狀態,主變形圖則根據壁厚增加或減小,可以是兩軸向壓應變與一軸向拉應變狀態或一軸向壓應變與兩軸向拉應變狀態。空心抽拉時,主應力在變形區軸向的分佈狀態與實心抽拉類似,但在徑向上的分佈狀態則大有差異,因其徑向應力(σ_r)是由外表面向中心逐漸減小,到管子內表面時為零。此乃因管子內壁無任何支撐物以供建構反作用力,故管子內壁上是兩軸向應力狀態。周向應力(σ_θ)的分佈則是由管子外表面向內表面逐漸增大。因此,管子抽拉時,最大主應力是軸向應力(σ_l),最小主應力是周向應力(σ_θ)。

fake

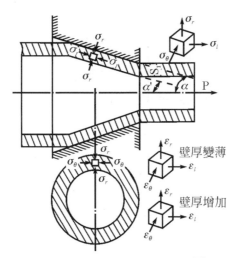

圖 6-9　管子空心抽拉的變形圖[16]

　　空心抽拉變形區的變形狀態是屬於 3D 變形，即軸向拉伸、周向壓縮，徑向拉伸或壓縮，因此，空心抽拉的變形特點主要在抽拉過程中壁厚的變化狀況。在塑性變形區內引起管壁厚度變化的應力是軸向應力(σ_l)與周向應力(σ_θ)，在軸向應力作用下壁厚將變薄，而在周向應力作用下，則壁厚增加。因此，在抽拉時何種應力形成主導作用，將是決定管子壁厚的減薄與增厚的主因。又空心抽拉時，管壁厚度沿變形區長度上也有不同的變化，由於軸向應力(σ_l)由模具入口向出口逐漸增大，而周向應力(σ_θ)逐漸減小，σ_θ/σ_l比值亦是由入口向出口不斷減小，因此，管壁厚度在變形區內的變化是由模具入口處壁厚開始增加，達到最大值後開始減薄，到模具出口處減薄最大，如圖 6-10 所示，管子最終壁厚，乃取決於增厚與減薄間的差異。

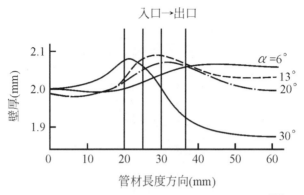

圖 6-10　管子空心抽拉時變形區厚度的壁厚變化[16]

6-3　抽拉加工製程

6-3-1　抽拉基本製程

　　抽拉加工通常要進行熱處理、去氧化皮、潤滑處理及抽拉作業等製程，如圖 6-11 所示為鋼線的基本製造工程，茲簡述如後：

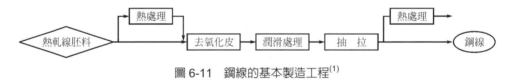

圖 6-11　鋼線的基本製造工程[1]

1.　熱處理：為使被加工線材有良好的抽拉加工性，成為使抽拉後的製品有所需的特性，在抽拉加工前、中、後，需進行各種熱處理。如退火(Annealing)、鉛淬(Patenting)、油淬火及回火(Oil quenching and Tempering)、發藍(Bluing)。

2.　去氧化皮：因氧化皮硬，不利於抽拉，故在抽拉前須完全去除，去氧化皮一般有化學法(如酸洗、鹽浴)及機械法(如反向彎曲、珠擊)二種。

3.　潤滑處理：為輔助抽拉加工用潤滑劑導入抽線眼模，也為形成強固的潤滑皮膜，在去氧化皮後的線材表面需實施皮膜化成處理，如磷酸鹽、草酸鹽等皮膜化成處理。

4.　抽拉作業：抽拉作業一般係利用抽線機使線材通過抽線眼模，將其斷面尺寸或形狀逐漸減小或改變。

6-3-2　抽拉製程分析

為使抽拉胚料有良好的抽拉性，或使抽拉後的製品具有某些特性，在抽拉製程前、中、後皆可進行退火、鉛淬、油淬火／回火及發藍等各種熱處理。退火是在於將胚料軟化處理，使其易於抽拉，一般可依需要進行完全退火、低溫退火、球化退火等。鉛淬係中高碳鋼線材的特有熱處理，在於使抽拉線材的組織獲得微細且均勻的層狀波來鐵，以提昇抽拉極限，獲致優良機械性質的製品。油回火在於使碳鋼線材獲得適當強度之麻田散鐵組織。發藍係將線材在300℃加熱，使彈性限較低的鋼線藉應變時效而改善，因形成藍色的氧化顏色，故稱之為發藍。

因氧化皮硬度高，不利於抽拉，故在抽拉前須完全去除，通常抽拉胚料去氧化皮處理可分為化學法及機械法二類，如圖 6-12 所示。

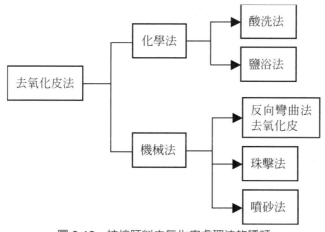

圖 6-12　抽拉胚料去氧化皮處理法的種類

　　化學法是以硫酸、鹽酸等強酸溶解除去氧化皮，圖 6-13 為各種酸的濃度、溫度與酸洗時間的關係，通常酸的濃度及溫度愈高時，酸洗時間愈短。硫酸酸洗法在常溫的反應速度慢，所以在 60～85℃使用，鹽酸酸洗時容易氣化，故常在 20～40℃使用。如表 6-2 硫酸與鹽酸酸洗的比較。酸洗設備有分批式與連續式兩種，傳統分批式酸洗裝置常有酸洗不均的現象，故有用如圖 6-14 所示之振動酸洗裝置，使因振動作用而將酸液均勻滲入盤捲的內外部，並有效縮短酸洗時間，如圖 6-15 為傳統式與振動式之酸洗效果比較。

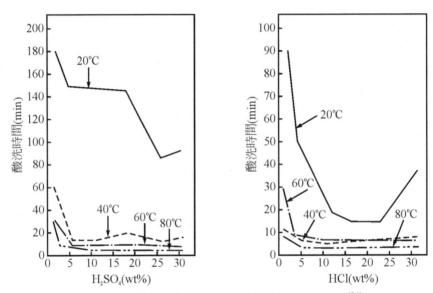

圖 6-13　硫酸與鹽酸之濃度、溫度與酸洗時間的關係[21]

表 6-2　硫酸與鹽酸酸洗的比較[21]

項目	硫酸	鹽酸
用途	碳鋼線材的分批酸洗	● 碳鋼線材、合金鋼線材的分批酸洗 ● 中間線、完工線的酸洗 ● 鍍金前的酸洗
使用溫度(℃)	60～85	常溫～40
使用濃度(wt ％)	5～20	5～20
第一鐵離子界限濃度(wt ％)	8～10	10～12
完成面	稍黑	白皮
污點的生成	多	少
鋼線基地的腐蝕性	大	小
煙發生量	少	多

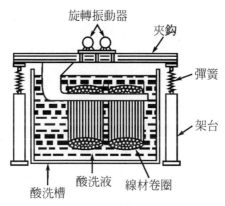

圖 6-14　振動酸洗裝置[21]

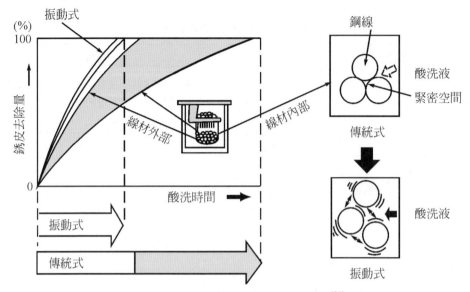

圖 6-15　傳統式與振動式酸洗效果比較[61]

　　機械法脫氧化皮具有無公害、去皮時間短、成本低且容易與抽拉製程連線等特點，機械法雖有很多種方法，但主要是反向彎曲、珠擊、噴砂等。反向彎曲法是將線材胚料經由系列滾子來彎曲，使其對表面施加拉伸與壓縮效應，以剝離硬質的氧化皮(如圖 6-16)。一般在 8~9％的伸長率下，氧化皮就會脫落，但有些附著較佳的銹皮在 12％之伸長率才會脫落，但為避免銲接處斷裂及損傷線材表面，通常都將伸長率定在 8％~9％。此法因構造簡單，設備低廉，因此應用頗多。珠擊法是將許多硬化鋼珠高速噴射到被加工線材表面以剝除氧化皮。珠擊法的去皮效果佳，可除去反向彎曲法不易處理的合金鋼或經熱處理線材的氧化皮，但設備費用較高，殘留的珠擊凹痕不利品質提昇，故主要用於粗徑的磨光棒材的去皮工程。噴砂法是以壓縮空氣將各種磨料噴出噴嘴，高速撞擊被加工線材而去除氧化皮，此種方法可用於大多數的鋼材，完工面也頗細緻，後續線材潤滑效果亦佳，但因需求大量壓縮空氣，電力耗費大，成本高，設備費也較反向彎曲法高。

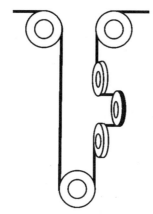

圖 6-16　反向彎曲法的滾輪配置[61]

　　去氧化皮的線材為提高抽拉的潤滑效果,常事先對線材表面進行皮膜化成處理(Conversion coating),表 6-3 為各種皮膜化成處理法,磷酸鹽與鋼材產生化學作用生成的磷酸鹽皮膜有二大作用,一是可防止鋼材與抽線模的直接接觸,二是與金屬石鹼(皂化物)結合力很強。金屬石鹼本身具有極低的摩擦係數,且與磷酸鹽皮膜結合力很強,受到極大的作用力亦能潤滑性。表 6-4 為鋅系皮膜化成處理工程。

表 6-3　各種皮膜化成處理法[2]

皮膜化成處理種類	皮膜狀況	處理溫度(℃)	處理時間(min)	適用材料
1. 磷酸鋅皮膜化成處理	灰黑色結晶皮膜	60～90	3～15	碳鋼、低合金鋼
2. 草酸鐵皮膜化成處理	暗綠色結晶皮膜	90～100	5～10	不銹鋼
3. 氧化銅皮膜化成處理	黑色非結晶皮膜	80～100	3～5	銅及銅合金
4. 氧化亞銅皮膜化成處理	紅褐色結晶皮膜	90～100	5～10	
5. 氟化鋁皮膜化成處理	灰白色結晶皮膜	90～100	1～3	鋁及鋁合金

表 6-4　鋅系皮膜化成處理工程[2]

步驟	工程	使用藥品名	處理溫度(℃)	處理時間(分)	適用材料
1	脫脂	Parkoclener 三氯乙烯 苛性鈉	常溫～90	1～5	
2	水洗		常溫	1～2	
3	酸洗	硫酸，鹽酸	常溫～50	>10	普通鋼
		硫酸＋硫酸第二鐵＋氟酸	常溫	>10	不銹鋼
		硝酸	常溫	0.5～2	鋁合金
		硝酸＋氟酸			
4	水洗		常溫	3～5	
5	皮膜化成	Banderite	70～80	0.5～10	普通鋼
		ferrbond	50～95	3～15	不銹鋼
		albond	70～100	5～15	鋁合金
6	水洗		常溫～50	1～2	
7	中和	parkolene	常溫～70	1	
8	潤滑處理	bonderlube	50～80	1～3	

　　抽線用潤滑劑在抽拉過程中可防止胚料與抽拉模直接接觸而燒灼，以維持穩定的抽拉狀態。潤滑劑依抽拉時的形態可分為三大類：乾式潤滑劑、濕式潤滑劑、油性潤滑劑，圖 6-17 至圖 6-19 分別為這三種潤滑劑的構成成分。潤滑劑應具有下列特性：安定地喫入抽拉模孔內、在高溫中不會產生劣化、耐高壓而不致使線材與模具發生融著、易於後處理時除去潤滑皮膜。表 6-5 及表 6-6 為一些潤滑劑的特性。此外，施加超音波振動於模具上，不但能降低所需的抽拉力、減少摩擦係數與模具磨耗、增加金屬的成形性、改善抽拉製品的表面與形狀精度，亦能消除管抽拉過程可能產生的黏著效應與顫振現象。

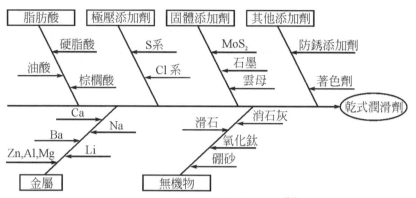

圖 6-17　乾式潤滑劑的構成成分[21]

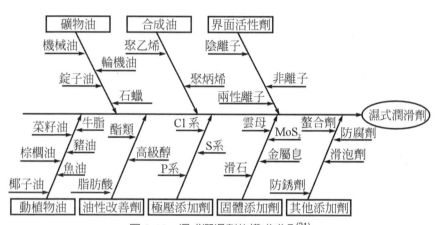

圖 6-18　濕式潤滑劑的構成成分[21]

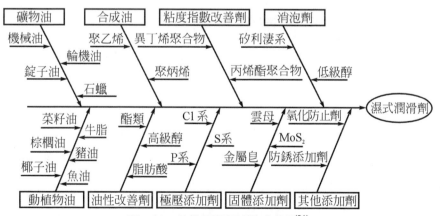

圖 6-19　油性潤滑劑的構成成分[21]

表 6-5　抽拉用潤滑劑的特性[17]

項目	乳液	皂熔液	油	潤滑脂	肥皂粉	固體潤滑劑
潤滑作用	C	C	E	E	E	E
冷卻作用	E	E	C	N	N	N
粘附性	E	C	E	E	C	N
防銹性	C	C	E	E	N	C
過濾性	C	E	E	N	N	N

註：E：推薦使用，C：限制使用，N：不能用。

表 6-6　不同金屬抽拉時適用的潤滑劑[17]

金屬類別 / 潤滑劑種類	鋼	銅與黃銅	青銅	輕金屬	鎢、鉬
油	E	E	E	E	N
乳液	E	E	C	E	N
皂熔液	E	E	N	N	N
潤滑脂	E	E	E	E	N
肥皂粉	E		E	C	N
石墨、二硫化鉬	E				E

註：E：推薦使用，C：限制使用，N：不能用。

6-3-3　主要抽拉變數的規劃

　　一般而言，線材胚料總是要經過漸進多道次抽拉方能獲得所需尺寸形狀與性質的抽拉製品，因此正確的抽拉道次規劃是頗為重要。抽拉時，若抽拉應力超過模孔出口線材的降伏強度，則抽拉製品將會產生頸縮，甚至斷裂。若安全係數 S 是模孔出口線材的抗拉強度(σ_b)與抽拉應力(σ_d)之比值(即 $S = \sigma_b/\sigma_d$，其中 $\sigma_d = F_d/A_d$，F_d 是抽拉力，A_d 是模孔出口線材的斷面積)，則成功的抽拉的必備條件是 $S>1$，通常 S 值在 1.4～2.0 之間，如果 $S<1.4$，則由於加工度過高，線材可能會斷裂，而若 $S>2$ 時，表示該道次加工度太低，

未能充分利用該線材的可塑性。抽拉製品的直徑愈小、壁厚愈薄，安全係數 *S* 應愈大，此乃因隨著製品直徑的減小，壁厚的變薄，抽拉線材對表面裂紋等缺陷、設備的振動、速度的變異等因素的敏感度增加，所以安全係數應提高。如表 6-7 為非鐵金屬抽拉安全係數。

表 6-7　非鐵金屬抽拉安全係數[17]

抽拉製品的種類與規格 安全係數	厚壁管材型材和棒材	薄壁管材和型材	不同直徑的線材(mm)				
			> 1.0	1.0～0.4	0.4～0.1	0.1～0.05	0.05～0.015
S	> 1.35～1.4	1.6	≥1.4	≥1.5	≥1.6	≥1.8	≥2.0

因此，由抽拉力的大小可判斷抽拉作業條件的優劣，亦將影響抽拉後製品的性質，斷面收縮率、抽拉模角、摩擦係數及線材之降伏強度等皆是其影響要因。如圖 6-20 為軟鋼線之抽拉力對斷面收縮率的關係，由圖可知，隨著斷面收縮率的增加，抽拉力也隨之提高。又如圖 6-21 所示，通常模具與線材間的摩擦係數愈低，所需抽拉力也愈低。由於模角小時，模面與線材接觸面較大，摩擦阻力增加，所需抽拉力也較高，但模角大時，變形較為急遽，變形阻力大，所需抽拉力也會增加，因此應有一較佳的模角，如圖 6-22 所示。在抽拉速度較低時，當抽拉速度增加，抽拉力亦急速增高，高速抽拉時因摩擦之故，生成的高溫與大溫度梯度，將使抽拉變形不均及增加殘留應力，如圖 6-23 為抽線速度與模孔出口線材表面溫度的關係。又抽拉時施加逆向拉伸力可增加抽拉力，但如圖 6-24 所示，施加逆向拉伸力可使抽拉阻力減少，作用在模壁的壓力降低，故可提高模具壽命及改善抽拉製品品質。

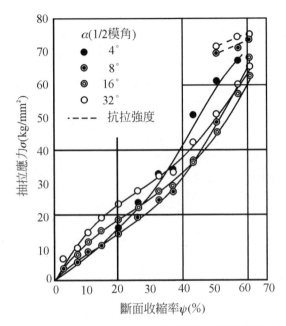

圖 6-20　軟鋼線之抽拉力對斷面收縮率的關係[17]

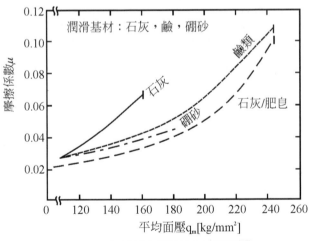

圖 6-21　摩擦係數與抽拉力的關係[17]

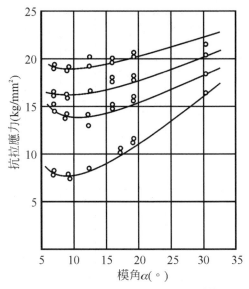

圖 6-22　模角與抽拉應力的關係[17]

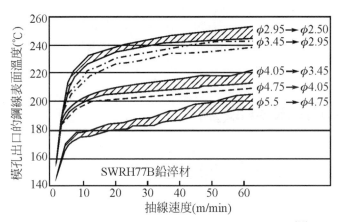

圖 6-23　抽線速度與模孔出口線材表面溫度的關係[21]

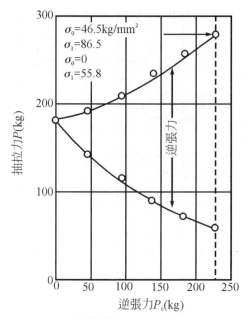

$\sigma_0 = 46.5 \text{kg/mm}^2$
$\sigma_1 = 86.5$
$\sigma_0 = 0$
$\sigma_1 = 55.8$

σ_1：抽拉應力
σ_2：逆抽拉力時線材在入口端之拉應力

圖 6-24　逆向拉伸力對抽拉力的影響[17]

6-4　抽拉機具設備

6-4-1　抽拉機具的種類與選用

　　使線材、棒材、管材等通過抽拉眼模，以縮小斷面製成所需形狀大小及性質的線、棒、管等機械謂之抽拉機械。抽拉械械一般分為二類：抽拉機(Draw bench)、抽線機(Wire drawing machine)，如圖 6-25。

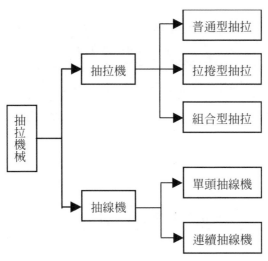

圖 6-25　抽拉械械的分類

　　抽拉機乃是用於抽拉成直線狀且斷面較大的棒、管等之機械。普通抽拉機依其拉伸力量來源之不同，可爲鏈條式、油壓式、齒條式、鋼索式等，如圖 6-26 及圖 6-27 分別爲鏈條式及油壓式抽拉機，鏈條式抽拉機的抽拉力可達 400MN 以上，抽拉速度達 120m/min～190m/min，拉引車返回速度可高達 360m/min。爲提高抽拉加工效能，高速、多線、自動化已成爲抽拉機發展的方向。當棒、管等抽拉材可以捲曲時，則可使用拉捲型抽拉機，如圖 6-28 所示，此種機械的抽拉速度可高達 2400m/min，而這種機械通常是以卷筒(絞盤)的直徑來表示其能力的大小，通常卷筒的直徑約 550～2900mm，最大已達 3500mm，抽拉力一般在 8～18kN 之間。

　　另爲提高生產效率及抽拉製品品質，有將抽拉、矯直、切斷、磨光等結合成一系列的組合抽拉機(Combined drawing machine)，如圖 6-29 所示。

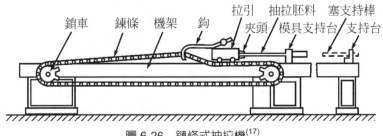

鎖車　鍊條　機架　鉤　拉引　抽拉胚料　塞支持棒
　　　　　　　　　　夾頭　模具支持台　支持台

圖 6-26　鏈條式抽拉機[17]

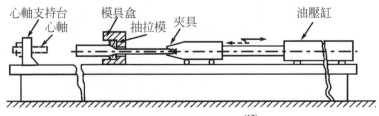

心軸支持台　模具盒　　　　　　　油壓缸
　心軸　　　抽拉模　夾具

圖 6-27　油壓式抽拉機[17]

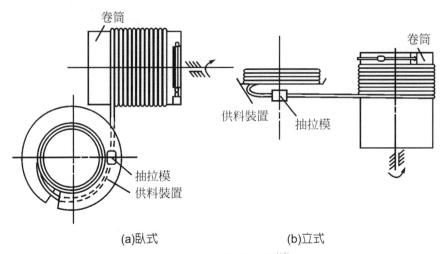

卷筒　　　　　　　　　　　　　　　卷筒

供料裝置　　抽拉模

抽拉模
供料裝置

(a)臥式　　　　　　　　　(b)立式

圖 6-28　拉捲型抽拉機[16]

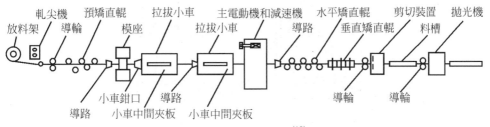

圖 6-29　組合抽拉機[16]

　　將卷筒(Block)施加抽拉力，生產卷線材(Coil)的機械稱為抽線機。抽線機分為單頭抽線機及連續抽線機，前者係線材經抽線眼模一次即捲取之抽線機，如圖 6-30 所示。而連續抽線機係由數台單頭抽線機並排組成，線材連續通過數個抽線模，而線以一定圈數纏繞在模具間的卷筒上，以建構應有的抽拉力，以進行斷面逐漸減小的連續抽拉。依抽拉時線材與絞盤間的運動速度關係，連續抽線機可分為無滑動式與滑動式兩種，如圖 6-31 及圖 6-32 所示，無滑動式連續抽線機則線與卷筒之間沒有相對滑動，而滑動式連續抽線機除最後的收線盤之外，線與卷筒圓周的線速度不相等，亦即有滑動現象。

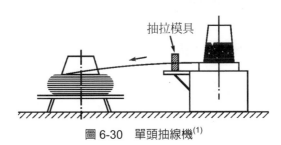

圖 6-30　單頭抽線機[1]

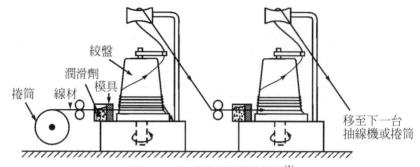

圖 6-31　無滑動式連續抽線機[1]

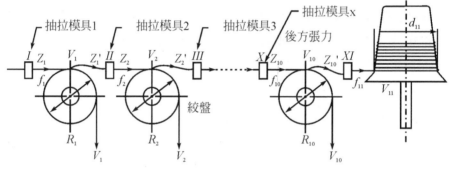

圖 6-32　滑動式連續抽線機[17]

6-4-2　抽拉附屬設備

　　抽線設備除抽線機之外尚需有一些附屬設備,如胚料供給裝置、製品整理裝置等。依供給方法之不同,抽拉之胚料供給裝置有舞輪式、吊架式、側掛式、上取式、線軸式等,如表 6-8 所示。舞輪式及吊架式主要用於粗胚料的供給,這兩種裝置因胚料處於旋轉狀態,機械運轉中無法進行胚料間的連接,而側掛式及上取式在機械運轉中可以進行胚料間的連接,以使連續運轉而增高運轉效率。製品整理裝置也影響生產能力,因抽線速度提高,製品取出頻率也增加。整理裝置的選擇需依整理形狀、線速、線徑等而異,通常有抽線中取出與停機後取出兩種方式,但無論何種方式,皆應合乎下列要求:線依序排列而不會在使用時產生困擾,積線率(線在體積中所佔比率)應高,貨形美觀而不會崩散。

表 6-8　抽拉之胚料供給裝置種類與特性[21]

型式	略圖	適用線徑	供給速度	驅動
舞輪式		max ϕ 55 mm	max 100 m/min	有，無
吊架式		ϕ 15 mm～ϕ 55 mm	max 80 m/min	有，無
側掛式		max ϕ 8 mm	max 150 m/min	無
上取式		max ϕ 8 mm	max 200 m/min	有，無
線軸式		max ϕ 6 mm	高速	有，無

6-4-3　抽拉模具

　　普通抽拉模具依模孔斷面形狀之不同可分為錐形模及圓弧模，如圖 6-33 所示，圓弧模通常僅用於細線的抽拉，而棒、管、型材及粗線則以錐形模較普遍。如圖 6-34 為普通抽拉錐形模的構造，通常係由四部份有構成：(表 6-9 為抽線模各部形狀示例)

1.　入口部(Entry)：其作用在導入胚料及潤滑劑。

2.　漸近部(Approach)：是胚料實際產生塑性變形，並獲得所需形狀與尺寸。

3.　軸承部(Bearing)：又稱定徑部，係使製品進一步獲得穩定而精確的形狀與尺寸。

4.　背隙部(Back relief)：防止製品出模孔時被刮傷，及軸承部出口端因受力而引起剝落。

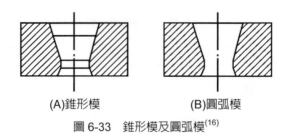

(A)錐形模   (B)圓弧模

圖 6-33 錐形模及圓弧模[16]

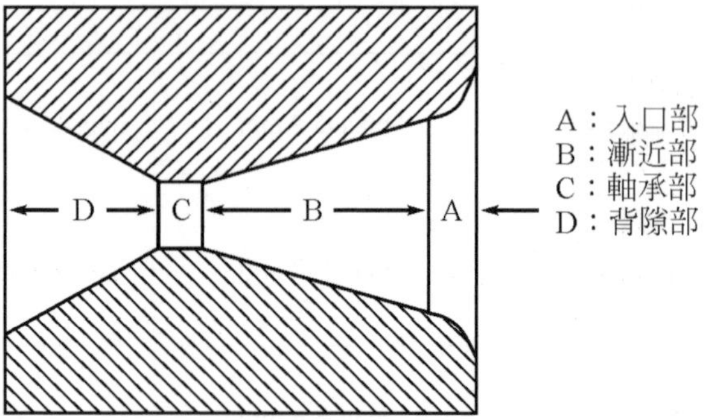

A：入口部
B：漸近部
C：軸承部
D：背隙部

圖 6-34 普通抽拉錐形模的構造[1]

表 6-9 抽線模各部形狀示例[21]

線種 名稱	硬質線 (琴絲線、硬鋼線)	軟質線 (軟鋼線、純鐵)	鍍黃銅線
入口部	以 60～70° 形成圓角		
漸近部	12～14°	14～16°	11～13°
軸承部	孔徑 5mm 以下時為 0.5D，5mm 以上為 0.3～0.1D		
背隙部	角度 60～70°，離隙長度 H/20		

註： 1. D：眼模孔徑，H：模孔高度
     2. 本表係用於 20% 斷面減少率的情形

　　入口部錐角的選擇應適當，角度過大會使潤滑劑留存不易，影響潤滑效果，角度太小則因抽拉產生的殘屑、粉末不易隨潤滑劑流掉，導致製品表面刮傷、拉斷等缺陷。漸近部的長度應大於抽拉時胚料變形區的長度，否則在製品與模孔不同心時會有在漸近部以外部位變形的現象，漸近部的模角亦是抽拉模

的主要參數，模角過小將使胚料與模壁的接觸面積增大，模角過大也會因胚料在變形區的流線急遽轉彎，導致附加剪切變形增大，因而抽拉力與非接觸變形增大，而且模角過大時，潤滑劑易於從模孔中被擠出而使潤滑效果降低。因此，模角應有一最佳區間，使其需求的抽拉力最小。如表 6-10 為採用碳化鎢模具以不同道次加工率抽拉棒材及線材的最佳模角。軸承部的合理形狀是柱形，而其直徑的確定應考慮製品公差、彈性變形及使用壽命等，如表 6-11 為其參考值。背隙部的總錐角一般是 60°～90° 細線抽拉模有時可製成凹球形。

　　在抽拉過程中，模具受到很大的摩擦，尤其是抽線時，因抽拉速度即高，模具的磨損很快，因此，抽拉模的材料要求具有高硬度、高耐磨耗性、足夠的強度。常用的抽拉模材料有：金鋼石、硬質合金、工具鋼、鑄鐵等，其中金鋼石硬度最高且耐磨但質脆，硬質合金乃是以碳化鎢為基，鈷為結合劑燒結而成的合金。工具鋼除熱處理之外，還可鍍鉻以提高使用壽命。鑄鐵則雖因製作容易價格低，但硬度及耐磨性差，故僅適於規格大、批量少的抽拉。

表 6-10　碳化鎢模具抽拉棒材及線材的最佳模角[16]

道次加工率(%)	模角(2α°)					
	純鐵	軟鋼	硬鋼	鋁	銅	黃銅
10	5	3	2	7	5	4
15	7	5	4	11	8	6
20	9	7	6	16	11	9
25	12	9	8	21	15	12
30	15	12	10	26	18	15
35	19	15	12	32	22	18
40	23	18	15	–	–	–

表 6-11　軸承部尺寸參考值[16]

棒材	模孔直徑(mm)	5～15	15.1～25	25.1～40.0	40.0～60.0	
	軸承部長度(mm)	3.5～5	4.5～6.5	6～8	10	
管材	模孔直徑(mm)	3～20	20.1～40	40.1～60	60.1～100	101～400
	軸承部長度(mm)	1～1.5	1.5～2	2～3	3～4	5～6

　　爲了減小模具與被抽拉金屬間的摩擦及抽拉力，增加抽拉加工率，以獲得
高速抽拉，而發展出輥輪抽拉模具，如圖 6-35 所示。此種模具的優點：

1.　可增加每道次抽拉減縮率(約 30～40％)。

2.　減少動力消耗。

3.　延長模具壽命。

4.　改變輥輪間距即可獲得不同斷面的抽拉製品。

　　又如圖 6-36 所示之旋轉抽拉模具，係利用蝸輪機構，帶動內套和模具旋
轉，因其抽拉時模面壓力分佈均勻，使用壽命增長，且能減小線材的橢圓度，
故廣用於連續抽線機。

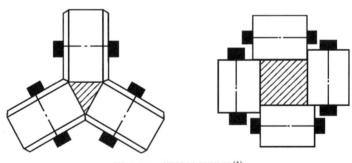

圖 6-35　輥輪抽拉模具[1]

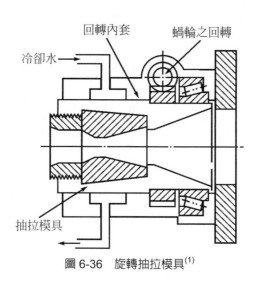

圖 6-36　旋轉抽拉模具[1]

6-5　特殊抽拉法

為針對特殊需要，如硬脆材料及特殊斷面，也為提高機械性質，增進抽拉加工效率，因而不斷出現新的抽拉方法，如表 6-12 及圖 6-37 至圖 6-42 所示。

表 6-12　特殊抽拉法

方法	說明	目的
1. 強制潤滑抽拉法	在模具與胚料表面間強制供給潤滑劑之抽拉	提高模具壽命
2. 加熱抽拉法	利用電氣等將材料加熱並同時抽拉	提高機械性質
3. 超音波抽拉法	利用超音波施加於模具以進行抽拉	降低抽拉力
4. 成束抽拉法	將線或管以二支以上成束同時進行抽拉	製造特殊形狀製品
5. 無模抽拉法	將胚料局部一邊急速加熱一邊抽拉	無需使用抽拉模具
6. 液靜擠壓抽拉法	將胚料置於高壓容器中施以液靜壓力抽拉	提高道次加工率

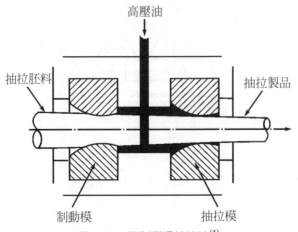

圖 6-37　強制潤滑抽拉法[1]

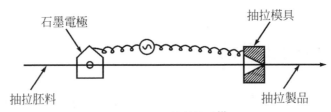

圖 6-38　加熱抽拉法[1]

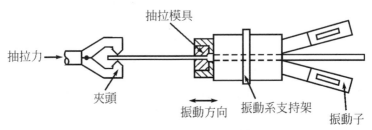

圖 6-39　超音波抽拉法[1]

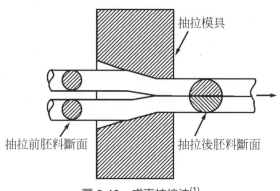

圖 6-40　成束抽拉法[1]

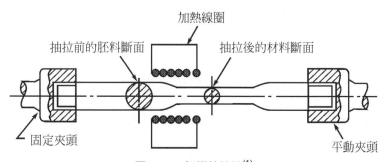

圖 6-41　無模抽拉法[1]

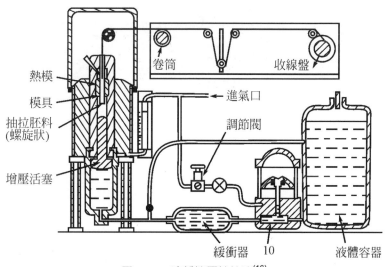

圖 6-42　液靜擠壓抽拉法[16]

金屬線材的主要製程雖然仍以金屬塑性加工為主，但近年來因金屬熔鑄技術的發展，直接從熔融金屬液製造金屬線材的技術亦相繼問世，如水中紡絲法(In-rotating-water melt spinning method)、熔融引出法(Melt drag method)、熔融抽出法(Melt extraction method)、泰勒抽絲法(Taylor wire method)等。如圖 6-43 至圖 6-45 分別為熔融引出法、熔融抽出法及泰勒抽絲法的原理示意圖。

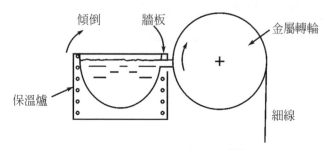

圖 6-43　熔融引出法的原理[53]

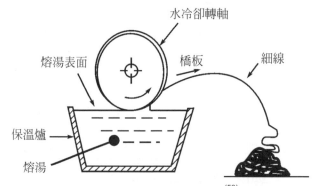

圖 6-44　熔融抽出法的原理[53]

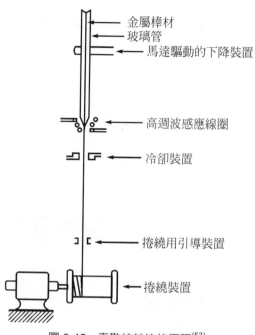

金屬棒材
玻璃管
馬達驅動的下降裝置
高週波感應線圈
冷卻裝置
捲繞用引導裝置
捲繞裝置

圖 6-45　泰勒抽絲法的原理[53]

6-6　抽拉缺陷與品管

6-6-1　抽拉缺陷

　　在整個抽拉工程中，有可能因下列原因而造成抽拉缺陷的產生：抽拉胚料存有缺陷、去氧化皮等前處理不當、抽拉作業條件不適當、收料及搬運不良、製品保存不當。實心抽拉製品的主要缺陷有中心破裂、表面裂痕、異物附著、銹痕、形狀尺寸不佳、機械性質不良等。而空心抽拉製品的主要缺陷有表面傷痕、折疊、偏心、異物附著、斷頭、形狀尺寸不佳、機械性質不良等。

　　在實心抽拉塑性變形區內之中心部軸向主拉應力大於外周部，故易導致中心部拉應力首先超過材料的強度極限而形成拉裂現象，此稱為中心破裂(Central burst)或謂山型破裂(Chevron crack)，最後將造成所謂錐杯狀破裂(Cup fracture)的拉斷現象。如圖 6-46 為其外觀，表 6-13 為影響錐杯狀破裂缺陷的原因。又圖 6-47 為錐杯狀破裂拉斷的產生極限，通常模角及總加工率越大是越容易發生，而完全退火的線料也易形成。表面裂痕主要是在抽拉過程中不均勻的變形所引起的，在抽拉模軸承部之金屬變形是外周部軸向主拉應力大於中心部，而且又有不均勻變形，外周部受到較大的附加拉應力作用，所以被抽拉金屬外周部所受的實際工作應力較中心部大很多，當此種應力超過材料的抗拉強度時，就產生表面裂痕。當線料表面有脆性夾雜物或過多的氧化物時，表面裂痕更易發生。

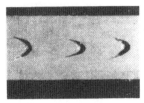 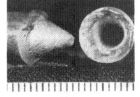

(a)中心破裂形成中　　　　　(b)拉斷狀態

圖 6-46　錐杯狀破裂拉斷的外觀[21]

表 6-13　影響錐杯狀破裂缺陷的原因[21]

	要因	與發生傾向的關係	影響度
加工要因	● 模角(模曲率半徑)	角度大→容易發生(半徑小→)	大
	● 減縮率(單道次)	大→	大
	● 潤滑狀態	不良→	中
	● 後方張力	大→	中
材料要因 (鋼料)	● 碳偏析(中心偏析)	偏析大→容易發生	大
	● 粗波來鐵(組織)	粗波來鐵量大→	大
	● 夾雜物	介在物尺寸大→	大
	● 延性	延性小→	大
	● 表面脫碳	脫碳程度大→	中
	● 鍍金(比素材軟)	鍍膜厚度大→	中

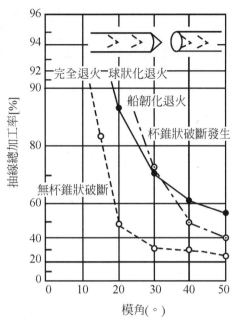

圖 6-47　錐杯狀破裂拉斷的產生極限[17]

6-6-2　抽拉測試與品管

為瞭解抽拉製品特性的測試方法有三類：

1.　力學特性測試：靜態強度、動態強度、剛性、變形狀態、硬度、衝擊值等。

2.　物理特性測試：熱學性質、電學性質、摩擦性質、顯微組織等。

3.　化學特性測試：化學成份、耐腐蝕性等。

　　為使抽拉製品獲得最佳品質保證，從初始胚料的製備選用至最終的抽拉、搬運、保管皆應有良好的管控。如圖 6-48 為自動探傷及除傷的系統。

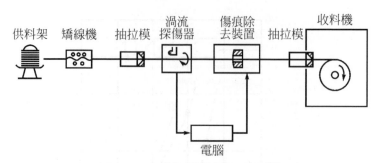

圖 6-48　自動探傷及除傷的系統[21]

習題六

1.　何謂抽拉？有何特徵？

2.　說明實心抽拉的變形情況。

3.　說明管材抽拉的變形情況。

4.　簡述鋼線的基本抽拉管理。

5.　說明抽拉製程中去氧化皮的方法。

6.　比較反向彎曲、珠擊、噴砂等去氧化皮的特徵。

7.　舉例說明磷酸鋅皮膜化成處理的流程。

8.　如何決定抽拉力的大小？

9.　比較抽拉機與抽線機。

10.　說明抽拉之胚料供給裝置的種類。

11.　繪圖說明抽拉錐形模的構造。

12.　抽拉模常用的材料有那些？比較之。

13.　何謂加熱抽拉法？

14.　何謂成束抽拉法？

15.　何謂無模抽拉法？

16.　抽拉製品主要的缺陷有那些？說明之。

17.　抽拉製品特性的測試方法有那些？簡述之。

Chapter **7**

沖壓加工

7-1 概說

7-1-1 沖壓的意義與特色

　　金屬薄板製品在古老時代就已經由手工被製作出來，如表 7-1 所示，西元前四千年在埃及就有用於製作銅容器，其後又有發展到能使用簡單模具，西元前 1400 年則出現薄板的整體壓製，圓胚料的引伸成形則在十五世紀出現於瑞士，伸緣成形則在西元 1500 年起才開始應用。西元 1848 年用於剪切的手動曲柄沖床問世後，奠立薄板成形的里程碑，意味著機械式薄板成形的開始。其後隨著需求增加、生產技術的進步，各種機器已逐漸取代手工加工，西元 1913 年第一個薄鋼板汽車製品成功生產後，板材沖壓加工技術與應用突飛猛進。(參閱圖 7-1)

　　由於沖壓加工具有頗多特點與優異性，故從日常家用品至交通、國防等工業皆佔有舉足輕重的角色。目前在工業界中，金屬總產量中的 70～80％的滾軋成板片狀材料，其中較厚重的板材直接用於各種粗重結構材，而佔板材中大部份的薄板材，則以薄板成形(Sheet metal forming)技術廣泛加工成各種機械零組件及製品。據統計，現代汽車工業中，板材沖壓件的生產總值約占 59％。(參閱圖 7-2)

表 7-1　薄板成形的早期發展[14]

成形方法	示意圖	首次應用
手工敲擊		西元前 4000 年末在埃及用於製造銅容器及金器皿
模壓成形	錐形沖頭 眼形沖頭 成形沖頭 彈性凹模	此描述出現在西元前約 1450 年 Rechmj Re 地方出土的墳墓中

表 7-1　薄板成形的早期發展[14](續)

成形方法	示意圖	首次應用
整體壓製	彈性凹模　壓模　凹模	出現在西元前約 1400 年 My kene 和 Knossos 的壁畫上
圓筒引伸	凸模　凹模	於西元 1500 年前後出現在瑞士
伸展	凸凹模	伸展壓延約出現在西元前 600 年，經常使用是以西元 1500 年開始

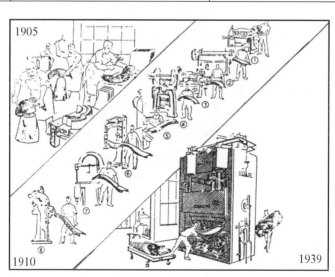

圖 7-1　汽車板金生產技術的進展[14]

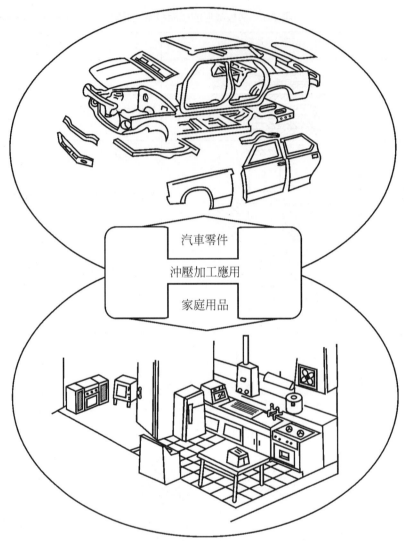

圖 7-2　沖壓製品的應用[15]

　　沖壓加工(Stamping or press working)係利用沖壓設備產生的外力，經由模具的作用，而使材料產生必要的應力狀態與對應的塑性變形，因而形成剪切、彎曲及壓延等效應，以製造各種製品的塑性加工法。因此，沖壓設備、模具、胚料是構成沖壓加工的三要素。如圖 7-3 所示。

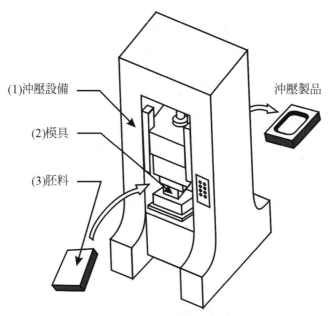

(1)沖壓設備

(2)模具

(3)胚料

沖壓製品

圖 7-3 沖壓加工基本概念[39]

　　換言之，沖壓加工具有下列四項特徵：

1. 就生產方法而言，它是常溫的壓力加工，故亦可稱之為冷沖壓。

2. 就應用設備而言，它是使用各種型式的沖壓設備，以獲得加工過程中所需的工作壓力。

3. 就應用工具而言，它須有一組完成一定工作要求的模具。

4. 就加工材料而言，它主要是金屬板料、條料及帶料，有時尚可為非金屬板料。

　　沖壓加工之所以能迅速成長而廣被利用，主要具有下列優點：

1. 在簡單的沖擊動作下，即能完成形狀複雜的工件。

2. 可得到尺寸精度相當高的互換性零件，並且不需要進一步的機械加工。

3. 材料耗費不大，且可得強度大、剛性高的工件。

4. 使用材料經濟，廢料較少。

5. 生產過程簡單，使用自動化機械設備，生產效率頗高。

6. 所需加工技術水準不高，可以由非熟練的工人來操作。

7. 由於產量很大，工作成本降低，競爭力強。

雖有上述優點，但亦有一些缺點：

1. 產品因模具而異，形狀尺寸不同，模具亦不同。

2. 精度高的產品，其模具精度亦相對要更高，因而製造費時、成本高。

3. 成本以生產量來反應，較適於產量高的加工。

4. 模具製造費時，影響生產日程。

5. 操作時危險性大，故應有安全措施。

7-1-2 沖壓加工的種類

如圖 7-4 所示，沖壓加工按變形性質可分為兩大類：

1. 剪斷分離加工：被加工材料在外力作用下產生變形，當變形區的相當應力達到材料的抗剪強度時，材料便產生剪裂而分離。

2. 塑性變形加工：被加工材料在外力作用下，變形區的相當應力達到材料的降伏強度與極限強度之間，材料產生塑性變形，而得到一定形狀和尺寸的零件。

因此，就基本變形方式而言，沖壓加工可分為下列五種基本型式：

1. 沖剪加工(Shearing)：沿著封閉或敞開的輪廓，將材料剪切分離。

2. 彎曲加工(Bending)：將平的材料作各種形狀的彎曲變形。

3. 引伸加工(Drawing)：將平板材料製成任意形狀的空心件，或者將空心件的尺寸作進一步的改變。

4. 壓縮加工(Compression)：在材料上施加重壓，使其體積作重新分配，以改進材料的輪廓、外形或厚度。

5.　成形加工(Forming)：將零件或材料的形狀作局部的變形。

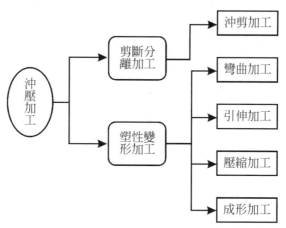

圖 7-4　沖壓加工的分類

7-1-3　板材的成形性

　　如圖 7-5 所示爲板材在整個生產過程中，所需求的各種加工性能，板材對各種沖壓加工法的適應能力或需求的性能可稱之爲沖壓性，通常可由成形性、沖剪性、定形性三方面來表示，其中尤以成形性(Formability)最爲重要。

1.　成形性：適應各種塑性變形加工的能力。

2.　沖剪性：適應各種剪斷分離加工的能力。

3.　定形性：成形外力去除中或以後保持既有形狀的能力。

　　詳言之，板材的成形性係指板材塑性變形中發生破壞或產生缺陷前，所能達到的最大變形程度，影響成形性的因素可概分二類：材料性質與製程變數，如表 7-2 所示。

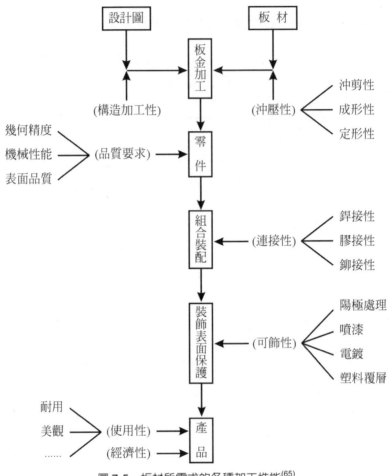

圖 7-5　板材所需求的各種加工性能[65]

表 7-2　影響板材成形性的因素

板材成形性的因素		
材料性質		製程變數
1. 材料的顯微組織	・結晶型態 ・組織 ・化學組成 ・晶粒大小 ・第二相之型態、大小	・應變-應力系統 ・變形速率 ・加工溫度 ・潤滑情況 ・模具之幾何形狀

表 7-2　影響板材成形性的因素(續)

板材成形性的因素		
材料性質		製程變數
2. 材料物理特性	・再結晶溫度 ・相變態溫度 ・熔點	
3. 材料機械性質	・加工硬化 ・應變率 ・異向性	

　　板材成形性的試驗方法有很多種,但可概括分為兩類:間接試驗和直接試驗。

1.　間接試驗:或稱本質試驗,主要是量測和成形性相關的材料性質,包括單軸拉伸試驗、平面應變拉伸試驗、Marciniak 張伸試驗、板金扭轉試驗、液壓鼓脹試驗、Miyauchi 剪力試驗、硬度試驗......等。其中單軸拉伸試驗因能提供多項和變形相關的材料性質,故是最普遍的試驗方法。

2.　直接試驗:亦即加工試驗或稱模擬試驗,本試驗可提供針對某一特定製程之模擬過程,通常其特別與材料之表面情況、厚度、潤滑情形、模具幾何形狀有關。因此試驗的方法比本質試驗繁多,其中 Olsen 及 Swift 沖杯試驗,可提供與實際製程相近之結果,故廣泛被採用。除此,尚有彎曲試驗、張伸試驗、引伸試驗、張伸—引伸試驗、皺曲及挫曲試驗、回彈試驗......等試驗。

　　上述模擬試驗如用於形狀或變形複難的零件成形,很難將其試驗結果直接應用於生產中。故在生產中為了解決一些具體問題,例如分析研究材料的流動與變形分佈,以便確定合理的胚料形狀與尺寸、修改模具、改進潤滑或提出改進零件設計的建議,常利用網格應變分析法(Grid strain analysis)及成形極限圖(FLD,Forming limit diagram)來進行直接的成形試驗。這種方法是先在板材胚

料表面印製小圓圈坐標網格，壓製成形後，小圓圈變成橢圓，接著量測極限變形區橢圓的長軸和短軸應變，並分別做爲縱軸和橫軸的坐標數據，即可得到成形極限曲線(FLC，Forming limit curve)，圖 7-6 爲成形極限圖。當板材加工成形後，如果變形在圖上曲線臨界區的下方，零件便能順利沖壓成形；若在臨界區的上方，則零件將發生破裂。由此可見，成形極限圖是判斷和評定板料成形性的最簡便的方法，也是解決板料沖壓問題直接而有效的工具。

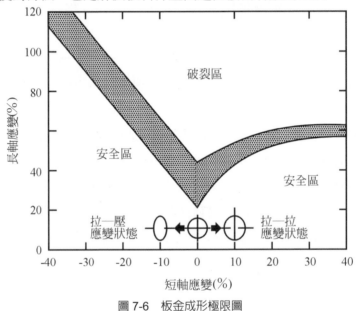

圖 7-6　板金成形極限圖

7-2　沖壓機具

7-2-1　沖壓設備

　　沖壓加工所用的機器謂之沖床(Press)，亦即在單位時間內產生固定大小、方向與位置之壓力，以進行特定沖壓工作的機器。

　　在沖壓加工中，為配合不同加工性質而有不同類型的沖床，依沖床產生動作的方式有人力沖床(Man power press)與動力沖床(Power press)，依滑塊驅動機構數量有單動式(Single action type)、複動式(Double action type)、多動式(Multi action type)等，依機架型式分有凹架沖床(或稱 C 型沖床)(C-frame press)、直壁沖床(Straight slide press)、四柱沖床(Four post press)等，如圖 7-7 所示。

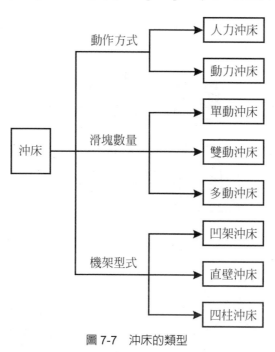

圖 7-7　沖床的類型

　　人力沖床是直接用人的手或腳的力量而使沖床產生動作，因生產效率低，故僅適用於家庭工業之裝配工作及負荷不高的零件加工，如圖 7-8 所示。動力沖床係藉動力作用來驅動沖床以產生沖壓動作。動力沖床主要有機械沖床與液壓沖床兩種，但氣壓沖床及電磁沖床亦是屬於動力沖床。機械沖床是以馬達為動力源，利用飛輪或各式減速齒輪組推動曲軸等機構轉動而驅動沖床之滑塊作上下往復運動，完成各種加工。機械沖床依運動機構的不同有曲軸沖床、偏心沖床、摩擦沖床、肘節沖床、凸輪沖床等。液壓沖床的沖力係由油泵向液壓缸供給，由活塞來推動沖床的滑塊。液壓機構最大的特點是能在全沖程中保持一

定的壓力與速度，而且也可控制滑塊行程與沖床容量限度內任意特點給予最大之壓力。如圖 7-9 及圖 7-10 為機械與液壓式沖床的外觀。表 7-3 為機械沖床與液壓沖床的比較。

　　除了上述普通沖床之外，為配合各種沖壓需求及提昇生產效能，一些特殊的沖床也因應而生，譬如摺床(Press brake)、自動沖壓成形機(Automatic punching and forming machine)，如圖 7-11 及 7-12 所示。

(a)手動沖床　　(b)腳踏沖床

圖 7-8　人力沖床[66]

圖 7-9　機械式沖床的外觀[1]

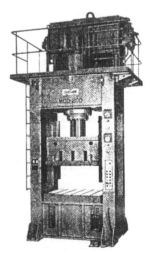

圖 7-10　液壓式沖床的外觀[1]

表 7-3　機械沖床與液壓沖床的比較[38]

項目	機械式沖床	液壓式沖床
沖壓速度	較快	較慢
沖壓噸位數	較小	較大
沖程長度限制	不太長(600～1000mm)	可較長
沖程長度變化	較難變化	容易設定
沖程終點位置	下死點位置正確	終點位置較不一定
加壓速度調整	不能	容易
加壓力調整	不能	容易
加壓力保持	不能	容易
過負荷發生	會	不會
保養難易度	容易保養	費時(尤其是防漏)

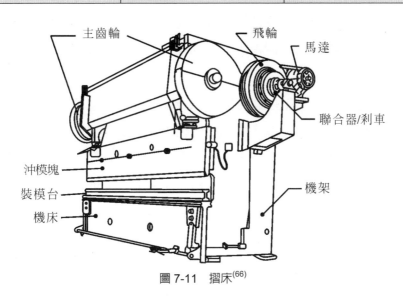

圖 7-11　摺床[66]

圖 7-12　多動沖床[35]

　　沖床規格有很多項，其中主要規格有：公稱壓力、工作能量、沖程長度、沖程數、閉合高度、滑塊調整量、滑塊與床台面積等。

1.　公稱壓力：公稱壓力係指沖床的安全工作能力，其單位以「噸」(Ton)表示。

2.　工作能量：沖壓時每一沖程所消耗功的多寡，其單位以「噸-公釐」(Ton-mm)表示。

3.　沖程長度：沖床滑塊往復運動的長度，其單位以「公釐」(mm)表示。

4.　沖程數：沖床滑塊每分鐘上下往復運動的次數，其單位以「每分鐘沖程數」(Stroke per minute，SPM)表示。

5.　閉合高度：滑塊在最大沖程下，滑塊底面至床台面間的距離，稱為閉合高度，若將滑塊下降至下死點，且沖程長度調到最大，滑塊調到最上極限，此時滑塊底面至床台面間的距離，稱為沖床的最大閉合高度。

6.　滑塊調整量：滑塊本身可往上或往下調節的高低量謂之滑塊調整量，其單位以「公釐」(mm)表示。

7.　滑塊與床台面積：滑塊及床台之長寬總面積。

　　沖床精度可分為靜態精度與動態精度兩類，沖床的靜態精度等級數可分為

特級、一級、二級、三級，如表 7-4 所示，靜態精度檢驗項目有：滑塊與床台的眞平度、滑塊與床台的平行度、滑塊上下運動與床台的垂直度、模柄孔與滑塊底面的垂直度、運動機構之上下總間隙等五大項。沖床的動態精度檢驗項目則可爲：沖床啓動與停止時下死點的變化、迴轉數與下死點變位量的關係、連續運轉時機械發熱所引起的下死點變化、實際加工時滑塊之上下與水平方向的舉動。雖然動態精度才是眞正的精度，但因無法克服技術上及檢驗的困難，故一般仍以靜態精度來規定沖床的檢驗標準。如圖 7-13 爲中國國家標準之沖床「滑塊與床台的眞平度」示例。

表 7-4　沖床的靜態精度等級數[36]

等級	精度說明	用途
特級	精度極爲優越	薄板精密沖剪，高速精密沖剪，特殊用途
一級	精度優越	薄板沖剪，高速沖剪，精密下料
二級	精度良好	一般沖剪，引伸，成形，壓花
三級	精度尙可	一般沖床加工

檢驗項目	檢驗方法	等級	許可差(mm)		
			沖床稱呼能量(噸)		
			50 以下	50 至 250	250 以上
床面或承板之眞平度(橫向與縱向)	以平直定規依縱向及橫向置於中央及兩端各三個位置。每個位置以針盤量規沿平直規定移動，測其尺度差以上三個位置之最大差距爲測定值	特級	$0.005 + \dfrac{0.015}{1000}L_1$	$0.0075 + \dfrac{0.020}{1000}L_1$	$0.01 + \dfrac{0.025}{1000}L_1$
		1 級	$0.01 + \dfrac{0.030}{1000}L_1$	$0.015 + \dfrac{0.040}{1000}L_1$	$0.02 + \dfrac{0.050}{1000}L_1$
		2 級	$0.02 + \dfrac{0.045}{1000}L_1$	$0.03 + \dfrac{0.060}{1000}L_1$	$0.04 + \dfrac{0.075}{1000}L_1$
		3 級	$0.04 + \dfrac{0.060}{1000}L_1$	$0.06 + \dfrac{0.080}{1000}L_1$	$0.08 + \dfrac{0.100}{1000}L_1$

圖 7-13　中國國家標準之沖床「滑塊與床台的真平度」示例[36]

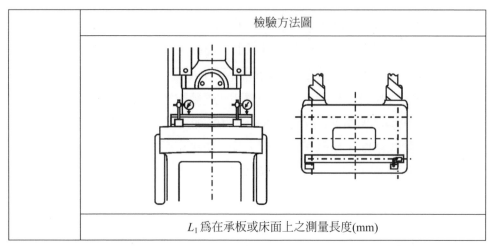

檢驗方法圖
L_1 爲在承板或床面上之測量長度(mm)

圖 7-13　中國國家標準之沖床「滑塊與床台的真平度」示例[36](續)

　　沖壓加工的進行，除了沖床之外尚需有其他周邊設備，以提高生產速度與安全性。

1.　鬆料裝置(Uncoil equipment)：此種裝置主要在於使捲料保持工整，並能使板材依沖壓時序進行鬆料動作。輕負荷係用捲軸架(Coil cradle)，重負荷用則用鬆捲機(Uncoiler)，如圖 7-14 所示。

2.　矯平器(Level equipment)：矯平機的功用在於使長時彎捲的材料能伸展平直，以利材料能平順送入沖模進行沖壓作業，如圖 7-15 所示。

3.　垂弧控制器(Loop control equipment)：因沖床是間歇性的送入矯平後的捲材，因此在供料時必須使材料垂弧能在某一範圍下降與停止，此時垂弧控制器就扮演這種控制的角色，如圖 7-16 所示。

4.　供給裝置(Feeder)：將胚料送入模具區的供給機構有滾輪式與夾爪式兩種，如圖 7-17 所示，又圖 7-18 係目前常用的空氣驅動的夾爪裝置。

5.　安全裝置(Safety equipment)：如表 7-5 所示爲用以保護沖床作業人員安全的安全裝置種類，圖 7-19 至圖 7-22 爲幾種重要安全裝置。

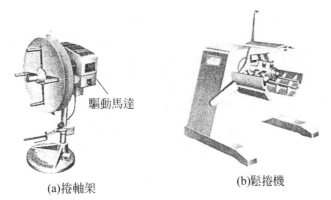

(a)捲軸架　　　(b)鬆捲機

圖 7-14　鬆料裝置[38]

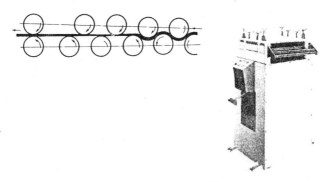

圖 7-15　矯平器[66]

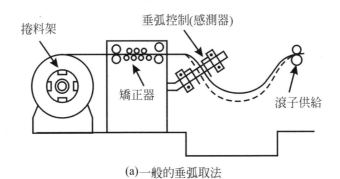

(a)一般的垂弧取法

圖 7-16　垂弧控制器[40]

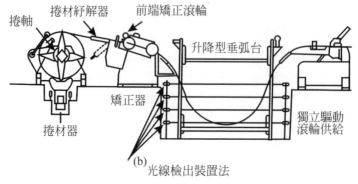

(b) 光線檢出裝置法

圖 7-16　垂弧控制器[40](續)

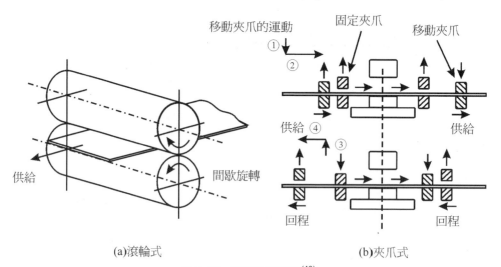

(a)滾輪式

(b)夾爪式

圖 7-17　沖床供給裝置[40]

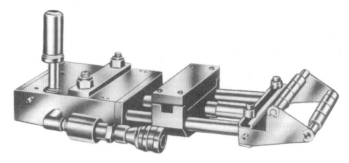

圖 7-18　空氣驅動的夾爪裝置[67]

表 7-5　沖床的安全裝置[40]

分類形式		種類
1	使手不能伸入沖模加工位置方式	1. 重力送料 2. 推進器 3. 自動送料 4. 圍護欄
2	如手置於沖模加工位置時，則離合器不作動方式	1. 閘門護欄 2. 兩手操作裝置 3. 兩手按鈕裝置 4. 光電式裝置
3	以機械式將手從模具位置撥出方式	1. 旋刮護具 2. 拉開裝置 3. 彈上裝置
4	手工具	1. 吸盤式 2. 電磁鐵 3. 夾鉗

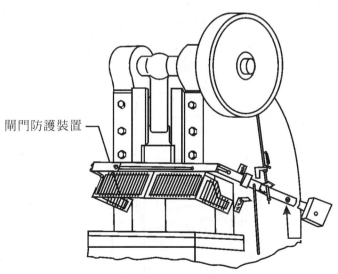

閘門防護裝置

圖 7-19　閘門式沖床安全裝置[36]

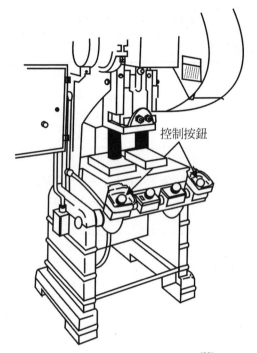

控制按鈕

圖 7-20　雙按鈕沖床安全裝置[68]

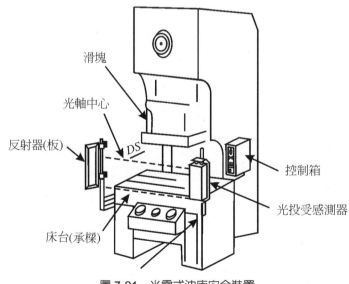

滑塊

光軸中心

反射器(板)

DS

控制箱

光投受感測器

床台(承樑)

圖 7-21　光電式沖床安全裝置

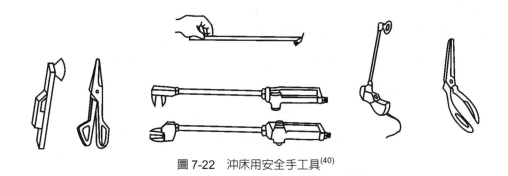

圖 7-22　沖床用安全手工具[40]

7-2-2　沖壓模具

沖壓模具(Stamping die)係指於沖壓加工中,為製成所需工件而將各種相關配件組合在一起所形成的整套工具。由於沖壓成品的不同或使用沖壓機具及材料的種類互異,故模具的種類繁多,且變化無窮,模具的分類方法有很多種,有按產品加工方法而分,亦有按完成工序數。茲簡述如後:

一、依產品加工方法而分

1. 沖剪模具(Shearing die):以剪切作用完成工作的模具,常用的形式有剪斷沖模、下料沖模、沖孔沖模、修邊沖模及整緣沖模等。

2. 彎曲模具(Bending die):將平面胚料彎成一個角度的模具,常用的形式有一般彎曲沖模、捲邊沖模及扭曲沖模等。

3. 引伸模具(Drawing die):將平面胚料製成有底無縫容器的模具。常用的形式有引伸沖模、伸展成形沖模及引縮沖模等。

4. 壓縮模具(Compressing die):利用強大的壓力,使金屬胚料流動變形,成為所需形狀的模具。常用的形式有端壓沖模、擠製沖模、壓花沖模及壓印沖模等。

5. 成形模具(Forming die):用各種局部變形的方法來改變胚料形狀的模具。常用的形式有圓緣沖模、鼓脹沖模、頸縮沖模及孔凸緣沖模等。

二、依一付模具能完成之工序數而分

1. 單工程模具：或稱簡單沖模(Simple die)：係每一沖程僅能作一單獨操作的模具。(如圖 7-23)。

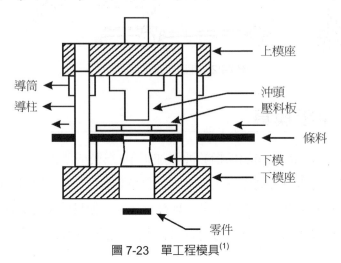

圖 7-23　單工程模具[1]

2. 多工程模具：或稱組合模具(Combination die)：係將數個單工程沖模組合在一起，使每一沖程能同時完成數種操作的模具。由於組合方式不同又可區分為二種：

   (1) 複合沖模(Compound die)：在不改變胚料位置，使每一沖程同時完成兩個或兩個以上的不同操作之模具。(如圖 7-24)。

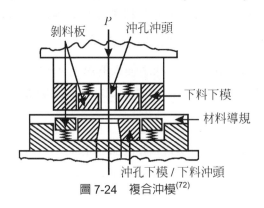

圖 7-24　複合沖模[72]

(2) 連續沖模(Progressive die)：又稱級進沖模，係在每一沖程中將胚料從
一個位置移至次一個位置，以完成兩個或兩個以上操作之模具。(如
圖 7-25)。

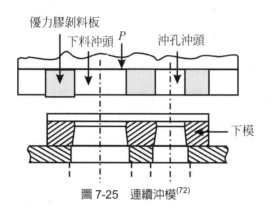

圖 7-25　連續沖模[72]

　　另外，如圖 7-26 所示係胚料藉傳遞機構在四個工作站(引伸、再引伸、沖
孔、整緣)傳遞而完成製品的傳遞沖模(Transfer die)。

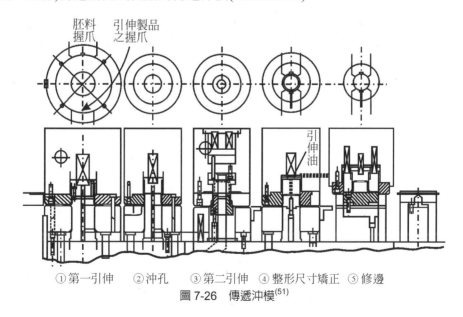

①第一引伸　②沖孔　③第二引伸　④整形尺寸矯正　⑤修邊

圖 7-26　傳遞沖模[51]

　　沖模依需要不同，構造繁簡各異，如圖 7-27 為沖模的構造示例，其組成零件可大致分為工作用零件及構造用零件兩類：

1.　工作用零件：在沖壓過程中與材料接觸，而且有直接作用的零件

　　(1)　工作零件：幫助工件達成加工要求的零件，如沖頭、下模等。

　　(2)　定位導料零件：在沖壓進行中，使胚料正確導引定位的零件，如固定式定位止檔、先導桿等。

　　(3)　壓料及出料零件：壓料零件是在沖壓進行時將料條加壓夾持，以維持其定位，出料零件則是在沖壓完成後，協助工件廢料脫離模具，如壓料板、剝料板等。

2.　構造用零件：在模具結構上有安置及裝配作用的零件

　　(1)　支持及夾持零件：安裝模具本身的工作零件，或是用來傳遞工作壓力的零件，如沖頭固定板、均力板等。

　　(2)　導向零件：引導上下模工作時運動定向的零件，如模座上的導桿、襯套等。

　　(3)　固定用零件：將模具各個零件定位鎖緊的零件，如螺釘、定位銷。

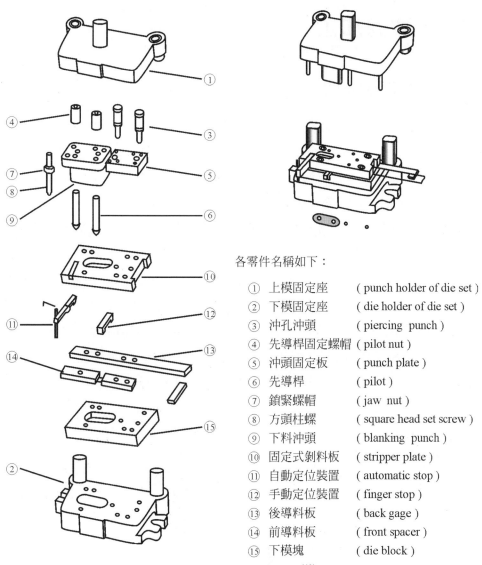

各零件名稱如下：

① 上模固定座　　（ punch holder of die set ）
② 下模固定座　　（ die holder of die set ）
③ 沖孔沖頭　　　（ piercing punch ）
④ 先導桿固定螺帽（ pilot nut ）
⑤ 沖頭固定板　　（ punch plate ）
⑥ 先導桿　　　　（ pilot ）
⑦ 鎖緊螺帽　　　（ jaw nut ）
⑧ 方頭柱螺　　　（ square head set screw ）
⑨ 下料沖頭　　　（ blanking punch ）
⑩ 固定式剝料板　（ stripper plate ）
⑪ 自動定位裝置　（ automatic stop ）
⑫ 手動定位裝置　（ finger stop ）
⑬ 後導料板　　　（ back gage ）
⑭ 前導料板　　　（ front spacer ）
⑮ 下模塊　　　　（ die block ）

圖 7-27　沖模的構造示例[(40)]

7-3 沖剪加工

7-3-1 沖剪原理

　　沖剪加工(Shearing)是利用模具使板料產生剪斷分離，以得所需形狀及尺寸工件的加工方法。剪切的原理是由模具的壓力迫使材料產生拉伸及壓縮應力，如圖 7-28 所示，當材料受到外加應力作用而超過彈性限度，由彈性變形進入塑性變形而終至斷裂。因此，沖剪過程可大略分成三個階段，即(1)彈性變形階段(2)塑性變形階段(3)斷裂分離階段，如圖 7-29 所示，當沖頭向下開始接觸材料後，先將胚料壓平並逐漸有深入模穴的趨向，此時材料所受拉應力與壓應力也隨之增大而達到彈性限，如圖之 B 點。當沖頭繼續下壓時，胚料被擠入模孔內，其應力超過降伏應力至極限強度(UTS)之間，此時胚料已緊貼沖頭與模穴壁而產生塑性變形，如圖之 D 點。又沖頭再繼續下壓，其應力超過極限強度(UTS)，胚料就開始在沖頭與模穴刃口邊緣處產生微裂痕，其後裂痕逐漸向刃口擴散，當上下兩裂痕相遇重合時，胚料就被撕斷分離。

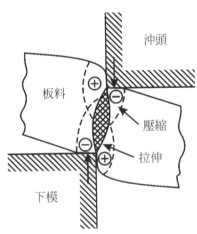

圖 7-28　沖剪時胚料內的應力[1]

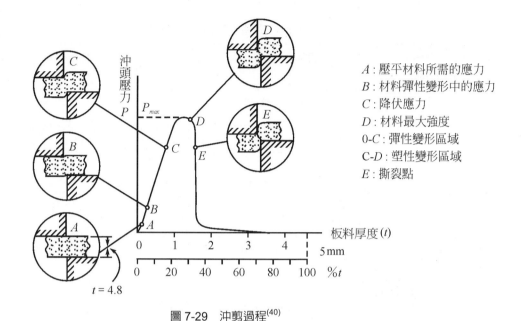

A：壓平材料所需的應力
B：材料彈性變形中的應力
C：降伏應力
D：材料最大強度
$0\text{-}C$：彈性變形區域
$C\text{-}D$：塑性變形區域
E：撕裂點

圖 7-29　沖剪過程[40]

　　沖剪後工件的切斷面可分為擠壓面(Rollover plane)、剪斷面(Burnish plane)、撕裂面(Fracture plane)及毛邊(Burr)四部份，如圖 7-30 所示，這四部份的比例，隨著板料種類、模具利鈍及模具間隙等不同而異。(表 7-6 為各種沖剪斷面的特性)

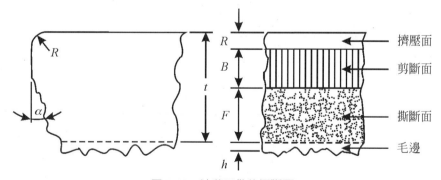

圖 7-30　沖剪工件的切斷面

表 7-6　各種沖剪斷面的特性[15]

分類依據 \ 類別			I	II	III
沖剪件斷面品質	沖剪斷面特徵		毛邊一般　α小　剪切面小　擠壓面小	毛邊小　α中　剪切面中等　擠壓面中等	毛邊一般　α大　剪切面小　擠壓面大
	擠壓面高度 R		(4～7)%t	(6～8)%t	(8～10)%t
	剪切面高度 B		(35～55)%t	(25～40)%t	(15～25)%t
	撕裂高度 f		小	中	大
	毛邊高度 h		一般	小	一般
	斷裂角 α		4°～7°	>7°～8°	>8°～11°
製品精度	平面度		稍小	小	較大
	尺寸精度	下料件	接近下模穴尺寸	稍小下模穴尺寸	小於下模穴尺寸
		沖孔件	接近沖頭尺寸	稍大於凸模尺寸	大於沖頭尺寸
模具壽命			較低	較長	最長
消耗	負荷與能量	沖剪力	較大	小	最小
		剝料力	較大	最小	小
		沖剪功	較大	小	稍小
適用場合			製品斷面品質、尺寸精度要求高時，採用小間隙。沖模壽命較短	製品斷面品質、尺寸精度一般要求時，採用中等間隙。因殘留拉力小，能減少破裂現象，適用於繼續塑性變形的工件	製品斷面品質、尺寸精度要求不高時，應優先採用大間隙，以利於提高沖模壽命

1.　板料種類：一般而言，沖剪硬脆材料所得斷面，以撕裂面所占比率較大，而擠壓面、剪斷面及毛邊則較小。反之，軟質材料則是擠壓面、剪斷面及毛邊則較大，而撕裂面所占比率較小。

2.　模具利鈍：當模具刃口變鈍時，擠壓面與毛邊會增加，而且若沖頭的刃口變鈍時，則毛邊在料片上，若是下模模穴的刃口變鈍，則毛邊發生在孔的周圍。

3.　模具間隙：所謂模具間隙(Clearance)係指沖頭與模孔間的單邊間距，如圖 7-31 所示。而如圖 7-32 及圖 7-33 為模具間隙對切斷面的影響，當間隙不足時，擠壓面、撕裂面及毛邊比正確的間隙為小，且切斷面上產生兩個剪斷面。若間隙太大，則剪斷面比正確的間隙為小，且擠壓面、撕裂面及毛邊比正確的間隙為大。間隙不足雖可得到較平整光滑的切斷面，但是沖剪壓力需較大，間隙過大，則切斷面傾斜度大而不齊，毛邊也大，成品的精度也較差，但所需的沖剪壓力較小。

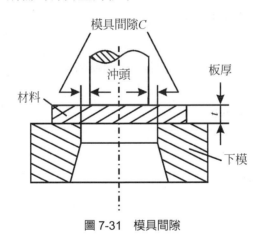

圖 7-31　模具間隙

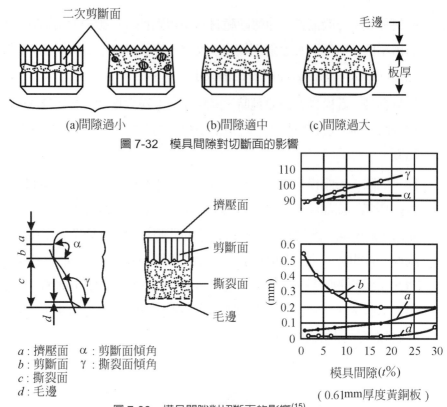

圖 7-32　模具間隙對切斷面的影響

a：擠壓面　α：剪斷面傾角
b：剪斷面　γ：撕裂面傾角
c：撕裂面
d：毛邊

圖 7-33　模具間隙對切斷面的影響[15]

7-3-2　沖剪負荷

　　沖剪負荷是沖剪加工過程的最大阻力，它是負荷-沖程曲線的峰值，更是合理選用沖壓設備噸位數與模具強度設計的重要依據。沖剪加工所需的負荷，通常與板料的抗剪強度、沖剪周圍尺寸、板料厚度等因素有關。一般可由下列公式計算：

$$F = L \times t \times \sigma_s$$

　　上式中，F =沖剪負荷，L =沖剪周圍長度，t =板料的厚度，σ_s =板料的抗剪強度(如表 7-7)。

沖剪所需的功則可由下列公式計算：

$$W = F \times d = F \times t \times f$$

上式中，W =沖剪所需的功，F =沖剪負荷，d =負荷作用的距離(即材料斷裂前撕裂的厚度)，

t =板料的厚度，f =沖頭咬入率(即材料破斷前沖頭壓入材料中的深度與其厚度的比值，如表 7-8 所示)。

例：設有一厚度為 2mm 的銅板，預以沖壓法沖出一直徑為 100 的圓孔，試求所需的沖剪負荷及沖剪功。(假設查表 7-7 及表 7-8 後得知其抗剪強度為 20kg/mm^2，沖頭咬入率為 0.70)

解：由公式 $F = L \times t \times \sigma_s$

故 $F = \pi \times d \times t \times \sigma_s = 3.14 \times 100 \times 2 \times 20 = 12560\text{kg}$

又由公式 $W = F \times d = F \times t \times f = 12560 \times 2 \times 0.7 = 17584$ mm-kg

表 7-7　各種材料的抗剪強度與抗拉強度[40]

材料	抗剪強度(kg/mm^2)		抗拉強度(kg/mm^2)	
	軟	硬	軟	硬
鉛	2～3		2.5～4	
錫	3～4		4～5	
鋁	7～9	13～16	8~12	17～22
杜拉鋁	22	38	26	48
耐蝕鋁	12	20		
鋅	12	20	15	25
銅	18～22	25～30	22～28	30～40
黃銅	22～30	35～40	28～35	40～60

表 7-7　各種材料的抗剪強度與抗拉強度[40](續)

材料	抗剪強度(kg/mm^2)		抗拉強度(kg/mm^2)	
	軟	硬	軟	硬
磷青銅	32～40	40～60	40～50	50～70
鈹銅	35～45	48～68		
白銅(洋銀)	28～36	45～56	35～45	55～70
銀	32	40		45
熱軋鋼板 SPN	26 以上		28 以上	
冷軋鋼板 SPC	26 以上		28 以上	
引伸用鋼板	30～35		32～38	
構造用鋼板 SS34	27～36		33～44	
構造用鋼板 SS41	33～42		41～52	
鋼板	45～50	55～60		60～70
碳鋼 0.1%C	25	32	32	40
碳鋼 0.2%C	32	40	40	50
碳鋼 0.3%C	36	48	45	60
碳鋼 0.4%C	45	56	56	72
碳鋼 0.6%C	56	72	72	90
碳鋼 0.8%C	72	90	90	110
碳鋼 1.0%C	80	105	100	130
矽鋼板	45	56	55	65
不銹鋼	52	56	65～70	
鎳	25		44～50	57～63
皮革	0.6～0.8			
雲母 0.5mm	8			
雲母 2mm 厚	5			
纖維	9～18			
熱硬化性樹脂	10～13			

表 7-8　沖頭咬入率(%)[40]

板材種類 ＼ 板材厚度	板材厚度(mm)			
	<1.0	1.0〜2.0	2.0〜4.0	>4.0
軟鋼(σ_S= 25–30kg/mm^2)	75〜70	70〜65	65〜55	50〜40
中碳鋼(σ_S= 35–50kg/mm^2)	65〜60	60〜55	55〜48	45〜35
硬鋼(σ_S= 50–70kg/mm^2)	50〜47	47〜45	44〜38	35〜25
鋁、銅	80〜75	75〜70	70〜60	65〜50

在沖剪加工的製程規劃中，有時候須配合需求採取一些措施將沖剪負荷降低：

1. 階梯沖頭的設計：將一付模具上的沖頭設計成不同長度，使沖頭於沖剪時不同時間接觸胚料，如此即可避免各沖頭的最大負荷同時出現，因而降低整體需求的沖剪負荷，如圖 7-34 所示。

2. 剪斜角的設計：在沖頭或下模上設置剪斜角(Angle of shear)可使沖剪以局部漸進方式進行，以降低沖剪負荷及衝擊作用。但剪斜角會使沖剪材料產生彎曲變形，故沖孔時，剪斜角應設計在沖頭，下料時，剪斜角則要設計在下模，如圖 7-35 及圖 7-36 所示。

3. 加熱沖剪：材料經加熱後得抗剪強度會明顯下降，因此可有效降低沖剪負荷，但因氧化皮產生等問題，故僅用於厚板及精度不高的工件。

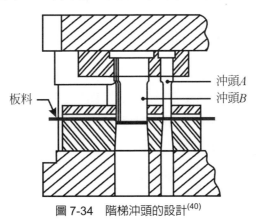

圖 7-34　階梯沖頭的設計[40]

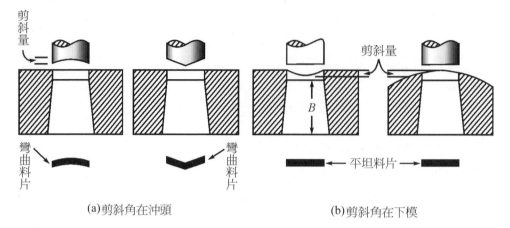

(a)剪斜角在沖頭　　　　　　　　　　(b)剪斜角在下模

圖 7-35　剪斜角的設計[15]

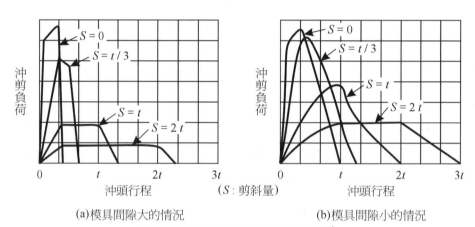

(a)模具間隙大的情況　　　　　　　　(b)模具間隙小的情況

圖 7-36　剪斜角與沖剪負荷的關係[40]

7-3-3　胚料之沖剪排列

在沖剪加工中，材料費用常占成本一半以上，因此，如何節省材料以降低成本，是沖剪製程與模具設計的重要課題。通常係以材料利用率(Stock utilization)作爲衡量材料經濟利用的指標，而所謂材料利用率是指零件面積或重量對胚料面積或重量的百分比，即

$$S_u = \frac{A_w}{A_b} \times 100\% = \frac{W_w}{W_b} \times 100\%$$

上式中 S_u =材料利用率，A_w =零件面積，A_b =胚料面積，W_w =零件重量，W_b 是胚料重量。

一般可由下列途徑達到經濟用料的目標(如圖 7-37)，其中又以胚料排列最具重要性：

1. 研討最佳胚料排列：沖剪製品在料條上的佈置方式稱為胚料排列，排列方式有很多種，如表 7-9 所示，另圖 7-38 所示三種胚料排列方式，以第三種之材料利用率達 75.7%最高。

2. 變更製品形狀：在保證製品的主要要求之下，若經適度修改製品形狀，而能獲得較佳的胚料排列，或可使材料之廢料降低，而提高材料利用率，如圖 7-39 所示。

3. 廢料再利用：若是廢料無可避免，則應思考可否將原先沖剪出的廢料成為另一較小尺寸的製品，如圖 7-40 所示。

4. 減小廢邊或架橋裕量：將製品與料條邊或製品與製品間的架橋裕量減到允許的最小量甚至考慮零廢邊的可行性，如圖 7-41 所示。

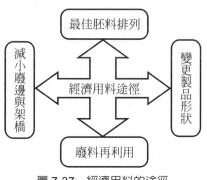

圖 7-37　經濟用料的途徑

表 7-9　各種胚料排列示例[15]

	有廢料排列	少或無廢料排列
直式排列	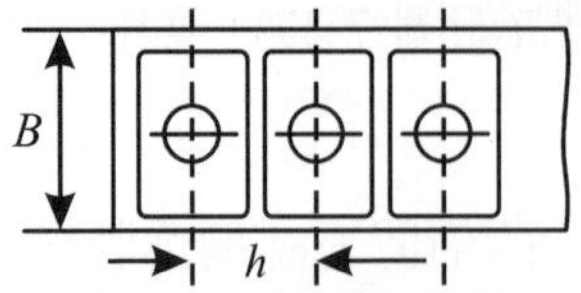	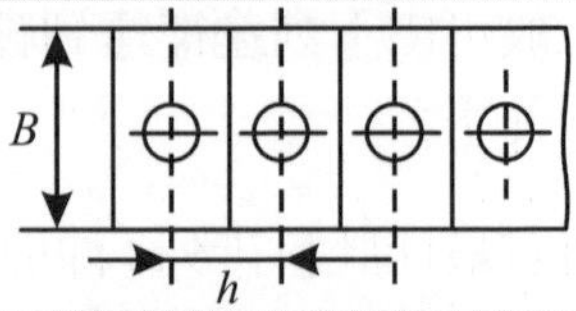
傾斜排列	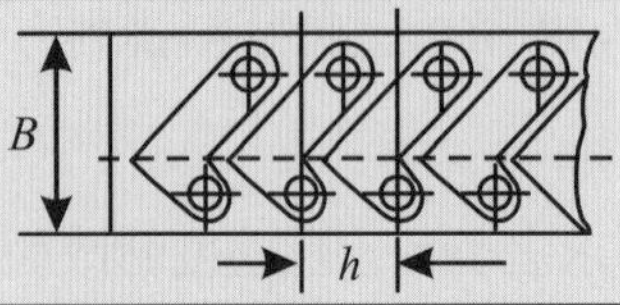	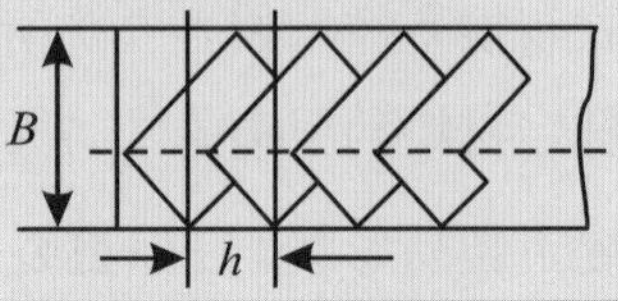
直對排列	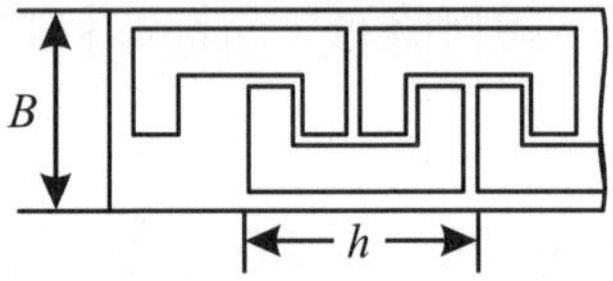	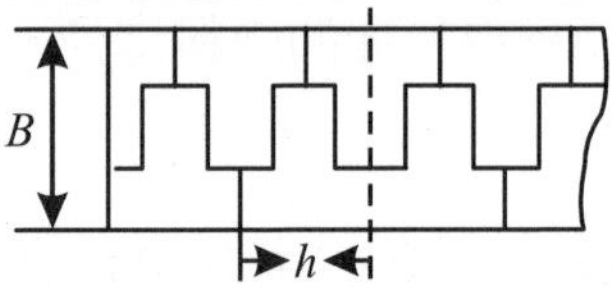
斜對排列	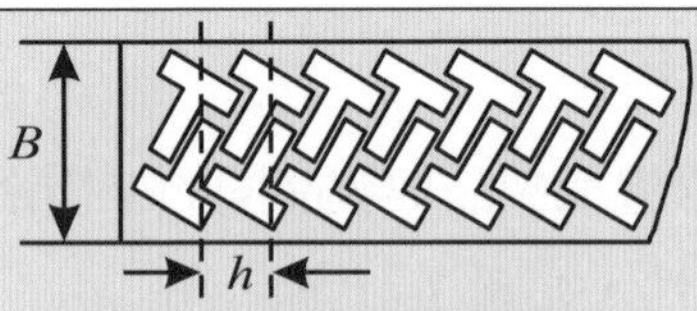	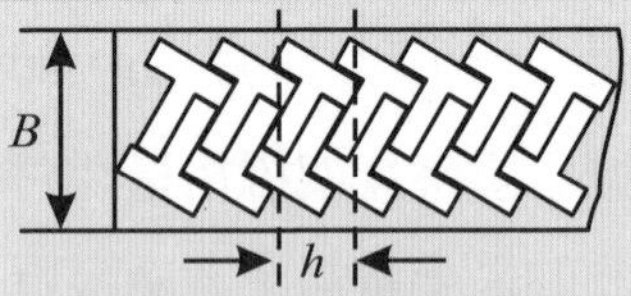
混合排列	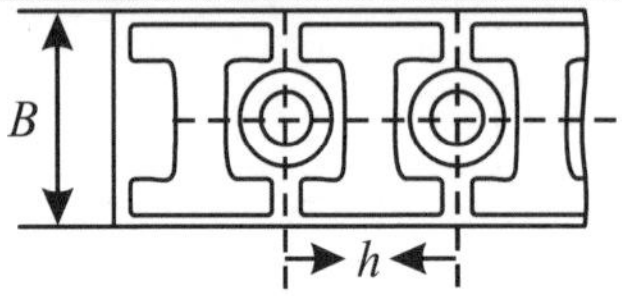	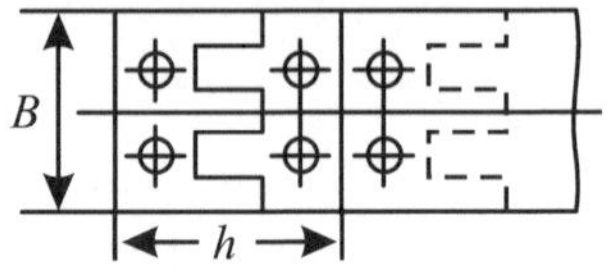
多行排列	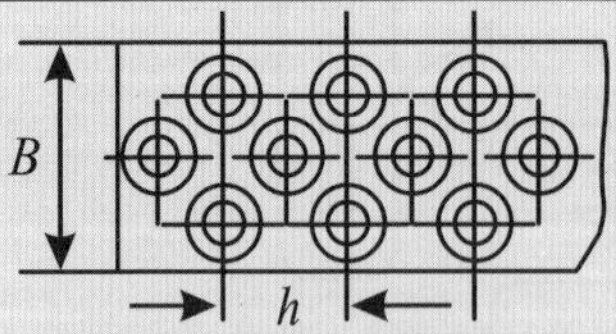	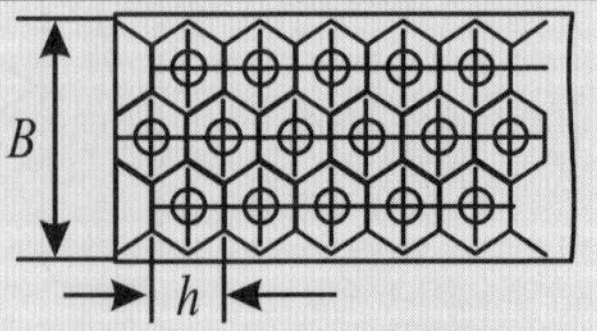
沖剪架橋	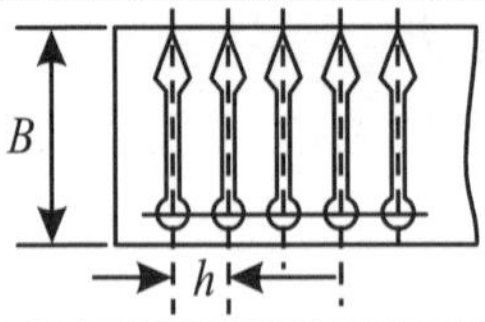	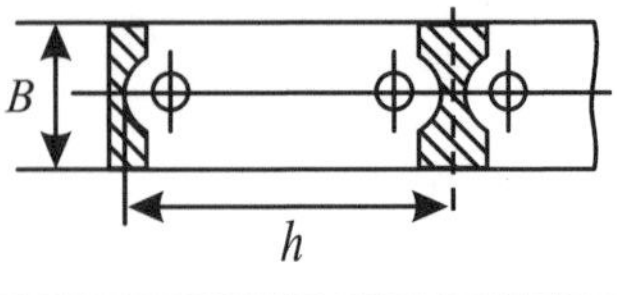

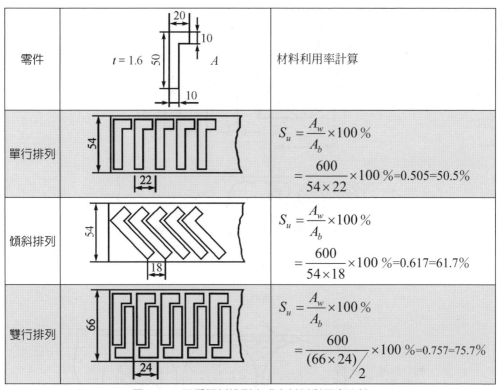

圖 7-38　三種胚料排列方式之材料利用率比較

零件	（圖）	材料利用率計算
單行排列	（圖）	$S_u = \dfrac{A_w}{A_b} \times 100\,\%$ $= \dfrac{600}{54 \times 22} \times 100\,\% = 0.505 = 50.5\%$
傾斜排列	（圖）	$S_u = \dfrac{A_w}{A_b} \times 100\,\%$ $= \dfrac{600}{54 \times 18} \times 100\,\% = 0.617 = 61.7\%$
雙行排列	（圖）	$S_u = \dfrac{A_w}{A_b} \times 100\,\%$ $= \dfrac{600}{(66 \times 24)\big/2} \times 100\,\% = 0.757 = 75.7\%$

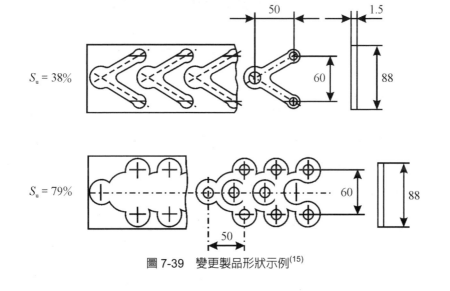

圖 7-39　變更製品形狀示例[15]

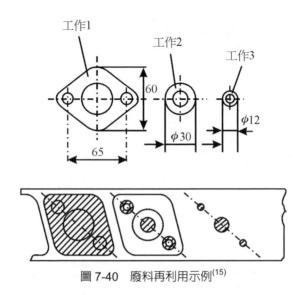

圖 7-40　廢料再利用示例[15]

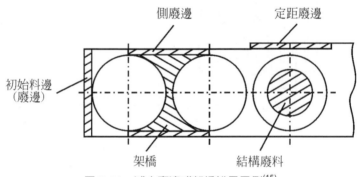

圖 7-41　減小廢邊或架橋裕量示例[15]

7-3-4　沖剪加工精度控制

　　沖剪製品的精度可如圖 7-42 所示，分為形狀精度與尺寸精度兩類，前者包括沖剪切斷面形狀與彎曲變形程度，後者包括下料的外徑尺寸、沖孔的孔徑尺寸及其他之真圓度等。

　　沖剪切斷面形狀的影響在 7-3-1 已有闡述，於此不再贅述。

　　因受沖剪過程之彎曲力矩作用,使材料彎曲變形之後才被剪斷,因此製品會殘留部份彎曲而影響其精度,如圖 7-43 為模具間隙與彎曲深度的影響,通常間隙越大,彎曲深度也越大,但有時在小間隙的情況,因沖剪料片比模穴孔徑大,料片對模穴側壁有擠壓作用,也會出現較大的彎曲深度。又如圖 7-44 所示,彎曲深度也受材料特性的影響,應變硬化指數愈大,其彎曲變形深度也愈大。

　　沖頭與下模的偏心亦會對尺寸精度有影響,偏心量愈大或是材料抗拉強度愈大時,其真圓度也愈差,如圖 7-45 所示。

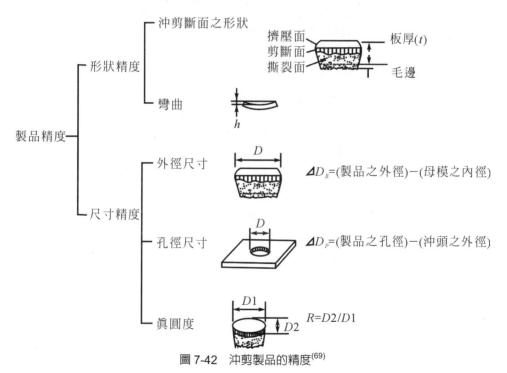

圖 7-42　沖剪製品的精度[69]

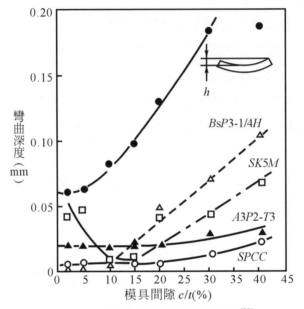

圖 7-43　模具間隙與彎曲深度的影響[69]

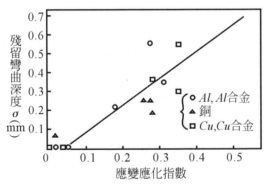

圖 7-44　材料應變硬化指數對彎曲深度的影響[69]

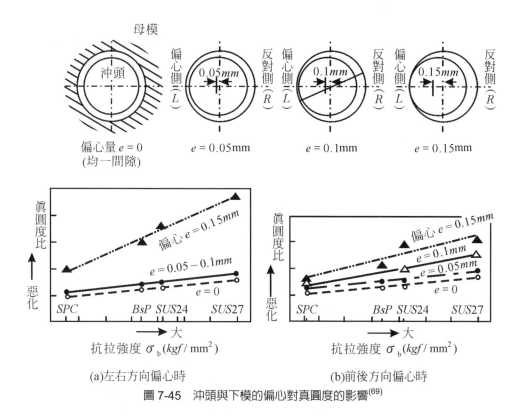

圖 7-45　沖頭與下模的偏心對真圓度的影響[69]

　　沖剪加工的操作有很多種：切斷 (Parting)、下料 (Blanking)、沖孔 (Piercing)、沖口(Notching)、整緣(Trimming)及修邊(Shaving)等，如表 7-10 所示。其中以沖孔與下料最具代表性，兩者之操作類似，但其目的不同，要求也不一樣。下料時，其料片尺寸會增加，其原因有二：(1)因沖頭下壓時，胚料受壓力狀態，於脫離下模穴後，周圍材料向外伸展，(2)沖剪時，刃口摩擦力對胚料產生彎曲力矩，當胚料脫離後，力矩消失，恢復平直狀態而使胚料尺寸略增。沖孔時孔徑會縮小，係因沖孔之廢料脫離模穴後，原先受壓力狀態之孔徑周圍，將向孔穴方向擴展，使孔因縮收而孔徑變小。總之，沖孔是要得到精確的孔徑，因此模具是以沖頭為設計基準，根據孔徑的尺寸(含大小公差、彈回量、磨耗量等)先求出沖頭的尺寸，再加二倍模具間隙以獲得下模模口尺寸。下料則是要求料片精度，因此是依據料片尺寸求出模口大小，再減去二倍模具間隙以獲得沖頭尺寸，如圖 7-46 所示。

例：欲在金屬片上以沖壓法沖出一圓形金屬片，金屬圓片之理想尺寸為 ϕ25mm，金屬片的彈回量為直徑之 0.1％，沖頭與模穴間之最佳間隙(半邊)為 0.005mm，求模穴與沖頭的理想尺寸為多少？

解：「模穴尺寸決定下料尺寸」且一般料片離開模穴係由於彈回作用而變大。

彈回量 = 25×0.1％=0.025

模穴理想尺寸 = 25 − 0.025 = 24.975mm

沖頭尺寸 = 模穴尺寸 − 雙邊間隙

$\qquad$ = 24.975 − 2(0.005)

$\qquad$ = 24.965mm

表 7-10　沖剪加工的基本操作法[1]

項目	名稱	示意圖	意義
1	切斷		將材料與胚料依敞開的輪廓分離
2	下料		將材料與胚料以封閉的輪廓分離開，得到平的零件或其他零件
3	沖孔		將零件內的材料以封閉的輪廓分離開的方法來得到孔
4	沖口		在材料的端邊沖剪開口槽
5	整緣		將平板、中空件或立體實心件不平順的或多餘的外邊去掉
6	修邊		將平板外緣預留的加工留量去掉，求得準確的尺寸、尖的邊緣和光滑垂直的剪斷面

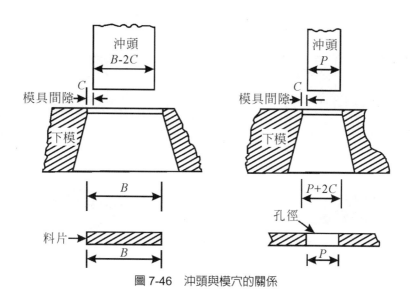

圖 7-46　沖頭與模穴的關係

7-3-5　精密下料法

　　普通下料法很難獲得光平整齊的切斷面，因此各種促使切斷面平滑整齊的下料方法也就因應而生，如表 7-11 所示，其中以精密下料(Fine blanking)最常用。

　　精密下料時，板料承受三種不同壓力：(1)下料力(Blanking force)(2)V 環壓力(V-ring force)(3)對向壓力(Counter force)，如圖 7-47 所示。精密下料與普通下料法主要不同點有三：

1.　精密下料係使用三動沖床，以產生下料、V 環壓緊、及對向三個力量。

2.　精密下料的模具間隙很小，約在 0.5％以下或零，如此小的間隙可以防止撕裂發生，而獲得光滑的切斷面。

3.　精密下料模具上有 V 形環，以限制板料之金屬流動，以免產生彎曲。

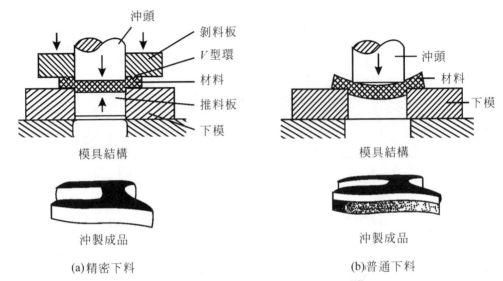

(a)精密下料　　　　　　　　　　(b)普通下料

圖 7-47　精密下料與普通下料法的比較[15]

表 7-11　精密沖剪加工法[1]

方法	圖示	說明
精密下料		零模具間隙(總間隙值約為材料厚度 1%以下)，以 V 型環壓入材料以防止破裂
對向下料		以突起部押入材料，再以沖頭切斷而下料
上下下料		上沖頭下沖頭一半後，再由下沖模沖離零件成品

表 7-11　精密沖剪加工法[1](續)

方法	圖示	說明
剃光加工	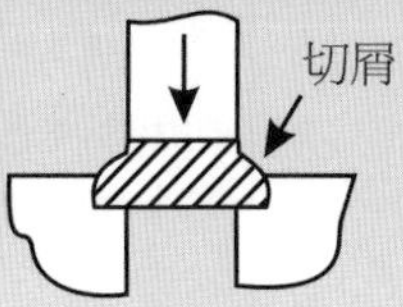	下料製品之撕裂面經剃光加工而得到光整
光製加工	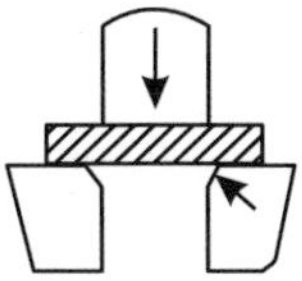	零模具間隙(總間隙值約為材料厚度 1%)；切刃口須圓角以防破裂發生

7-4　彎曲加工

7-4-1　彎曲的原理

　　將板材等胚料彎成一定曲率、角度與形狀的沖壓加工稱之為彎曲(Bending)。彎曲可以是利用模具在沖床進行之沖彎，亦可用滾彎、折彎或拉彎，如表 7-12，尤其以第一種最常用。

表 7-12　彎曲的方式[15]

方式	圖例	特點
壓彎	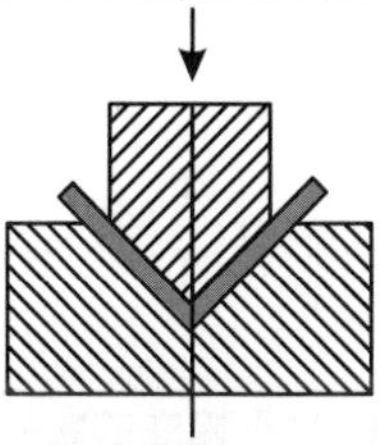	板材在沖床或摺床上的彎曲
拉彎	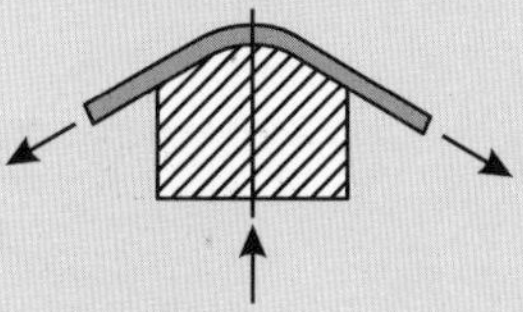	在拉力作用下進行彎曲半徑大(曲率小)彎曲

表 7-12　彎曲的方式[15](續)

方式	圖例	特點
滾彎		利用 2~4 個滾輪，進行大曲率半徑的彎曲
折彎		胚料一端固定，另一端隨工具旋轉而將之彎曲

　　如圖 7-48 所示為以 V 形彎曲為例的彎曲過程，隨著上模的下壓，板料經過彈性彎曲後，塑性彎曲由胚料的表面向內部逐漸增多，胚料的直邊與下模面逐漸靠緊，上模繼續下降，胚料彎曲區域逐漸減小，在彎曲區域的橫截面上，塑性彎曲的區域增多，俟板料與上模三點接觸時，彎曲半徑變小；胚料的直邊部分向外彎曲，到行程完成時，上、下模對板料進行校整，板料的彎曲半徑及彎曲臂達到最小值，胚料與上下模緊靠，得到所需要的彎曲件。因此，整個彎曲過程可分為彈性彎曲階段、彈塑性彎曲階段、純塑性彎曲階段，如圖 7-49 所示為各階段的切向應力分佈。

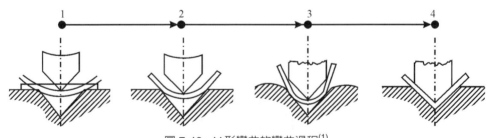

圖 7-48　V 形彎曲的彎曲過程[1]

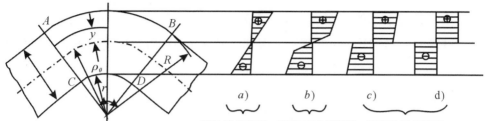

a)　　　b)　　　c)　　　d)

彈性彎曲階段　彈塑性彎曲階段　純塑性彎曲階段

圖 7-49　彎曲過程三階段的切向應力分佈[15]

　　板料彎曲時，板厚斷面內的應力及應變分佈狀況如圖 7-50 所示，中立面 (Neutral plane)是應變量等於零的一個假想曲面，可稱之為應變中立面，在中立面外側產生拉伸應力及應變，內側則產生壓縮應力及應變。在塑性彎曲時的應變中立面位置是位於

$$\rho_\varepsilon = (\frac{r}{t} + \frac{k}{2}) \times k \times t = (r + \frac{1}{2}k \times t)$$

　　上式中　ρ_ε =應變中立面的曲率半徑，r =彎曲後的內側半徑，t =板厚，k =變薄係數。

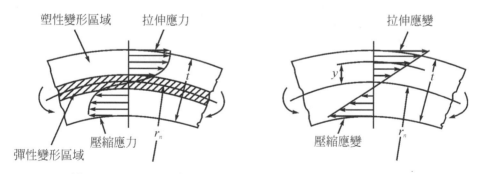

(a)板厚斷面內的應力分佈　　　　　(b)板厚斷面內的應變分佈

圖 7-50　板厚斷面內的應力及應變分佈狀況[48]

　　在彈性彎曲或彎曲變形程度較小時，應力中立面與應變中立面是相重合，位於板厚中央，但當彎曲變形程度較大時，應力中立面與應變中立面皆由板厚的中央向內側移動，而且應力中立面的位移大於應變中立面的位移。

又在板寬較小的彎曲加工中,在彎曲處的板厚會減小,中立面內側會變寬,外側則變窄,因而內外側均呈現翹曲變化。而在板寬較大的彎曲中,板厚也會變薄,但斷面幾乎沒有畸變,因橫向的變形被寬度大的材料抵抗力所阻止。換言之,在窄板彎曲時,中立面內、外側的應變狀態是立體的,而應力狀態則是平面的,而寬板彎曲時,中立面內、外側的應變狀態是平面的,而應力狀態則是立體的,如圖 7-51 所示。

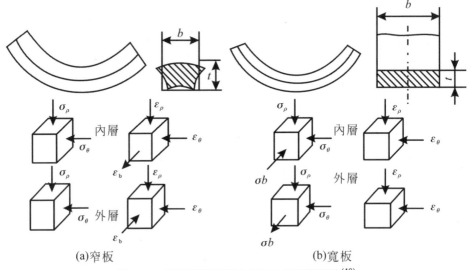

(a)窄板　　　　　　　　　　(b)寬板

圖 7-51　窄板與寬板彎曲的應力及應變狀態[46]

7-4-2　最小彎曲半徑

如圖 7-49 所示,板料應變中立面的曲率半徑為 ρ_θ,內側邊緣彎曲半徑為 r,外側邊緣彎曲半徑為 R,板料強度係數 K,板料應變硬化指數 n,距離中立面為處其切向應變 $\varepsilon_\theta = \dfrac{y}{\rho_0}$, ε_θ 與 y 值成正比,因此在彎曲區域內外邊緣的切向應變 ε_θ 及切向應力 σ_θ 為最大,可以下列公式表示:

$$\varepsilon_\theta = \pm \frac{t/2}{\rho_0} = \pm \frac{t/2}{r + t/2} = \frac{1}{2r/t + 1}$$

$$\sigma_\theta = K(\varepsilon_\theta)^n = \pm (\frac{1}{2r/t + 1})^n$$

亦即板料彎曲時，因最外側沿著切線方向受到最大拉伸變形，而相對彎曲半徑(r/t)愈小，變形程度也就愈大，當相對彎曲半徑減小到使外側層瀕臨拉裂時，此種極限狀態下的相對彎曲半徑稱為最小彎曲半徑(Minimum bending radius)。

影響板材最小彎曲半徑的因素主要有：(表7-13為各種材料的最小彎曲半徑)

1. 彎曲角度：彎曲角度愈大，外側之拉伸應變愈大，愈容易發生裂紋，此時其最小彎曲半徑較大。

2. 材料性質：材料的延性會影響最小彎曲半徑，延性較差者，其最小彎曲半徑需較大。

3. 材料表面：在彎曲部位外側之表面若有瑕疵或毛邊，因在彎曲時容易造成應力集中，則會產生裂紋。

4. 材料厚度：材料的厚度愈大，則彎曲之外側的應變也愈大，故最小彎曲半徑也愈大。

5. 板寬：板寬大時因材料無法在寬度方向流動，是一種平面應變狀態，故有雙向拉應力，因此需有較大的最小彎曲半徑。

6. 彎曲方向：板料滾軋方向和彎曲方向垂直，可用較小的最小彎曲半徑。

表 7-13　各種材料的最小彎曲半徑(r/t)[40]

材料特性		材料記號	退火，正常化材		加工硬化材	
			彎曲線方向		彎曲線方向	
			與滾軋方向成垂直	與滾軋方向成平行	與滾軋方向成垂直	與滾軋方向成平行
鐵鋼	極深引伸用鋼板	SPCE	0	0.2t	0.2t	0.5t
	冷間滾軋鋼板(C0.06～0.12%)抗拉強度 28kg/mm² 以上	SPCC, SPCD	0	0.4t	0.4t	0.8t
	C0.12～0.22% 或抗拉強度 37~42kg/mm²		0.1t	0.5t	0.5t	1.0t
	C0.22～0.32% 或抗拉強度 37~42kg/mm²		02.t	0.6t	0.6t	1.2t
	C0.32～0.42% 或抗拉強度 60~72kg/mm²	S35C	0.3t	0.8t	0.8t	1.5t
	C0.42～0.52% 或抗拉強度 60~73kg/mm²	S45C, S50C	0.5t	1.0t	1.0t	1.7t
	C0.52～0.60% 或抗拉強度 70～82kg/mm²	S55C, S60C	0.7t	1.3t	1.3t	2.0t
	C0.8～1.0% (磨光特殊帶鋼)	SK4	1.2t	2.0t	2.0t	3.0t
不銹鋼	18Cr-8Ni 抗拉強度約 67kg/mm² (退火材)	SUS304	0.5t	1.0t	1.0t	1.8t
	(1/2H)	SUS304	3.0t	4.5t	4.5t	—
	13Cr-10.C 抗拉強度約 52kg/mm² (退火材)	SUS410	0.7t	1.5t	1.5t	2.5t
	(1/2H)	SUS410	3.0t	5.0t	5.0t	—

表 7-13 各種材料的最小彎曲半徑($\frac{r}{t}$)[40](續)

材料特性		材料記號	退火，正常化材		加工硬化材	
			彎曲線方向		彎曲線方向	
			與滾軋方向成垂直	與滾軋方向成平行	與滾軋方向成垂直	與滾軋方向成平行
鋁系	鋁(退火材，1/4H 1/2H) 抗拉強度 8～15kg/mm²	A1100	0	0.2t	0.3t	0.8t
	高力鋁(軟質) 抗拉強度 20～25kg/mm²	A2024	t<3 0 t>3 0.5t	t<3 0.2t t>3 1.0t	1.5t	2.5t
	高力鋁(硬質) 抗拉強度 25～50kg/mm²	A2024, A7075	2.0t	3.0t	3.0t	4.0t
鈦系	鈦 抗拉強度約 38kg/mm²	室溫	3.0t	5.0t		
		200～370℃	0.5t	1.0t		
	Ti-8Mn	室溫	3.0～3.5t	3.0～3.5t		
	Ti-5Al-2.5Sn	室溫	6t	7t		
	Ti-6Al-4V	室溫	5～7t	4.5～6.0t		
銅系其他	銅(軟)		0	0.2t	1.0t	2.0t
	黃銅 70/30(軟)	B, Pl－1/2H	0	0.5t	2.0t	12t
	鈹銅合金(軟)		0	0.5t	2.0t	5t
	磷青銅(硬)		1.5t	11t		
	蒙納合金(硬)		1.5t	7t		
	鎂合金 (Mg-Mn)	室溫	7t	9t	13t	18t
		300℃	2t	3t		
	鎂合金 (Mg-Al)	室溫	5t	8t	10t	15t
		300℃	2t	3t		

註： 1. r_{min} = 最小彎曲半徑，t = 板厚。

2. 此表適用於彎曲角度 90°以上，板厚 10mm 以下，如斷面情況良好時。

7-4-3 彎曲胚料的展開

　　爲較精確求取彎曲製品展開的長度,一般可依據中立面在彎曲前後長度不變的原則來計算。如圖 7-52 所示,其彎曲製品展開後的胚料長度爲 L=L$_1$+C$_2$+L$_3$,而 C$_2$ 之中立軸弧長可用下列公式計算:

$$C_2 = 2\pi\rho_\theta \times \frac{\alpha}{360}$$

　　上式中之 ρ_θ =中立軸曲率半徑,即 $\rho_\theta = \frac{R+r}{2} \times \xi \times \psi = (r + 0.5t \times \xi) \times \xi \times \psi$,而 R =外側邊緣彎曲半徑,r =內側邊緣彎曲半徑,ξ =變薄係數,ψ =加寬係數(參閱表 7-14)。但一般計算可將其簡化,即 $\rho_\theta = r + \lambda \times t$,λ 稱爲中立軸位移係數,而其理論值爲 $\lambda = \frac{\rho_\theta - r}{t} = \frac{\xi^2}{2} - \frac{r}{t}(1-\xi)$,所以在簡化的計算可用下列公式:(λ 值如表 7-15 所示)

$$C_2 = 2\pi(r + \lambda \times t) \times \frac{\alpha}{360}$$

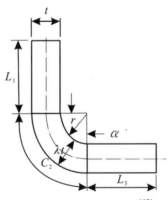

圖 7-52　彎曲製品展開[(40)]

表 7-14　變薄係數與加寬係數[15]

變薄係數ξ								
r/t	0.1	0.25	0.5	1.0	2.0	3.0	4.0	5.0	>10
α	0.82	0.87	0.92	0.96	0.985	0.992	0.995	0.998	1
加寬係數ψ								
板料寬度 B	≥3t	2.5t	2t	1.5t	t	0.5t
係數 ψ	1.0	1.005	1.01	1.025	1.05	1.09

表 7-15　中立軸位移係數[15]

r/t	0.3	0.4	0.5	0.6	0.7	0.8	0.9	1.0	1.1	1.2
λ	0.18	0.22	0.24	0.25	0.26	0.28	0.29	0.30	0.32	0.33
r/t	1.3	1.4	1.5	1.6	1.8	2.0	2.5	3.0	4.0	≥5.0
λ	0.34	0.35	0.36	0.37	0.39	0.40	0.43	0.46	0.48	0.50

例：求下圖彎曲製品的胚料展開長度

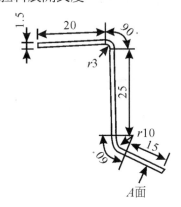

解：(1) C_1 代表 $\alpha = 90°$，$r = 3$ 之弧長

$$C_1 = 2\pi(r + \lambda t)\frac{\alpha°}{360°}$$

$$\frac{r}{t} = \frac{3}{1.5} = 2 \quad 查表 7\text{-}15 \; 得 \quad \lambda = 0.4$$

$$C_1 = 2 \times 3.14(3 + 0.4 \times 1.5)\frac{90°}{360°} = 11.25\text{mm}$$

(2) C_2 代表 $\alpha = 60°$，$r = 10$ 之弧長，$\frac{r}{t} = 6.6$　查表 7-16 得　$\lambda = 0.5$

$$C_2 = 2\pi(10 + 0.5 \times 1.5) \times \frac{60°}{360°} = 11.25\text{mm}$$

板材展開總長度 $= L_1 + L_2 + L_3 + C_1 + C_2$

$$= 20 + 25 + 15 + 5.65 + 11.25$$

$$= 76.9\text{mm}$$

7-4-4　彈回現象

彎曲和其他塑性變形過程一樣，總是會伴隨彈性變形，外力去除後，板料產生彈性回復，消除一部份彎曲變形的效果，使彎曲件的形狀和尺寸發生與施力時變形方向相反的變化，這種現象稱為彈回(Spring back)。

如圖 7-53 所示，假設彎曲時的中立軸曲率半徑為 ρ_θ，彎曲角為 α_θ，卸除彎曲壓力發生彈回後的中立軸曲率半徑為 ρ_s，彎曲角為 α_s，則彎曲件的曲率變化量為：

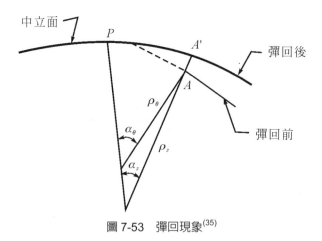

圖 7-53　彈回現象[35]

$$\Delta\rho = \frac{1}{\rho_\theta} - \frac{1}{\rho_s} = \frac{M}{E \times I}$$

由上式可知，曲率彈回量 $\Delta\rho$ 與彎曲力矩 M、材料彈性模數 E 及板料斷面的慣性矩 I 等因素有關。而彎曲角變化量為：

$$\Delta\alpha = \alpha_\theta - \alpha_s = \frac{M}{E \times I}\rho_\theta \times \alpha_\theta$$

而曲率變化量與彎曲角變化量間的關係為：

$$\Delta\alpha = \Delta\rho \times \alpha_\theta \times \rho_\theta$$

總之，曲率變化量與彎曲角變化量即稱之為彎曲件的彈回量。彈回現象會有二種現象發生：(1)彎曲半徑增大(2)彎曲角度減小，如圖 7-53 所示。

影響彈回現象的因素有：板料的性質、相對彎曲半徑、彎曲角度、彎曲件的形狀、模具尺寸與間隙、彎曲方式等。材料的降伏強度愈高、彈性模數愈小、加工硬化愈激烈，則其彎曲變形的彈回量也就愈大。雖然彎曲變形程度大時，彈性變形也隨著增大，但彈性變形在總變形當中所占的比例卻減小，所以相對彎曲半徑(r/t)越小，其彈回量也越小。彎曲角越大表示變形區的長度也越大，彈回角也越大，但對曲率半徑的回彈則沒影響。形狀複雜的彎曲件，一次彎曲成形角的數量愈多，則彈回量也就愈小。當模具單邊間隙大於板材厚度時，材料處於鬆動狀態，彈回量較大，反之，間隙較小，材料被擠緊，彈回量也就較小。

因塑性變形總是會伴隨彈性變形，因此要完全消除彈回現象是不太可能，所以只能採取一些方法來減少彈回量或補正彈回的誤差。下列為一些可用方法：

1. 在工件設計上：如修正結構使彈回角度減小，如圖 7-54 所示。

2. 在加工方式上：如不用自由彎曲而以有緩衝墊之彎曲，施行退火使板料之降伏強度降低......等，如圖 7-55 所示。

3. 在模具結構上：如加大彎曲區域的變形量，做過量的彎曲等，如圖 7-56 所示。

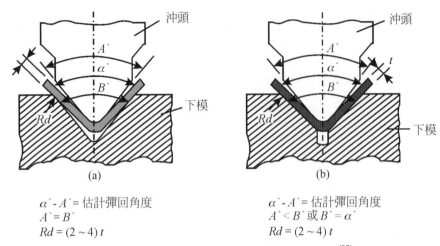

α° - A° = 估計彈回角度
A° = B°
Rd = (2~4) t

α° - A° = 估計彈回角度
A° < B° 或 B° = α°
Rd = (2~4) t

圖 7-54　工件設計之彈回量控制(修正角度彎曲)[35]

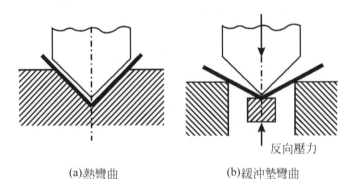

(a)熱彎曲　　　　　(b)緩衝墊彎曲

圖 7-55　由加工方式之彈回量控制[48]

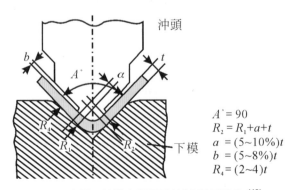

A° = 90
R₂ = R₁+a+t
a = (5~10%)t
b = (5~8%)t
R₄ = (2~4)t

圖 7-56　由模具結構之彈回量控制(過量彎曲)[48]

7-4-5　彎曲壓力

　　彎曲壓力是選用沖壓設備、彎曲模具強度設計及彎曲製程規劃的重要參考依據，但因彎曲壓力受材料性質、零件形狀、彎曲半徑、彎曲方法、模具結構等多重因素的影響，很難用理論分析的方法進行準確的計算，因此在實際生產中可使用表 7-16 所示之經驗公式進行估算。

表 7-16　彎曲壓力之經驗公式[15]

彎曲方式	圖示	經驗公式	備註
V 形自由彎曲		$p = \dfrac{Cbt^2\sigma_b}{2L}$ $= Kbt\sigma_b$	P-彎曲力；C-係數；b-彎曲件寬度；t-板厚；σ_b-抗拉強度；$2L$-支點間距離；K-係數；$K \approx (1+\dfrac{2t}{L})\dfrac{t}{2L}$
V 形接觸彎曲		$p = 0.6\dfrac{Cbt^2\sigma_b}{r_p+t}$	C-係數，取 $C=1{\sim}1.3$；r_p-沖頭圓角半徑(彎曲半徑)；(餘同上)
U 形自由彎曲		$p = Kbt\sigma_b$	K-係數，取 $K=0.3{\sim}0.6$；(餘同上)
U 形接觸彎曲		$p = 0.7\dfrac{Cbt^2\sigma_b}{r_p+t}$	C-係數，取 $C=1{\sim}1.3$；(餘同上)

7-4-6　沖壓彎曲的方法

　　沖壓彎曲的方法有如表 7-17 所示的基本形式，其中以 V 形、L 形及 U 形彎曲是三種典型的彎曲法。如圖 7-57 及圖 7-59 分別為這三種彎曲操作的模具示例。

　　較寬板料的彎曲，常用摺床(Press brake)來彎曲，摺床彎曲可彎曲 V 形、捲邊……等簡單形狀，亦可做各式盒狀等複雜的彎曲，如圖 7-60 為各種摺彎加工模具，圖 7-61 為製造複雜彎曲製品而以 V 型模具多次摺彎的步驟。另圖 7-62 為利用多滑塊成形機製作薄板零件的情況。

表 7-17　沖壓彎曲的基本形式[15]

序號	符號	名稱	說明
1	V	V 形彎曲	兩邊傾斜的單角彎曲
2	W	W 形彎曲	連續的幾個 V 形彎曲
3	L	L 形彎曲	單邊單角彎曲
4	U	U 形彎曲	兩個 L 形彎曲的複合
5	⊓	Ω形彎曲	四角彎曲
6	O	O 形彎曲	圓筒形件的彎曲
7	S	S 形彎曲	兩個反方向的 U 形彎曲的組合
8	Z	Z 形彎曲	兩個反方向的 V 形彎曲或 L 形彎曲的組合
9	P	P 形彎曲(捲圓)	端頭捲圓

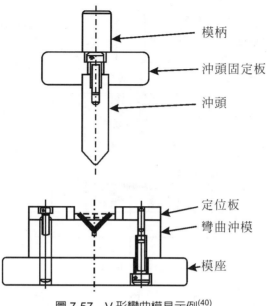

圖 7-57　V 形彎曲模具示例[40]

模柄

沖頭固定板

沖頭

定位板

彎曲沖模

模座

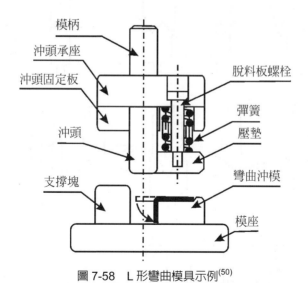

模柄

沖頭承座

沖頭固定板

脫料板螺栓

彈簧

壓墊

沖頭

支撐塊

彎曲沖模

模座

圖 7-58　L 形彎曲模具示例[50]

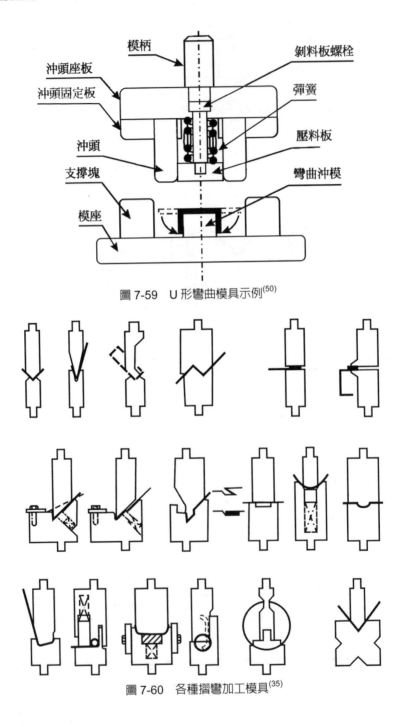

圖 7-59　U 形彎曲模具示例[50]

圖 7-60　各種摺彎加工模具[35]

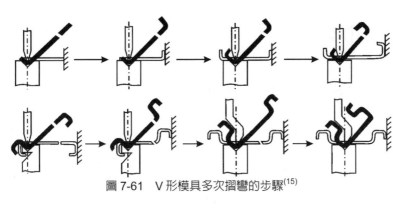

圖 7-61　V 形模具多次摺彎的步驟[15]

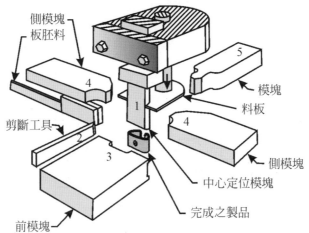

側模塊
板胚料
剪斷工具
前模塊
中心定位模塊
完成之製品
側模塊
模塊
料板

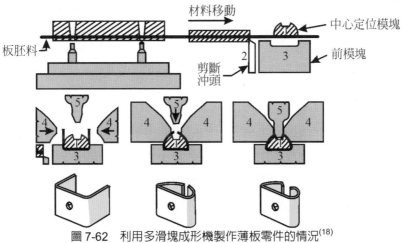

材料移動
中心定位模塊
板胚料
剪斷沖頭
前模塊

圖 7-62　利用多滑塊成形機製作薄板零件的情況[18]

7-5 引伸加工

7-5-1 引伸的意義與原理

引伸(Drawing)是將板料沖壓成有底空心件的加工方法,用此法來生產之製品種類繁多,如圖 7-63 所示各種直壁類或曲面類的引伸製品,製品尺寸可由直徑數公釐至 2～3 公尺、厚度 0.2～300mm 等,在汽車、飛機、鐘錶、電器、及民生用品等領域均有廣泛的應用。

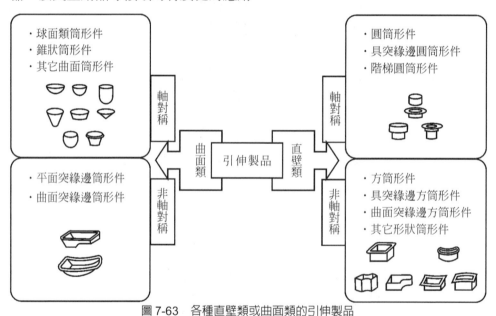

圖 7-63 各種直壁類或曲面類的引伸製品

如圖 7-64 及圖 7-65 所示,引伸係將圓形胚料在沖頭的加壓作用下,逐漸在下模間隙間變形,並被拉入下模穴,形成圓筒形零件。換言之,在引伸的過程中,由於板料內部的相互作用,使各個金屬小單元體之間產生了內應力,在徑向產生拉伸應力,圓周方向則產生壓縮應力,在這些應力的共同作用下,邊緣區的材料在發生塑性變形的條件下,不斷地被拉入下模穴內而成為圓筒形零件。

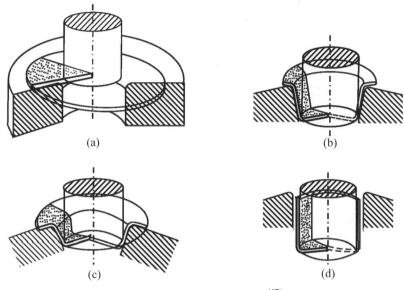

(a)　　　　　　　　　　　　　(b)

(c)　　　　　　　　　　　　　(d)

圖 7-64　引伸加工之變形[47]

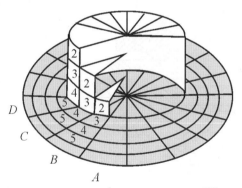

圖 7-65　引伸加工之板料流動變形[41]

　　如圖 7-66 所示為圓筒件引伸時之應力應變狀態，在板料的突緣區(平面突緣部份)係產生徑向拉應力及切向(圓周方向)壓應力，並在徑向與圓周方向分別產生伸長及壓縮變形，厚度則稍有增加，在突緣外緣增加最大。在過渡區(突緣圓角部份)，即下模圓角處的板料除受到徑向拉伸外，同時亦產生塑性彎曲，使板厚減小，當下模圓角半徑小到某一數值時，因彎曲變形頗大而將會出現彎曲破裂。在傳力區(筒壁部份)，因材料在離開下模圓角後，產生反向彎曲(校

直)，圓筒側壁受到軸向拉伸，其筒壁厚度將呈現上厚下薄的現象。在第二過渡區(底部圓角部份)一直承受筒壁傳來的拉伸應力，並且受到沖頭的壓力作用，使此部位的板料薄化最爲嚴重，容易有破裂之虞，通常薄化最嚴重是在筒壁直段與下模圓角交接區域。在不變形區(圓筒底部份)則是處於雙向拉伸，但拉伸受到沖頭摩擦力的阻止，故薄化很小，一般可將其忽略。因此，如圖 7-67 所示，引伸製品的厚度與硬度會有如後的變化：底部略有變薄，筒壁上段增厚，愈到上緣增厚愈大；筒壁下段變薄，愈靠圓角變薄愈大；由筒壁向底部轉角稍上處，出現嚴重變薄，甚至可能會斷裂，而沿高度方向，零件各部分的硬度也不一樣，愈到上緣硬度愈高。

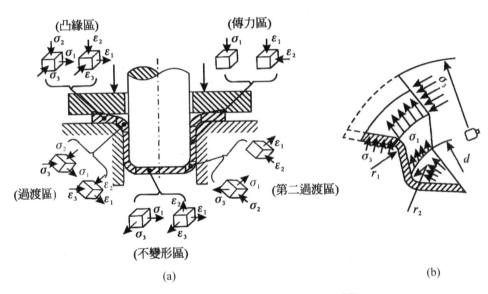

(a)

(b)

圖 7-66　圓筒件引伸時之應力應變狀態[45]

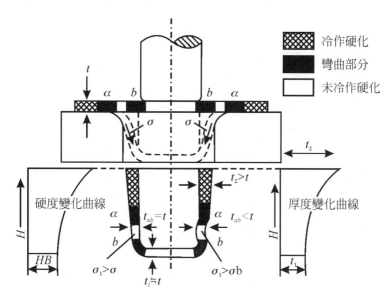

圖 7-67　引伸時板料厚度與硬度變化狀況[45]

7-5-2　引伸力與引伸功

　　引伸力與引伸功係合理選擇引伸設備與正確設計模具的重要依據，引伸加工中，沖頭所需施加的壓力即為引伸力，引伸力的確定是以引伸件危險斷面所產生的拉伸應力必須小於該斷面材料的破斷強度為準則，但由於影響引伸力及危險斷面之破斷強度的因素很複雜，以理論公式計算的引伸力常與實際情況有差異，故一般引伸加工常用經驗公式估算，如表 7-18 所示。除此之外，壓料力亦頗為重要，因壓力太大，不但增加引伸沖床的負荷，也可能使製品薄化或破裂，但如果壓力太小，無法達到應有的壓料效果，因而使製品產生皺紋。

　　引伸功亦是選擇引伸沖床的重要依據，如圖 7-68 所示為引伸力與沖頭行程的關係圖，曲線下的面積即為引伸功，一般也是以經驗公式計算：

$$E_D = C \times F_{max} \times h \times 10^{-3}$$

　　上式中，E_D ＝引伸功(J)，C ＝係數，與引伸率有關，如表 7-20，F_{max} 為最大引伸力(N)，h 則是引伸深度(mm)。

表 7-18　引伸力的經驗公式

有壓料板	1. 首次引伸：$F_D = \pi d_1 t \sigma_b K_1$ 2. 再引伸：$F_D = \pi d_1 t \sigma_b K_2$
無壓料板	1. 首次引伸：$F_D = 1.25\pi(D - d_1)t\sigma_b$ 2. 再引伸：$F_D = 1.3\pi(d_{n-1} - d_1)t\sigma_b$ 3. 引縮：$F_D = \pi d_n(t_{n-1} - t_n)\sigma_b K$ 4. 矩形或正方形引伸：$P_D = P_y + P_b = (0.5 \sim 0.8)Lt\sigma_b$
公式符號意義	F_D-引伸力(N) L-引伸件周長(mm) t-板料厚度(mm) D-胚料直徑(mm) $d_1 \cdots d_n$-各次引伸後的直徑(mm) $t_1 \cdots t_n$-各次引伸後的壁厚(mm) K_1 和 K_2-修正係數(如表 7－19) σ_b-材料極限強度(MPa) K_3-修正係數，其值為：黃銅：K_3=1.6~1.8，鋼：K_3=1.8~2.25 F_y-矩形(或正方形)角部引伸力(N) F_b-矩形(或正方形)側壁彎曲力(N)

表 7-19　計算引伸力經驗公式的修正係數[15]

首次引伸之引伸率 m_1	0.55	0.57	0.60	0.62	0.65	0.67	0.70	0.72	0.75	0.77	0.80	—	—	—
修正係數 K_1	1.0	0.93	0.86	0.79	0.72	0.66	0.60	0.55	0.5	0.45	0.40	—	—	—
再引伸之引伸率 m_n	—	—	—	—	—	—	0.70	0.72	0.75	0.77	0.80	0.85	0.90	0.95
修正係數 K_2	—	—	—	—	—	—	1.0	0.95	0.90	0.85	0.80	0.70	0.60	0.50

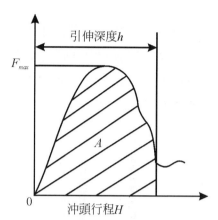

圖 7-68　引伸力與沖頭行程的關係圖[15]

表 7-20　計算引伸功的係數 C [15]

引伸率(m)	0.55	0.60	0.65	0.70	0.75	0.80
係數 c	0.8	0.77	0.74	0.70	0.67	0.64

7-5-3　引伸胚料的展開

進行引伸加工前，需依製品形狀、高度等給予展開，以求出胚料的尺寸，作為準備材料及模具設計的參考。引伸胚料的展開可用近似的數學方法或圖解，譬如面積法、簡易圖解法、重心法、部份面積法、輪廓作圖法等。面積法是假設引伸完成的製品與胚料厚度不變的原則來計算，亦即製品的表面積與胚料的表面積應相等，以圓筒件為例有如下的關係：(參閱圖 7-69)

$$\frac{\pi D^2}{4} = \frac{\pi d^2}{4} + \pi dh$$

所以展開後之胚料直徑等於：

$$D = \sqrt{d^2 + 4dh}$$

上式係用於較薄板料且筒壁與筒底接合隅角較小的情況，當時隅角較大時應修正如表 7-21 所示。又若遇到複雜的引伸胚料展開時，則可將引伸件分割成便於計算的數個簡單幾何形狀，經計算後加總以獲得最終總面積，再轉換成胚料直徑，如表 7-22 為數個簡單幾何形狀的計算公式。

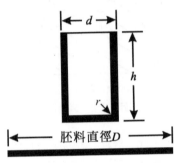

圖 7-69　面積法求胚料直徑

表 7-21　修正的面積法公式

隅角情況	公式
$(d/r) \geq 20$	$D = \sqrt{d^2 + 4dh}$
$15 \leq (d/r) \geq 20$	$D = \sqrt{d^2 + 4dh - 0.5r}$
$10 \leq (d/r) \geq 15$	$D = \sqrt{d^2 + 4dh - r}$
$(d/r) \leq 10$	$D = \sqrt{(d-2r)^2 + 4d(h-r) + 2\pi r(d - 0.7r)}$

例：欲引伸厚度 1mm，圓筒直徑 50mm，圓筒高度 40mm，角隅半徑 3mm 之筒狀製品，試以面積法求胚料直徑 $D = ?$

解：已知 $d = 50$mm，$h = 40$mm，$r = 3$mm，$\dfrac{d}{r} = \dfrac{50}{3} = 17$

故申公式 $D = \sqrt{d^2 + 4dh - 0.5r}$

得 $D = \sqrt{(50)^2 + 4 \times 50 \times 40 - 0.5 \times 3} = 102.5$mm

表 7-22　數個簡單幾何形狀的計算公式[42]

	名稱	簡圖	面積計算公式
1	圓錐		$A = \dfrac{\pi}{2}dl$ 或 $A = \dfrac{\pi}{4}d\sqrt{d^2 + 4h^2}$
2	圓錐台		$A = \dfrac{\pi l}{2}(d + d_1)$ 式中 $t = \sqrt{h^2 + (\dfrac{d-d}{2})^2}$
3	球冠(小半球面)		$A = 2\pi rh$ 或 $A = \dfrac{\pi}{4}(S^2 + 4h^2)$
4	球台(球帶)		$A = 2\pi rh$
5	1/4 凸球帶		$A = \dfrac{\pi}{2}r(\pi d_1 - 4r)$

表 7-22　數個簡單幾何形狀的計算公式[42](續)

	名稱	簡圖	面積計算公式
6	1/4 凹球帶		$A = \dfrac{\pi}{2} r(\pi d_1 - 4r)$
7	部分凸球帶		$A = \pi(dl + 2rh)$ 式中 $h = r(1 - \cos a)$ $l = \dfrac{\pi ra}{180}$
8	部分凹球帶		$A = \pi(dl + 2rh)$ 式中 $h = r(1 - \cos a)$ $l = \dfrac{\pi ra}{180}$

7-5-4　引伸加工製程

以圓筒引伸為例，其主要變數約有下列數項：

1.　板料的性質：板料的引伸能力可用極限引伸比(Limiting drawing ratio，LDR)表示，即板料引伸時不會產生破壞，胚料直徑(D)與沖頭直徑(d)的最大比值，亦即 $LDR = \dfrac{D}{d}$。因此，不同材料或板厚在各引伸道次皆有其極限引伸比。

2.　引伸率：引伸後圓筒直徑(d)與胚料直徑(D)的比值謂之引伸率(Drawing ratio)，即 $m = \dfrac{d}{D}$，引伸率引伸加工表示變形程度的指標，倒數就是引伸比。因此，不同材料或板厚在各引伸道次也皆有其極限引伸率，如表 7-23 所示。由於引伸製品大都需經過多道次的成形，引伸次數的設計就頗為重要。

表 7-23　不同材料或板厚在各引伸道次的極限引伸率[41]

材料厚度(mm)	初次引伸率% $m_1 = d_1/D$	二次引伸率% $m_2 = d_2/d_1$	三次引伸率% $m_3 = d_3/d_2$	四次引伸率% $m_4 = d_4/d_3$
	黃銅及銅板			
1.5 以下	44 至 55	70 至 76	76 至 78	78 至 80
1.5 至 3	50 至 55	76 至 82	82 至 84	84 至 86
3 至 4.5	50 至 55	82 至 85	85 至 86	86 至 87
4.5 至 6	50 至 55	85 至 88	88 至 89	89 至 90
6 以上	50 至 55	88 至 90	90 至 91	91 至 92
	鐵皮及鍍錫鐵板			
1.5 以下	53 至 60	75 至 80	80 至 82	82 至 84
1.5 至 3	53 至 60	82 至 85	75 至 76	86 至 87
3 至 4.5	53 至 60	85 至 88	88 至 89	89 至 90
4.5 至 6	53 至 60	87.5 至 90	90 至 91	91 至 92
6 以上	53 至 60	90 至 92	92 至 93	93 至 94
	鋁板			
1.5 以下	58 至 60	75 至 80	80 至 82	82 至 84
1.5 至 3	58 至 60	82 至 85	85 至 86	86 至 87
3 至 4.5	58 至 60	85 至 87	88 至 89	89 至 90
4.5 至 6	58 至 60	87.5 至 90	90 至 92	91 至 92
6 以上	58 至 60	90 至 92	92 至 93	93 至 94

例：將厚度 2mm 直徑 100mm 的鐵板引伸爲直徑 38mm 之圓筒，求其引伸率及所需的引伸次數。

解：查表得 $m_1 = 53 \sim 60 \%$，$m_2 = 82 \sim 85 \%$，$m_3 = 85 \sim 86 \%$，$m_4 = 86 \sim 87 \%$

$m = 38/100 = 38 \%$

$m_1 = 53 > 38 \%$

$m_1 \times m_2 = 53 \% \times 82\% = 43 > 38\%$

$m_1 \times m_2 \times m_3 = 43 \% \times 85\% = 37 < 38\%$

故需引伸三次

3. 模具間隙：沖頭與模穴間的間隙謂之，普通引伸的模具間隙是大於板厚，以減少板料與沖模間的摩擦。

4. 沖頭與下模穴隅角半徑：太大常會造成皺紋，太小會使製品破裂。下模穴隅角半徑可用經驗公式計算：$R_d = 0.8 \times \sqrt{(D-d)t}$。

5. 壓皺力：在引伸中能防止製品產生皺紋的最小壓料力即為壓皺力(Blank holder force)，一般使用胚料周邊法計算壓皺力的公式是：$F_B = \dfrac{\sigma_b + \sigma_y}{180} \times D(\dfrac{D-d-2R_d}{t} - 8)$，其中 σ_b =板料的極限拉伸強度，σ_y =板料的降伏強度，R_d =下模穴隅角半徑，D =胚料直徑，d =沖頭直徑，t =板厚。

6. 摩擦與潤滑：潤滑在引伸過程的作用是減小板料與模具間的摩擦，降低變形阻力，有助於降低引伸率及引伸力，防止模具工作表面過快磨損及產生擦痕。故通常潤滑劑係塗在與凹模接觸的板料面上，而不可將其塗在與沖頭接觸的表面上，以防止材料沿沖頭滑動而使板料產生薄化。

7. 沖頭速度：引伸速度應適當，依材質、形狀等因素而異。

引伸加工的基本方法有如表 7-24 所示。此外，反向引伸法(Reverse drawing)亦常用於大中形再引伸工程的零件及雙壁的引伸成形。所謂反向引伸是將圓筒內側在引伸過程中翻轉到外側以減縮其直徑並增加高度的方法，如圖 7-70 所示，而圖 7-71 為連續反向引伸法的模具。

將沖頭與下模間隙作成與板厚相同或稍小，使引伸後的圓筒壁厚變薄，同時圓筒高度增加的方法稱為引縮加工(Ironing)，如圖 7-72 所示，引縮加工與普通引伸比較，具有如後之特點：

1. 因材料是受到均勻壓應力作用的變形，產生很大的冷作硬化，金屬晶粒變細，強度因而提高。

2. 經塑性變形後，新的表面粗糙度變小，R_a 可達 $0.2\ \mu m$ 以下。

3. 因加工過程摩擦嚴重，故對潤滑及模具材料的要求較高。

另圖 7-73 為雙模引縮加工過程及其負荷沖程曲線圖

表 7-24　引伸加工的基本方法[1]

項目	名稱	示意圖	說明
1	引伸		將平板料變成任意形狀的空心件，或將其形狀及尺寸作進一步的改變，而沒有規定的厚度改變
2	伸展成形		將平板料拉伸並將其貼蓋到模具上，作出曲線形的空心件
3	引縮		以空心胚料，使其厚度變小高度增加，以得到空心件

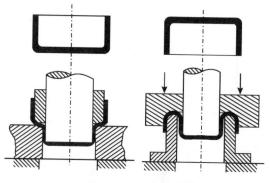

圖 7-70　反向引伸法[15]

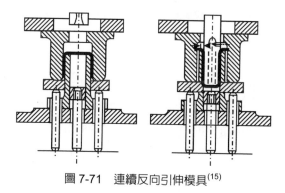

圖 7-71　連續反向引伸模具[15]

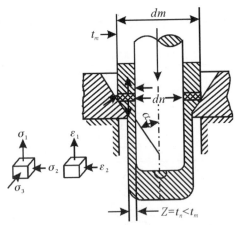

圖 7-72　引縮加工應力應變狀態[45]

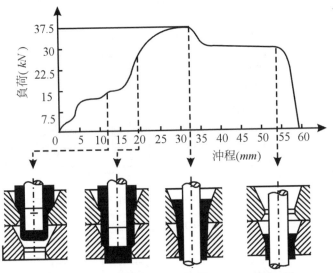

圖 7-73　雙模引縮加工過程及其負荷-沖程曲線圖[15]

7-5-5　引伸製品的缺陷

　　引伸加工是一種複雜的沖壓加工法，表 7-25 引伸加工的製品缺陷分析，
圖 7-74 較常見的引伸製品缺陷-凸緣皺紋、筒壁皺紋、破裂、凸耳、表面刮痕
等之圖例。

表 7-25　引伸加工的製品缺陷分析[15]

項次	缺陷	原因	解決方案
1	破裂或脫底	1. 材料太薄 2. 材料硬度、金相組織或品質不符合要求 3. 材料表面不清潔、帶鐵屑等微粒或已受傷 4. 凹模或壓料板工作表面不光滑 5. 凹模或沖頭隅角半徑 6. 間隙太小 7. 間隙不均勻 8. 壓料力過大 9. 引伸率太小 10. 潤滑不足或不合適 11. 上一道次引伸件太短或本道次引伸太深，以致上一道次的凸緣再次被拉入凹模	1. 選用合適厚度的材料 2. 退火或更換材料 3. 保持材料表面完好清潔 4. 磨光工作表面 5. 加大隅角半徑 6. 放大間隙 7. 調整間隙 8. 調整壓料力 9. 增加引伸道次數，放大引伸率數 10. 用合適的潤滑劑充分潤滑 11. 合理調整上下道次引伸加工的參數和模具結構
2	皺紋	1. 凸緣皺紋，主因為壓料力太小 2. 上筒緣皺紋(無凸緣)是因凹模圓角過大，間隙也過大 3. 上筒緣或凸緣單面皺紋，是壓料力單面的結果。造成壓力料力單面的原因有：壓料板和凹模不平行胚料毛邊胚料表面有微粒雜物 4. 錐形件或半球形件等腰部皺紋，是因壓料力太小，引伸開始時大部分材料處於懸空狀態	1. 增加壓料力使皺紋消失 2. 減小凹模圓角和間隙，也可採用弧形壓料板，壓住凹模圓角處的材料 3. 調整壓料板和凹模的平行度、去除胚料毛邊、清除胚料表面雜物 4. 加大壓料力，採用壓料突刺或更改製程，以液壓引伸代替

表 7-25　引伸加工的製品缺陷分析[15](續)

項次	缺陷	原因	解決方案
3	無凸緣引伸件高度不勻或凸緣引伸件凸緣寬度不勻	1. 胚料放置單面 2. 模具間隙不均勻 3. 凹模圓角不均勻 4. 胚料厚薄不均勻 5. 壓料力單面作用	1. 調整定位 2. 調整間隙 3. 修正圓角 4. 更換材料
4	引伸件底部附近嚴重變薄或局部變薄	1. 材料品質不好 2. 材料太厚 3. 沖頭圓角與側面未接好 4. 間隙太小 5. 凹模圓角太小 6. 引伸係數太小 7. 潤滑不適合	1. 更換材料 2. 改用厚度符合規格的材料 3. 修磨沖頭 4. 放大間隙 5. 放大圓角 6. 合理調整各道次的引伸率或增加引伸道次 7. 用合適的潤滑劑充分潤滑
5	引伸件上筒緣口材料擁擠	1. 材料過厚或間隙過小，工件側壁拉薄，使過多材料擠至上筒緣口 2. 再引伸沖頭圓角大於工件底部圓角，使材料沿側面上升 3. 工件太長或再引伸沖頭太短，以致胚料側壁未全部拉入凹模	1. 改用厚度合適的材料或加大模具間隙 2. 減少沖頭圓角 3. 合理調整上下道次引伸加工的參數和模具結構
6	引伸件表面起毛頭	1. 凹模工作表面不光滑 2. 胚料表面不清潔 3. 模具硬度低，有金屬黏附現象 4. 潤滑劑有雜物混入	1. 修光工作表面 2. 清潔胚料 3. 提高模具硬度或改換模具材料 4. 改用乾淨的潤滑劑
7	引伸件外形不平整	1. 原材料不平 2. 材料彈性回跳 3. 間隙太大 4. 引伸變形程度過大 5. 沖頭無出氣孔	1. 改用平整的原材料 2. 加整形操作 3. 減少模具間隙 4. 調整有關道次變形量 5. 增加氣孔

(a)凸緣皺紋　　(b)筒壁皺紋　　(c)破裂　　(d)凸耳　　(e)表面刮痕

圖 7-74　常見的引伸製品缺陷圖示[1]

7-6　壓縮加工

7-6-1　基本原理

　　將胚料放在上下模間，施加適當壓力，使其產生塑性變形，體積重新分配以製出凹凸表面的加工稱為壓縮加工(Compression)。壓縮加工時，胚料內部會產生應力與應變而導致塑性流變，如果在斷面均一的均質胚料端面上進行無摩擦的壓縮，則胚料將產生平行的變形，這就是理想變形。但實際壓縮加工中，大多呈現複雜的凸脹狀變形，內部變形是不均一，產生了剪切應變，特別是在接近模具面中心部份，材料變形很小，這區域稱為難變形區或剛性區，在材料中心部位則是大變形區，但因受軸向壓力作用及難變形區的影響，使材料形成凸脹狀，如圖 7-75 所示。另圖 7-76 及圖 7-77 分別為壓縮加工時材料的應變與應力分佈。

觀察方向	壓縮前	壓縮後	
		理想變形	實際變形
圓柱體之 正視	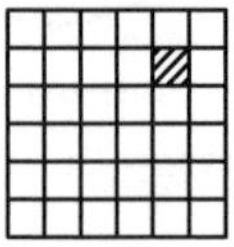	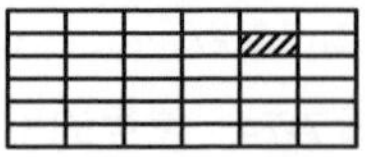	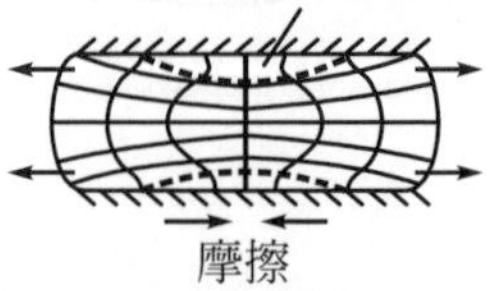 死金屬區 摩擦
矩形體之 俯視	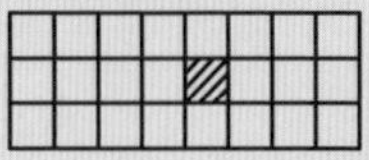	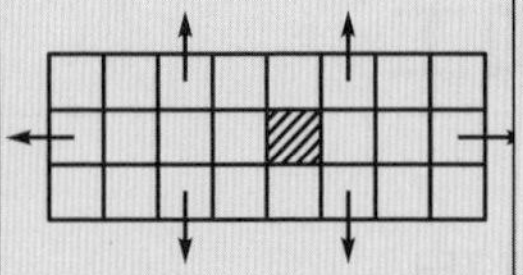	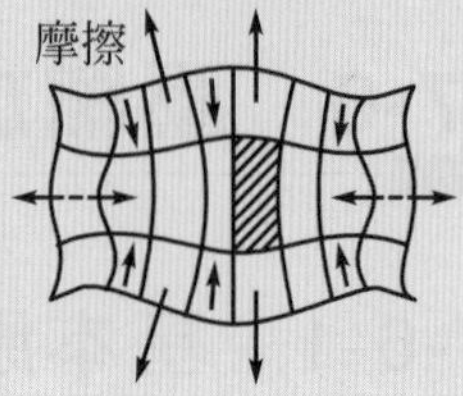 摩擦

圖 7-75　壓縮加工的材料塑性變形[1]

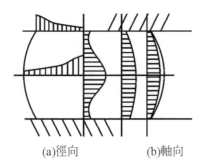

(a)徑向　　　　(b)軸向

圖 7-76　壓縮加工時材料的應變分佈[70]

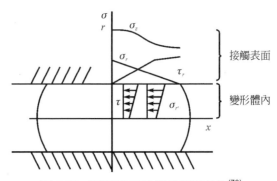

圖 7-77　壓縮加工時材料的應力分佈[70]

壓縮加工因要使胚料成形，所以作用於模具的壓力、機器上所承受的負荷要比板料成形時高得多，模具的破壞和機器的超載常取決於加工的限度。因此在加工前應預先知道加工力和能量的大小。加於加工設備的負荷 F 可由下式計算：

$$F = A \cdot C \cdot Y_m (\text{kg})$$

上式中 A＝胚料和模具的接觸面積(mm^2)，C＝拘束係數，由胚料和模具的幾何形狀及摩擦係數決定，是表示對材料變形拘束程度的係數。Y_m＝胚料變形部分的變形阻力的平均值。

壓縮加工具有下列特點：

1. 材料利用率高：壓縮加工的材料利用率可達 70～95％以上，比其他沖壓法高，若與切削法比，更能大量節省材料。

2. 生產率高：用切削法製作的成品率僅 70～80％，而壓縮加工可提高效率三十倍以上。

3. 可用廉價材料：不需使用成形性良好的高價材料亦可加工，因金屬受壓縮比受拉伸不易破裂。

4. 可加工形狀複雜零件：用壓縮加工可容易獲得形狀複雜或紋路細緻的工件。

5. 提高製品的機械性質：壓縮加工後的材料，因冷間變形加工硬化，而使組織細密，強度提高。

6. 表面精度佳：壓縮加工製品的表面可獲得與模具相當的粗糙度，可高達 $0.1 \, \mu m$ 以上。

廣義的壓縮加工是包含常溫及高溫的鍛造、滾軋及擠伸，而狹義的壓縮加工則指在常溫的二次製品加工，即包括冷間的擠壓、端壓、壓花及壓印加工等，如表 7-26 所示。

表 7-26　壓縮加工的種類[1]

項目	名稱	示意圖	意義
1	擠壓		將金屬體積作重新分佈，向周圍自由流動的方法，減小胚料高度，而得到立體零件
2	端壓		將金屬塑性沖擠到凸模及凹模之間的間隙內的方法，將厚的胚料轉變為薄壁空心零件或剖面較小的胚料
3	壓印		將金屬局部擠走的方法，在零件的表面上形成淺的凹進花樣或符號
4	壓花		由於改變零件厚度，在表面上得出凸凹的紋路來

7-6-2　擠壓加工

在室溫中，將胚料放在模穴內，經由沖頭施加壓力，迫使胚料產生塑性流動，經由模孔或模具間隙擠出，而獲得一定形狀、尺寸及性能的方法謂之冷擠壓(Cold extrusion)。冷擠壓可分為下列幾種基本型式：(如圖 7-78 所示)

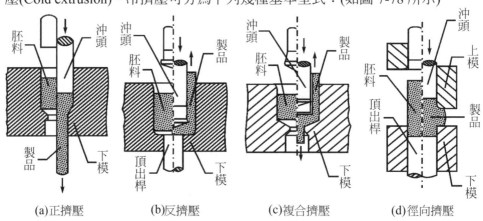

(a)正擠壓　　(b)反擠壓　　(c)複合擠壓　　(d)徑向擠壓

圖 7-78　冷擠壓的幾種基本型式[45]

1. 正擠壓：金屬擠出方向與沖頭運動方向一致。

2. 反擠壓：金屬擠出方向與沖頭運動方向相反。

3. 複合擠壓：金屬的流動同時具有正擠壓與反擠壓的特徵。

4. 徑向擠壓：金屬在垂直於加壓方向的平面內作徑向流動。

　　冷擠壓的變形程度是表示擠壓時金屬塑性變形量大小的指標，一般有三種方式：

1. 斷面減縮率　$S_A = \dfrac{A_0 - A_f}{A_0} \times 100\ \%$

2. 擠壓比　$R = \dfrac{A_0}{A_f}$

3. 對數變形程度　$\varphi = \ln \dfrac{A_0}{A_f}$

　　上式中，A_0 係冷擠壓前胚料的斷面積(mm^2)，而 A_f 係冷擠壓後工件的斷面積(mm^2)。如表 7-27 為冷擠壓基本變形程度計算公式，通常一次擠壓加工能容許的最大變形程度與材料的塑性、硬度、潤滑及模具材料等有關，冷擠壓的變形程度愈大，變形阻力也愈大。如果擠壓負荷超過模具所能承受的壓力，模具就會破損，所以冷擠壓容許的變形程度實際上是受模具強度使用壽命的限制。

表 7-27　冷擠壓基本變形程度的計算公式[70]

變形方式	胚料尺寸	工件尺寸	計算公式		
			斷面縮減率(S_A)	擠壓比(R)	對數變形程度(φ)
正擠壓實心件			$S_A = (1 - \dfrac{d_1^{\,2}}{d_0^{\,2}}) \times 100\%$	$R = (\dfrac{d_0}{d_1})^2$	$\varphi = \ln \dfrac{d_0^{\,2}}{d_1^{\,2}}$

表 7-27 冷擠壓基本變形程度的計算公式[70](續)

變形方式	胚料尺寸	工件尺寸	計算公式		
			斷面縮減率(S_A)	擠壓比(R)	對數變形程度(φ)
正擠壓空心件			$S_A = \dfrac{d_0^{\,2} - d_1^{\,2}}{d_0^{\,2} - d_2^{\,2}} \times 100\%$	$R = \dfrac{d_0^{\,2} - d_2^{\,2}}{d_1^{\,2} - d_2^{\,2}}$	$\varphi = \ln \dfrac{d_0^{\,2} - d_2^{\,2}}{d_1^{\,2} - d_2^{\,2}}$
反擠壓筒形件			$S_A = \dfrac{d_1^{\,2}}{d_0^{\,2}} \times 100\%$	$R = \dfrac{d_0^{\,2}}{d_0^{\,2} - d_1^{\,2}}$	$\varphi = \ln \dfrac{d_0^{\,2}}{d_0^{\,2} - d_1^{\,2}}$
反擠壓異形筒形件			$S_A = \dfrac{d_1^{\,2} - d_2^{\,2}}{d_0^{\,2}} \times 100\%$	$R = \dfrac{d_0^{\,2}}{d_0^{\,2} - d_1^{\,2} + d_2^{\,2}}$	$\varphi = \ln \dfrac{d_0^{\,2}}{d_0^{\,2} - d_1^{\,2} + d_2^{\,2}}$

　　冷擠壓法常用來製作圓形、方形、六角形、齒形、花瓣形等斷面的實心、空心或凸緣件，如圖 7-79 所示，牙膏、水彩錫罐等就是用冷擠壓法製成。冷擠壓加工可以在專用擠壓機或液壓沖床上進行，有時也可以在普通沖床上進行，如表 7-28 為這些擠壓設備的比較。冷擠壓所需負荷可由簡易估算法經驗公式或理論公式等獲得，如表 7-29 所示。又圖 7-80 所示為冷擠壓的模具結構

示例，因一般施加於沖頭主要部位的壓力高達 200～300kg/mm² 以上，因此為緩和壓力的傳遞，通常於沖頭端頂皆有幾層均力板的設計。而作用在下模的壓力亦為沖頭的 60～70%，因此補強環的設計亦是必需的，補強環是對沖模埋入件施加外壓，對內面施加與擠壓內壓反方向的預壓力，減輕擠壓時的應力以防止模具破裂。

表 7-28　冷擠壓設備的比較[70]

項目 類別	滑塊			公稱壓力	公稱壓力 行程	剛性	導向 精度	應用範圍
	速度	沖程長度	沖程數					
專用擠壓機	速度快，變化較大	稍小	高	產生公稱壓力時，滑塊距下死點位置較大	較大	佳	高	適用於精度高，形狀複雜的零件，適於大批易生產。生產效率高，便於達成連續化與自動化
液壓沖床	速度很慢，平穩無變化	最小	少	任何行程位置，都能產生公稱壓力	全部行程	較佳	普通	適用於擠壓較長和深孔的零件，用於小批量生產和試製工作
普通沖床	速度適中，變化大	較長	較高	產生公稱壓力時，滑塊距下死點的位置較小	較小	差	低	適於擠壓中小尺寸，一般精度，形狀簡單的擠壓件，可用於大批量生產

表 7-29　冷擠壓負荷近似計算法[70]

	計算公式	符號說明
簡易計算	$F = q \cdot A$	$F=$ 冷擠壓負荷 $q=$ 單位擠壓力(MPa) $A=$ 擠壓的作用面積(mm^2)
實驗公式	$F = A_0 \cdot x \cdot n \cdot \sigma_b$ $F_{max} = A_0 \cdot Y_m \cdot C$	$A_0=$ 胚料的斷面積(mm^2) $x=$ 形狀係數 $n=$ 擠壓係數 $\sigma_b=$ 原胚料的抗拉強度
理論公式	$F = A_0 \cdot \sigma_b \cdot C \cdot (\ln(\dfrac{A_0}{A_1}) + e^{\frac{2\mu h}{s}})$	$Y_m=$ 平均變形阻力 $C=$ 拘束係數 $\mu=$ 摩擦係數

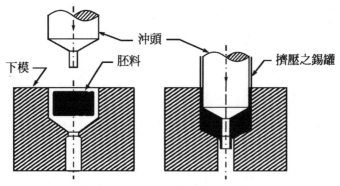

圖 7-79　牙膏、水彩錫罐之冷擠壓成形[66]

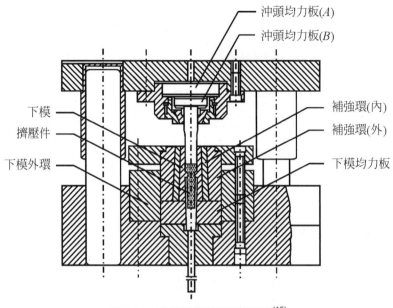

圖 7-80　冷擠壓的模具結構示例[15]

沖頭均力板(*A*)

沖頭均力板(*B*)

下模

擠壓件

下模外環

補強環(內)

補強環(外)

下模均力板

7-6-3　端壓加工

　　將棒狀的胚料的全體或一部份，沿其軸向壓縮，使斷面擴大長度減短的加工謂之鍛粗或稱端壓(Upsetting)，如表 7-30 所示為端壓的兩種方式—單純鍛粗、釘頭鍛粗，圓柱胚料置於平行模具間而無外界拘束的壓縮加工謂之單純鍛粗或稱自由鍛粗，若在胚料的局部位置聚集金屬即所謂之釘頭鍛粗或稱局部鍛粗。端壓加工常用於鉚釘、鐵釘及螺栓等頭部的成形，如圖 7-81 及圖 7-82 分別為螺帽及螺栓的加工過程。

表 7-30 端壓的兩種基本方式[70]

方式	變形簡圖	極限變形條件	適用範圍
單純鍛粗 (自由鍛粗)		$d_1 = \dfrac{d_0}{\sqrt{1-\varepsilon_h}}$ $h_1 = h_0(1-\varepsilon_h)$ $h_{0\max} = 3d_0$ $\varepsilon_h = \dfrac{h_0 - h_1}{h_0} \cdot 100\%$	$h_0/d_0 \le 2\sim 2.5$ $h_{0\max} = 3d_0$ $\varepsilon_h < \varepsilon_{h許用}$
釘頭鍛粗 (局部鍛粗)		一次冷鍛 $l_0/d_0 \le 2.5$ 二次冷鍛 $l_0/d_0 \le 4.5$ 三次冷鍛 $l_0/d_0 \le 6.5$	$d_1 = 1.25d_0$

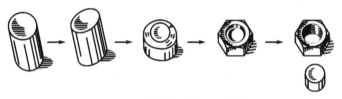

圖 7-81 螺帽的端壓過程[36]

圖 7-82 螺栓的端壓過程[36]

　　端壓時應以材料不產生龜裂及不產生挫曲為前提，發生龜裂的原因如圖 7-83 所示，如果端壓區域的平均變形程度過大，則容易產生如圖(a)之斜向龜裂。若胚料表面軸向有留存滾軋或抽拉時的傷痕或偏析，則容易產生圖(b)的

縱向龜裂。又若以尖錐狀沖頭進行端壓而使材料產生徑向流動，同時胚料屬低延性或胚料下料時留有表面傷痕等，則較容易產生圖(c)所示的徑向龜裂。另當胚料斷面變化過大，則低延性、內部有大偏析等胚料的端壓，則較容易產生圖(d)所示的內部龜裂。

　　相對於胚料直徑，端壓頭部很大時，較難以一道次來成形，因此需進行合理的道次分割規劃，如圖 7-84 及表 7-30 所示，端壓加工時，無支撐胚料長度過長容易產生挫曲。一般在材料變形中，自由高度需在直徑的 2.3～2.5 倍以內方能由一道次完成。如圖 7-85 所示，係鉚釘頭部的端壓，因其高度/直徑比等於 2，故能以單一道次端壓成功。而高度／直徑比在 2.5～4.5 之間，則需分兩道次加，而圖 7-86 所示，因其高度／直徑比等於 3，故需以兩道次端壓。

(a)斜向龜裂　　(b)縱向龜裂　　(c)徑向龜裂　　(d)內部龜裂

圖 7-83　端壓產生的龜裂狀態[56]

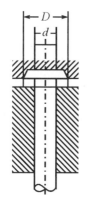 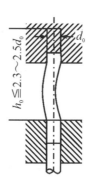

(a)成功端壓($D \leqq 2.2d$)　　(b)挫曲端壓(2工程：$4.5d_0 \geqq h_0 \geqq 2.5d_0$，3工程：$6.5d_0 \geqq h_0 \geqq 4.5d_0$)

圖 7-84　端壓的極限變形[36]

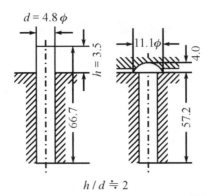

圖 7-85　鉚釘頭部的單一道次端壓[36]

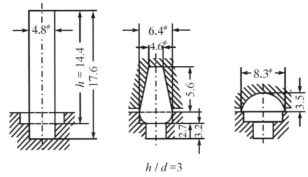

圖 7-86　鉚釘頭部的二道次端壓[36]

7-6-4　壓印加工

　　壓印(Coining)是將胚料放在模具間，使其局部或全部表面受到壓擠作用而產生塑性變形，改變厚度並充滿模穴，形成凹凸花紋、字樣等的立體壓縮法。像硬幣、獎牌、徽章、餐具表面花樣等皆是由壓印加工完成。如圖 7-87 所示，壓印加工可在密閉式或敞開式模具中進行。另圖 7-88 是滾輪式壓印加工，可用於拉鏈等小零件大量生產。

　　壓印加工所需的單位壓力約為材料壓縮降伏強度的 3～5 倍以上，如表 7-31 所示，但實際所需壓力常隨材料厚度的減小及變形速度提高而急遽增加，因此硬度低及應變硬化速率低的材料，其壓印性能通常較佳。而凡是能提供壓

印所需壓力皆可用於壓印加工，如落錘、機械沖床、油壓沖床等，譬如落錘乃廣用於餐具工業。

　　壓印過程中常出現材料凹陷及材料未充滿兩種缺失，如圖 7-89 所示，如果胚料較薄且製品上有銳角突起部位，銳角空穴處所需材料大都由銳角背面的材料補充，因此造成製品面的凹陷，如(a)圖，又(b)圖所示，製品突起處是由胚料表面材料被擠入模具凹穴，但如果壓力不足，材料就無法充滿凹穴，因而使製品出現缺肉現象。

　　壓印製品的品質主要取決於其用途，譬如裝飾用製品係要求印紋清析、表面光亮美觀，結構用製品著重在尺寸精確，如表 7-32 為壓印常見缺陷。

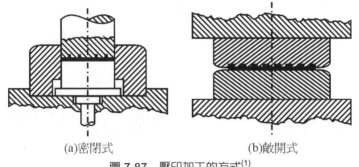

(a)密閉式　　　　　　　　(b)敞開式

圖 7-87　壓印加工的方式[1]

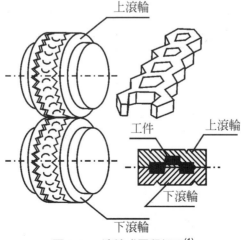

上滾輪

工件　　　　　　上滾輪

下滾輪

下滾輪

圖 7-88　滾輪式壓印加工[1]

表 7-31　壓印加工所需的單位壓力示例[39]

材料種類	厚度(mm)	用途	單位壓力(MPa)
黃銅板	<0.4	單面花紋	2700～3000
	<1.8	凸凹花紋	800～900
		敞開式壓凸紋	200～500
不銹鋼板		餐具、花紋	2500～3000
碳鋼板	<3	餐具、花紋	2500～2700
銀或鎳板	3	錢幣、獎章	1500～1800
金板		裝飾品、獎章	1200～1500
鋼		用淬硬沖頭在凹模上壓製輪廓外形	1000～1100

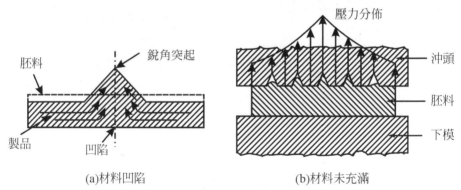

(a)材料凹陷　　　　　　　　(b)材料未充滿

圖 7-89　壓印過程中常見缺失[35]

表 7-32　壓印加工常見缺陷[39]

品質問題	可能原因	對策
1. 壓印圖紋不清晰	壓力偏低或潤滑劑過多	增大壓力，合理潤滑，清除過多的潤滑劑
2. 壓印圖紋有缺陷	模具表面不清潔或黏附污物	檢查模具表面，用吹氣等辦法清除表面污物，清除模穴內的金屬屑或殘存潤滑劑

表 7-32　壓印加工常見缺陷[39](續)

品質問題	可能原因	對策
3. 壓印形狀錯位	上下模位置不對正	按技術條件規定調整上下模，嚴格定位
4. 模具破裂	過負荷	分析原因，調整胚料形狀和厚度，去除飛邊，胚料預先退火等

7-6-5　壓花加工

　　壓花(Embossing)是利用上下模作成凹凸相對配合的浮凸花樣或字形，將板料放置於其中，在不改變板厚的條件下，加壓作成兩面的凹凸花樣的壓縮加工，如圖 7-90 所示。壓花加工屬於板材的局部凸脹成形，主要目的在於提高零件的剛性與美觀，如圖 7-91 所示為其零件示例，譬如汽機車牌照等亦是其成品範疇。

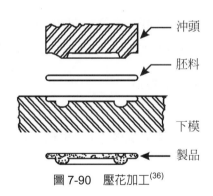

圖 7-90　壓花加工[36]

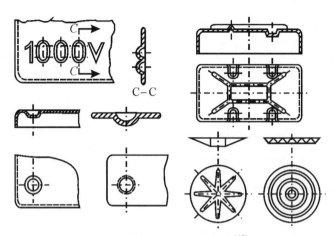

圖 7-91　壓花加工零件示例[45]

壓花與引伸的區別在於成形區尺寸與胚料尺寸之比($\dfrac{d}{D_0}$)，即如圖 7-92 所示，分界點在 $\dfrac{d}{D_0} = 0.38 \sim 0.35$ 之間，曲線以上為破裂區，以下為安全區。影響壓花極限變形程度的因素有：胚料塑性、沖頭幾何形狀、壓花方法、潤滑等。計算極限變形程度可按單軸向拉伸變形作近似計算：(參閱圖 7-93)

$$\delta_{max} = \frac{l - l_0}{l_0} < (0.7 \sim 0.75)\delta$$

上式中，δ_{max}=壓花極限變形程度，δ=單軸向拉伸變形，l_0、l=變形前後長度(mm)。

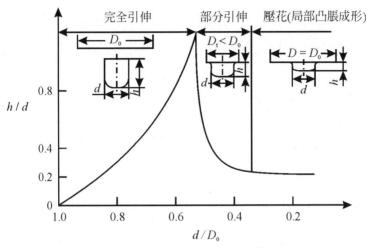

圖 7-92　壓花與引伸的區別[15]

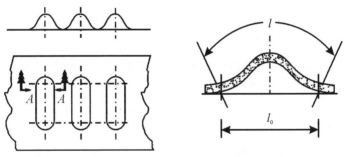

圖 7-93　壓縮加工變形前後長度[45]

7-7　成形加工

7-7-1　成形的原理

　　成形加工(Forming)係施加外力迫使板料產生局部或全部流動而變形，以致有局部凸出及凹入，且在材料間有相互拉長及壓縮現象，而形成部份曲面的加工方法。

　　成形加工的基本形式有二：拉伸成形及壓縮成形，如圖 7-94 所示，拉伸成形之彎曲線向內凹入，料片在邊線上所受的力為零，離邊緣處較遠之料片所受的拉伸力越遠越大，而使料片受拉伸力而伸展成形，但伸展率太大時會有破裂之虞。壓縮成形之彎曲線向外凸出，料片在邊線上的受力為零，離邊線處料片受到壓縮力，料片受壓縮力而成形，但壓縮量超越成形界限時，壁部易生皺紋。

　　成形的變形程度可用「邊緣高度／邊緣半徑」表示，其大小受到板料材質、板厚及成形條件等因素的影響。因此，拉伸成形極限乃是依據拉伸成形的邊緣是否發生破裂來確定，而壓縮成形極限乃是依據壓縮成形的邊緣是否發生皺紋來確定。如圖 7-95，其變形程度分別為：

1. 拉伸成形　$\delta_s = \dfrac{a}{R-b} \times 100 \%$

2. 壓縮成形　$\delta_c = \dfrac{a}{R+b} \times 100 \%$

　　上二式中，δ_s、δ_c 分別為拉伸成形及壓縮成形之變形程度，

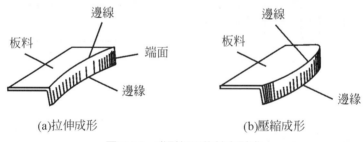

(a)拉伸成形　　　　　　　　(b)壓縮成形

圖 7-94　成形加工的基本形式

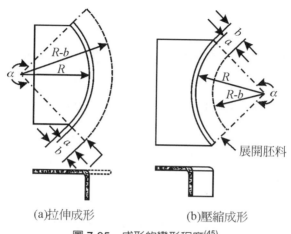

(a)拉伸成形　　　　　(b)壓縮成形

圖 7-95　成形的變形程度[45]

7-7-2　成形加工法

　　沖剪、彎曲、引伸等沖壓加工之外的成形加工方法有很多，如表 7-33 所示為普通成形加工法。

表 7-33　普通成形加工法[1]

項目	名稱	示意圖	意義
1	圓緣		將平板或成形工件的表面製成凹凸形狀供補強或裝飾之用
2	凸脹		將空心件或管狀胚料以裡面用徑向拉伸的方法加以擴張
3	孔凸緣		沿原先打好的孔邊或空心件外邊用使材料拉伸的方法形成凸線
4	捲緣		沿空心件外緣以一定半徑彎曲成環狀圓角
5	頸縮		將空心件或立體零件的端部使材料由外向內壓縮以減小直徑的收縮方法

一、圓緣成形

　　將板材或製品表面的一部份壓成凹或凸形狀,以作補強或裝飾用途的加工方法稱之為圓緣(Beading)。如圖 7-96 為各種圓緣的斷面形狀。圓緣成形可用金屬模成形法、橡皮模成形法、滾輪成形法及旋轉成形等來成形,如圖 7-97 至圖 7-100 所示。

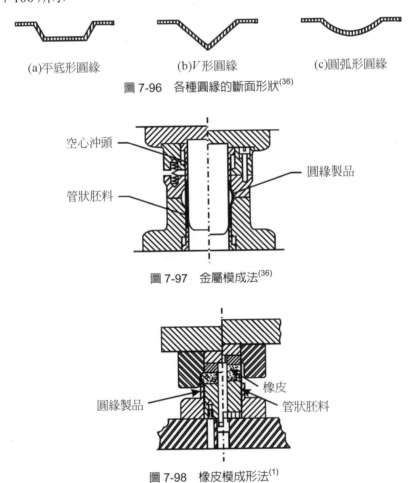

(a)平底形圓緣　　　　(b)V 形圓緣　　　　(c)圓弧形圓緣

圖 7-96　各種圓緣的斷面形狀[36]

空心沖頭

圓緣製品

管狀胚料

圖 7-97　金屬模成法[36]

圓緣製品

橡皮

管狀胚料

圖 7-98　橡皮模成形法[1]

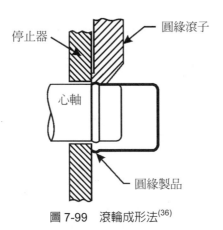

圖 7-99　滾輪成形法[36]

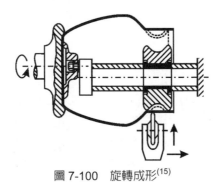

圖 7-100　旋轉成形[15]

二、凸脹成形

　　施加外力於筒狀件的內側使其直徑擴大的成形方法謂凸脹(Bulging)，如圖 7-101 所示為其製品示例。凸脹成形之材料變形主要是受切線與法線方向的拉伸，其變形程度受材料極限伸長率影響，圓筒狀胚料的凸脹變形程度可用凸脹係數表示：

$$B = \frac{d_{max}}{d_0}$$

上式中，B =凸脹係數，d_0 =胚料原始直徑，d_{max} =凸脹後最大直徑。

凸脹係數與材料伸長率的關係為：

$$\delta = \frac{d_{max} - d_0}{d_0} = B - 1$$

如圖 7-102 所示，若對胚料施加徑向壓力的同時，亦在軸向施壓，則通常凸脹變形程度可以增加，對胚料變形區進行局部加熱，亦會顯著增大其變形程度。

凸脹成形可用金屬模法、橡皮模法、液壓法及旋轉法等進行，但如圖 7-103 所示利用分裂式凸模，配合模形塊的動作，使之開閉之金屬模凸脹成形，但因其結構複雜，凸脹變形不均勻，不易製作形狀複雜的製品，而且不易得到精度高的製品，故生產中常用橡膠、石蠟、高壓液體、壓縮空氣等可撓性方法成形，如圖 7-104 所示為橡皮模法。

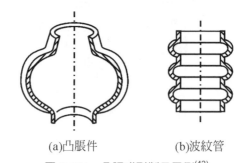

(a)凸脹件   (b)波紋管

圖 7-101 凸脹成形製品示例[42]

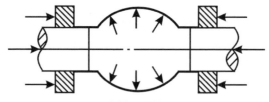

圖 7-102 在軸向施壓的凸脹成形

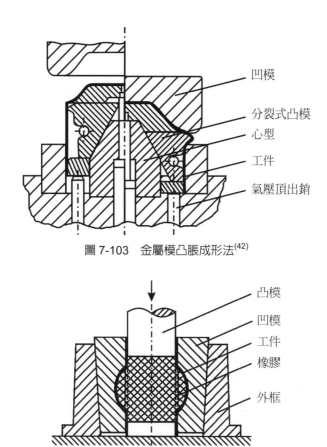

圖 7-103　金屬模凸脹成形法[42]

凹模
分裂式凸模
心型
工件
氣壓頂出銷

凸模
凹模
工件
橡膠
外框

圖 7-104　橡皮模凸脹成形法[42]

三、孔凸緣成形

　　將孔的全周圍施行伸展壓縮成形的加工法謂之孔凸緣(Hole flanging，burring)。如圖 7-105(A)錐孔之凸緣，主要是使螺釘頭能與板材表面平齊，而(B)圖之直孔凸緣則是做孔邊的補強，以作攻螺絲用。孔凸緣的主要變形是胚料受到切向及徑向拉伸，越接近預沖孔之邊緣其變形也越大，因此邊緣拉裂與否主要取決於拉伸變形的大小。孔凸緣的變形程度可用凸緣係數表示：(參閱圖 7-105)

$$B_f = \frac{d_0}{D_m}$$

上式中，B_f ＝凸緣係數，d_0 ＝胚料預沖孔的初始直徑，D_m ＝孔凸緣成形後直立邊板厚中心的直徑。

當孔凸緣的高度不大時，可將平板胚料一次成形，如圖 7-106 所示，單次孔凸緣成形時，預沖孔的初始直徑 d_0、孔凸緣直立邊高度 h 及凸緣係數 B_f 的關係如後：

$$d_0 = D_1 - [\pi(r + \frac{t_0}{2}) + 2h_1]$$

或可簡化爲

$$d_0 = D_m - 2(h - 0.43r - 0.72t_0)$$

若工件要求的孔凸緣直立邊高度大於一次能達到的極限孔凸緣高度時，可以採用加熱孔凸緣成形、多次孔凸緣成形或引伸後先沖底孔再進行孔凸緣成形。而若能提高胚料的塑性、使預沖孔無毛邊及硬化層、以平滑曲線沖頭成形等亦可提高孔凸緣的成形性。

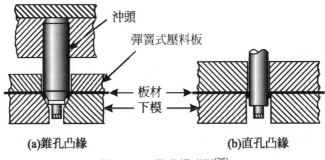

(a)錐孔凸緣　　　　　　　(b)直孔凸緣

圖 7-105　孔凸緣成形[36]

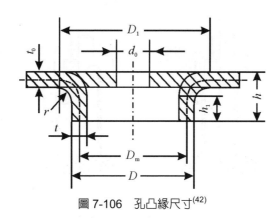

圖 7-106　孔凸緣尺寸[42]

四、捲緣成形

　　將零件邊緣捲成半圓狀或圓形的成形法謂之捲緣(Curling)，如圖 7-107 所示。捲緣主要在於補強及美觀。因捲緣成形係拉伸與壓縮作用同時存在，故加工時容易出現問題。通常捲緣本身的內徑以板厚之 3～8 倍，外徑以板厚之 5～10 倍最適當，而圓筒製品的捲緣直徑以板厚的 30 倍以上較佳。捲緣可用沖床法或滾輪成形法完成，如圖 7-108 及圖 7-109。

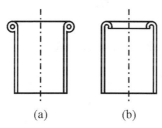

(a)　　　　　　　　(b)

圖 7-107　捲緣的型式[22]

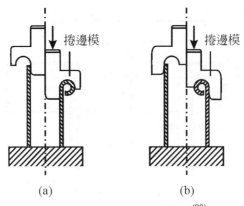

圖 7-108　沖床法的捲緣成形[22]

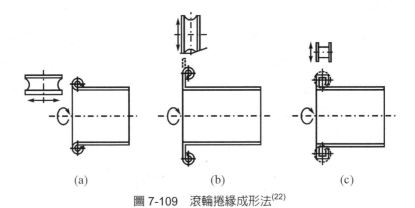

圖 7-109　滾輪捲緣成形法[22]

五、頸縮

　　將圓管形或管材的一端直徑縮小的成形加工謂之頸縮(Necking)或稱縮口，如圖 7-110 為其製品示例。如圖 7-111 所示，頸縮時，管件頸縮端材料在錐面壓力作用下向凹模內滑動，直徑逐漸縮小，壁厚及高度則增加。材料的變形係集中在變形區 A 內，B 是已變形區，C 是非變形區亦是頸縮處壓力的傳力區。當管件相對厚度不大時，可以認為變形區的材料處於兩軸向(切向與徑向)受壓的平面應力狀態，而其主要是受到切向壓應力的作用，應變狀態則是徑向為壓縮變形其絕對值最大，厚度與長度方向為拉伸變形且厚度方向變形量大於長度方向的變形量。

頸縮變形程度是以切向壓縮變形的大小來衡量，一般是以頸縮係數表示：

$$B_n = \frac{d}{D_0}$$

上式中，B_n = 頸縮係數，D_0 = 頸縮前端口直徑，d = 頸縮後端口直徑。

頸縮按加工方法分有模壓頸縮、旋壓頸縮及沖擊頸縮等，另亦可為常溫頸縮及加熱頸縮，如圖 7-112 所示為模壓頸縮，圖 7-113 所示為高週波加熱頸縮。

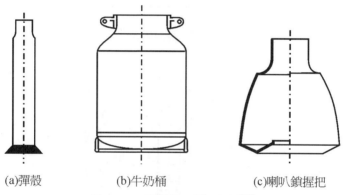

(a)彈殼　　　　　(b)牛奶桶　　　　　(c)喇叭鎖握把

圖 7-110　頸縮加工製品示例[15]

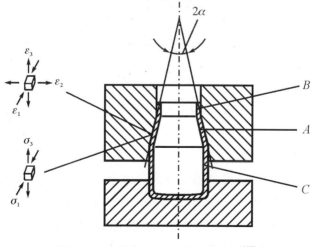

圖 7-111　頸縮時的應力與應變狀態[42]

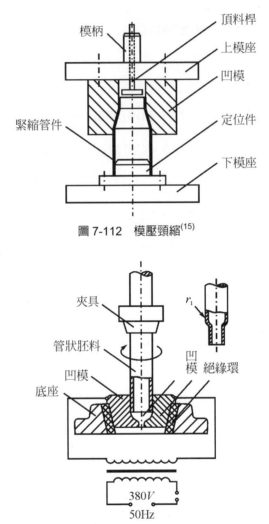

圖 7-112　模壓頸縮[15]

圖 7-113　高週波加熱頸縮[39]

六、旋壓成形

　　旋壓成形(Spinning)是將金屬板材夾在車床夾頭或心軸上，由驅動部帶動模具及板料做旋轉運動，另以加壓工具施加壓力於板料上，使板料敷貼在模具的表面而成形。旋壓有二種方式：一是普通旋壓，另一是剪力旋壓(Shear spinning)，前者並未減縮板材厚度，而後者會使板材變薄。

普通旋壓如圖 7-114 所示，它與一般沖壓加工比較，據有以下特點：(1)工具設備費用較低，(2)機器設置所費時間較短，(3)產品形狀改變所需的設計更動較少，(4)產品的材料或厚度改變時工具變動較少。普通旋壓加工可用來製作各種管件圓錐無縫半球狀等製品，如表 7-34 及圖 7-115 所示。

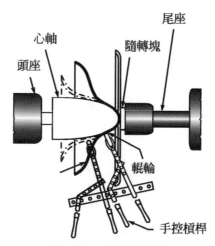

圖 7-114　普通旋壓[18]

表 7-34　普通旋壓種類[39]

	整件成形		局部成形		
	伸展	縮邊	頸縮	縮口	壓槽
縮徑旋壓					
	或形	凸緣	擴頸	擴口	壓槽
擴徑旋壓					

表 7-34　普通旋壓種類[39](續)

整件成形		局部成形		
光整	捲邊	摺縫	扣接	壓扁
刮削	切、割	分劈	封口	滾螺紋

(其它)

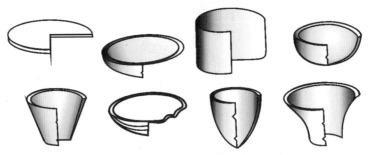

圖 7-115　手工旋壓製品[18]

　　合理選擇旋壓主軸的轉速、旋壓件的過度形狀及加壓力大小等,是旋壓加工的重要課題。主軸轉速太低時,胚料會不穩定,太高則胚料易薄化,合理的轉速可依據被旋壓胚料的性質、厚度以及心軸直徑等因素來決定,譬如軟鋼約 400～800rpm/min,鋁材約 800～1200rpm/min。通常胚料直徑較大、厚度較薄時取小值,反之則取較大的轉速。旋壓件的過度形狀應合理,旋壓時通常先從胚料內緣開始,由內向外推輾,逐漸使胚料轉變成淺錐形,其後再逐步過度到圓筒形等。而旋壓的壓力也不能太大,尤其在胚料外緣,否則容易出現皺紋,而且施力點必須逐漸轉移,以使胚料變形均勻。

　　剪力旋壓如圖 7-116 所示，它具有的特點是：(1)與普通旋壓比較，剪力旋壓加工中的胚料凸緣不產生收縮變形而出現皺紋，也不受胚料相對厚度的限制，可以一次旋壓出相對深度較大的零件。(2)經剪力旋壓後，材料晶粒緊密細化，強度提高，表面粗糙度減小。(3)剪力旋壓所需設備的功率及剛性要求較高。(4)剪力旋壓要求零件形狀簡單。

　　在剪力旋壓錐形件的過程中，旋壓前後壁厚的變化規率係依正弦定律變化，即

$$t = t_0 \sin\frac{\alpha}{2}$$

上式中，t = 工件厚度，t_0 = 胚料厚度，α = 工件錐角。

剪力旋壓的變形程度可用變薄率來表示：

$$\varepsilon = \frac{t_0 - t}{t_0}$$

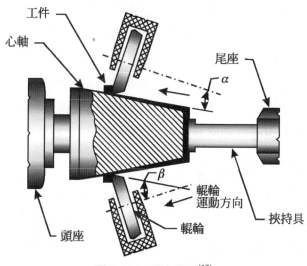

圖 7-116　剪力旋壓[18]

7-8 特殊成形法

一些特殊的成形方法亦常被採用，譬如屬於撓性模具成形(Flexible die forming)的橡皮成形及液壓成形，屬於高能率成形(High energy rate forming)的爆炸成形、電磁成形及電氣液壓成形等。而珠擊成形在飛機蒙皮等大型板件亦被使用，超塑性成形深受重視。

7-8-1 撓性模具成形

一、橡皮成形法

橡皮成形法係利用可撓性的橡皮墊或橡皮囊作為凹模(或凸模)，當施力加壓時，使板料隨剛性凸模(或凹模)變形的成形加工法。常見的橡皮成形法有：葛林法(Guerin process)、馬氏成形法(Marform process)、偉隆成形法(Wheelon forming process)等，前兩者是使用橡皮墊，後一是屬於橡皮囊的成形。葛林法如圖 7-117，係 1940 年美國工程師葛林(Guerin)所發明，在沖床滑塊底面安設裝有橡皮墊的承座，利用橡皮墊施加壓力來進行沖剪、彎曲、引伸及成形等各種沖壓加工。圖 7-118 為馬氏成形法，它與葛林法相似，但葛林法無壓料板設計，板件較容易出現皺紋，而馬氏成形法則因有壓料板，故適合較深的引伸。如圖 7-119 所示是偉隆成形法，它係利用液壓橡皮囊加壓使板材變形的加工法，單位成形壓力與橡皮硬度是此種方法的兩個重要製程變數。

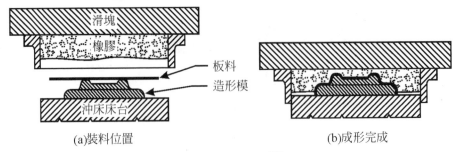

(a)裝料位置   (b)成形完成

圖 7-117　葛林法[18]

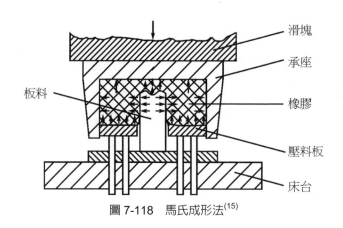

圖 7-118　馬氏成形法[15]

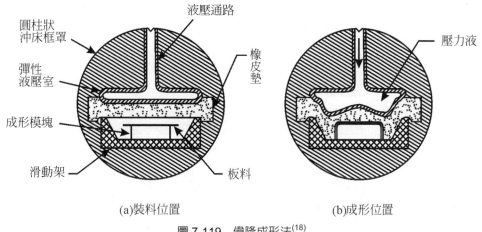

(a)裝料位置　　　　　　　　　(b)成形位置

圖 7-119　偉隆成形法[18]

二、液壓成形法

　　液壓成形法(Hydroforming)係利用液體(水)將成形壓力傳遞到板料,使其隨成形模穴的形狀變形。如圖 7-120 所示為液動壓力成形法(Hyurodynamic process),它是利用具有壓力的液體直接作動力以施行成形加工。另圖 7-121 所示為流體成形法(Fluidform process),它是利用流體作為沖頭兼壓料板,流體封閉在沖頭內,藉伸縮活塞使流體呈受壓力而使板材成形。

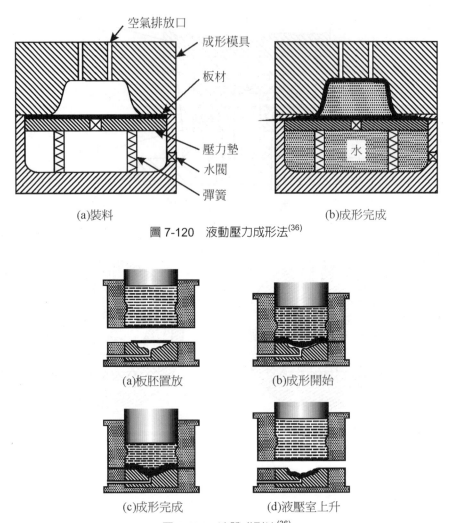

(a)裝料 (b)成形完成

圖 7-120 液動壓力成形法[36]

(a)板胚置放 (b)成形開始

(c)成形完成 (d)液壓室上升

圖 7-121 流體成形法[36]

7-8-2 高能率成形

　　高能率成形或稱高速成形，是利用炸藥或電裝置在極短時間釋放出來的化學能或電能，經由媒介質使金屬板材在極高的變形速度下成形的一種加工法。如圖 7-122 為其變形速度比較。高能率成形包括爆炸成形、爆炸成形、電氣液壓成形等。

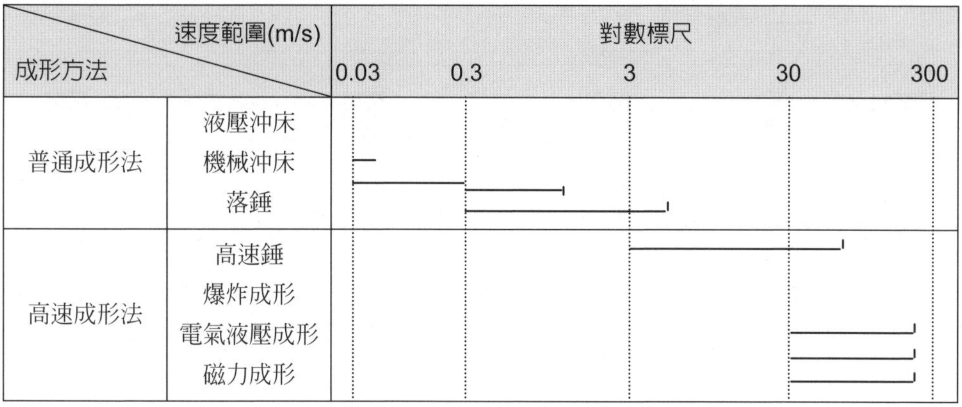

成形方法 ＼ 速度範圍(m/s)		對數標尺				
		0.03	0.3	3	30	300
普通成形法	液壓沖床 機械沖床 落錘					
高速成形法	高速錘 爆炸成形 電氣液壓成形 磁力成形					

圖 7-122　高能率成形法與其他成形法之變形速度比較[39]

一、爆炸成形法

爆炸成形(Explosive forming)是利用炸藥爆炸的震波將強大壓力經由液體或空氣等媒介質傳遞至工作物而成形的方法，如圖 7-123 所示。

二、磁力成形法

磁力成形(Magnetic forming)係利用電容器經由放電的高密度磁場所產生的強磁脈沖來使工作物成形，如圖 7-124 所示。

三、電氣液壓成形法

電氣液壓成形(Electro-hydraulic forming)又稱火花放電成形，係利用放電作用產生的高速震波經由液體傳遞至工作物而成形的加工法如圖 7-125 所示。

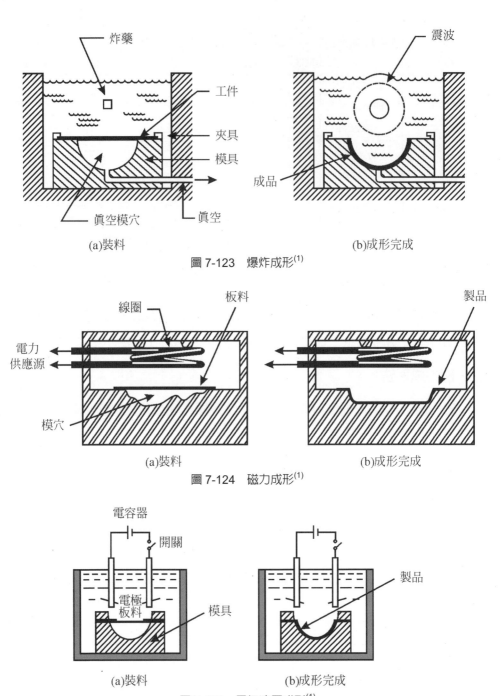

圖 7-123　爆炸成形[1]

圖 7-124　磁力成形[1]

圖 7-125　電氣液壓成形[1]

7-8-3　珠擊成形

　　珠擊成形(Peen forming)是利用高速噴珠撞擊金屬板件的表面，使被噴擊的表面產生塑性變形，導致殘留應力，逐漸使板材達到所要求外形曲率的冷作成形方法。它是飛機蒙皮壁板的主要成形法(如圖 7-126)，表 7-35 為珠擊成形可製作的板金形狀。因此，經珠擊後具有兩種效果：(1)成形：珠擊本身具有一種使被珠擊板材成為珠面彎曲外形的傾向。(2)強化：珠擊使外面的金屬表層產生壓縮應力，可提高耐疲勞強度。

　　現代的珠擊方式主要有二種：一是離心力珠擊法，另一是空氣珠擊法，前者是使用馬達帶動的葉片輪，以高速旋轉將噴珠推動，後者則是利用不間斷的壓縮空氣推動噴珠。高速旋轉帶動的葉片輪是將所產生的放射狀及切線的離心力傳給噴珠，以使達到珠擊時所需要的速度。高速旋轉帶動葉片輪推動噴珠的方法比壓縮空氣推動噴珠的方法有下列好處：容易控制噴珠的速度、高生產能量、沒有水分潮濕的問題。壓縮空氣推動噴珠的方法是將噴珠以重力或壓力導入壓縮空氣流中，直接經過噴嘴而珠擊在工作件上的方法，除了對於較少量工作件有較佳的經濟性外，此種方法也可允許使用較小噴珠而以較高強度珠擊。

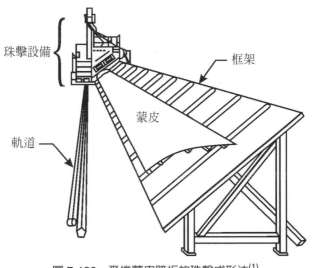

圖 7-126　飛機蒙皮壁板的珠擊成形法[1]

表 7-35　珠擊成形可製作的板金形狀[39]

材料形狀	條板	平板	圓形板	環形板	圓筒	彎角條板	彎角平板	直形彎板	帶筋整體板	特形整體板
板金件的外形	條板	平板	圓形板	環形板	圓筒	彎角條板	彎角平板	直形彎板	帶筋整體板	特形整體板

7-8-4　超塑性成形

超塑性成形(Super-plastic forming)是利用金屬的超塑性(Super-plasticity)將板材製成所需形狀的成形加工法。金屬的超塑性是指金屬材料在特定條件下呈現相當好的延伸性。所謂特定條件包括：

1. 內在條件：金屬的成份、組織及相變化、再結晶及固溶變化等能力

2. 外在條件：變形溫度及變形速度。

　　超塑性的巨觀特性包括：大變形、無頸縮、小應力、易成形。因此，它具有下列優點：可以一次成形出形狀複雜的零件、可僅用半付模具成形、可採用噸位較小的設備、成形後的製品無殘留應力、可增加結構設計的靈活性。

　　超塑性成形的基本方法有下列幾種：

1. 真空成形法：在模具的成模穴內抽真空，使置於超塑性狀態下的板料成形，如圖 7-127。

2. 氣壓成形法：又稱吹塑成形法，利用吹氣使超塑性板材隨模穴形狀成形，就如同吹製塑膠容器的成形法一樣，如圖 7-128。

3. 模壓成形法：又稱對模成形法。

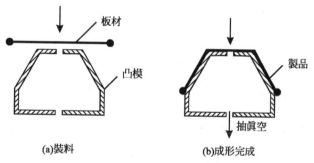

圖 7-127　真空成形法[39]

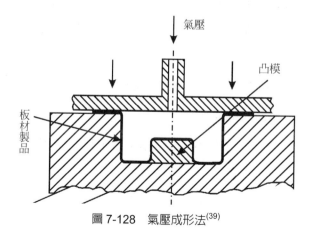

圖 7-128　氣壓成形法[39]

習題七

1. 何謂沖壓加工？有何特色？

2. 沖壓加工按其變形性質可分為那兩大類？又依變形方式，有那五大基本型式？

3. 請定義「成形性」、「沖剪性」及「定形性」。

4. 影響板材成形性的因素有那些？

5. 簡述板材成形性的間接試驗與直接試驗。

6. 何謂成形極限圖？

7. 簡述沖床的分類。

8. 比較機械式沖床與液壓式沖床。

9. 說明沖床的主要規格。

10. 沖床的精度有那些？

11. 列舉沖床週邊設備至少四種。

12. 沖床的安全裝置有那些？

13. 比較複合沖模與連續沖模。

14. 舉例說明沖模的零件構成。

15. 說明板材沖剪的過程。

16. 影響沖剪工件切斷面的因素有那些？簡要說明之。

17. 如何計算沖剪負荷與沖剪功？

18. 何謂材料利用率？有那些途徑可達到經濟用料的目標？

19. 說明沖剪製品的精度。

20. 如何決定沖頭與模穴的尺寸。

21. 何謂精密下料？說明之。

22. 說明 V 形彎曲的過程。

23. 何謂最小彎曲半徑？影響因素有那些？

24. 如何計算彎曲製品胚料展開的長度？

25. 說明彈回現象。

26. 何謂引伸加工？

27. 說明圓筒件引伸時的應力應變狀態。

28. 如何求出引伸胚料的尺寸？

29. 引伸加工製程的主要變數有那些？

30. 何謂反向引伸？引縮加工？

31. 簡要說明引伸製品的主要缺陷。

32. 何謂壓縮加工？有何特點？

33. 如何看示冷擠壓的變形程度。

34. 如何計算冷擠壓負荷？

35. 說明端壓可能產生的龜裂狀態。

36. 何謂壓印加工？常見的缺陷有那些？

37. 說明壓花與引伸的區別？

38. 說明成形加工的基本形式與方法。

39. 何謂凸脹成形？凸脹係數？

40. 何謂孔凸緣？有何功用？

41. 何謂頸縮？頸縮係數？

42. 比較普通旋壓與剪力旋壓。

43. 剪力旋壓有何特點？

44. 何謂撓性模具成形法？高能率成形法？

45. 何謂珠擊成形？有何效果？

46. 何謂超塑性成形？有那些板材成形法？

參考資料

一、中文

1. 許源泉、許坤明，機械製造(上)，台灣復文興業股份有限公司，1999
2. 許源泉，鍛造學—理論與實習，三民書局，1990
3. 林英傑，熱鍛模具設計手冊，金屬工業發展中心，1990
4. 羅子健、尚保忠，金屬塑性加工理論與工藝，西北工業大學出版社，1994
5. 汪大年，金屬塑性成形原理，機械工業出版社，1985
6. 王木琴，工程材料，台灣復文興業股份有限公司，1996
7. 林昇立，塑性加工學，新科技書局，1991
8. 俞漢清、陳金德，金屬塑性成形原理，機械工業出版社，1999
9. 劉振康，熱加工工藝學，機械工業出版社，1990
10. 戴宜傑，塑性加工學，戴宜傑，1986
11. 黃守漢，塑性變形與軋制原理，冶金工業出版社，1991
12. 石德珂、金志浩，材料力學性能，西安交通大學出版社，1998
13. 關昌揚，金屬滾軋學，徐氏基金會，1986
14. 呂雪山、王先進、苗延達，薄板成形與製造，中國物資出版社，1992
15. 中國機械工程學會鍛壓學會，鍛壓手冊 沖壓，機械工業出板社，2002
16. 馬懷寶，金屬塑性加工學，冶金工業出版社，2002
17. 余煥騰、陳適範，金屬塑性加工學，全華科技圖書股份有限公司，1994
18. 李榮顯，塑性加工學，三民書局，1986
19. 林文樹、劉曉嶺、王文樑、王良泉、梁銘儉、翁世樂、黃登淵、蔡幸甫，
    塑性加工學，三民書局，1987
20. 賴耿陽，應用塑性加工學，復漢出版社，1984
21. 賴耿陽，抽線抽管塑性加工，復漢出版社，1991

22. 徐景福，管件加工法，復文書局，1984

23. 李連詩，異形管製造方法，冶金工業出版社，1994

24. 謝金吉，金屬成形加工，大中國圖書公司，1977

25. 吳家駒，金屬成形加工，徐氏基金會，1984

26. 黃忠良，擠壓加工理論與工藝，復漢出版社，1994

27. 謝建新、劉靜安，金屬擠壓理論與技術，冶金工業出版社，2001

28. 劉靜安，輕合金擠壓工具與模具(上)，冶金工業出版社，1990

29. 吳英豪，塑性加工，復文書局，1986

30. 黃新春、陳昌順、王進猷，塑性加工學，文京圖書有限公司，1991

31. 蔡木村、陳伯宜、林淳杰、曾春風，機械冶金，全華科技圖書股份有限公司，1988

32. 劉國雄、林樹均、李勝隆、鄭晃忠、葉均蔚，機械材料學，全華科技圖書股份有限公司，1996

33. 馬承九，機械加工—非切削(上)，俊銘文教基金會，2000

34. 張天津，模具設計學，大中國圖書公司，1985

35. 戴宜傑，沖壓加工與沖模設計，新陸書局股份有限公司，1989

36. 游正晃，沖床與沖模，科技圖書股份有限公司，1984

37. 王肇祥，衝模設計，高立圖書有限公司，1996

38. 黃重恭，沖剪模設計原理，全華科技圖書股份有限公司，2004

39. 板金沖壓工藝手冊編委會，板金沖壓工藝手冊，國防工業出版社，1989

40. 姜禮銀、邱年鴻，模具學(一)，科友圖書股份有限公司，1997

41. 姜禮銀、邱年鴻，模具學(四)，科友圖書股份有限公司，1989

42. 沖壓工藝及沖模設計編寫委員會，沖壓工藝及沖模設計，國防工業出版社，1993

43. 賴耿陽，壓縮加工用金屬模，南台圖書公司，1987

44. 沖模設計手冊編寫組，沖模設計手冊，機械工業出版社，1994

45. 杜東福、苟文熙，冷沖壓模具設計，湖南科學技術出版社，1985

46. 肖景容、姜奎華，沖壓工藝學，機械工業出版社，1994

47. 趙孟棟，冷沖模設計，機械工業出版社，1991

48. 蘇貴福，薄板之沖床加工，全華科技圖書股份有限公司，1993

49. 涂光祺，精沖技術，機械工業出版社，1990

50. 陳玉心，連續沖壓模具設計之基礎與應用，全華科技圖書股份有限公司，
    2003

51. 陳永濱，傳送壓床與模具，文笙書局，1992

52. 黃忠良，精密剪斷加工，復漢出版社，1993

53. 李少豪，淺談金屬線材成形製程技術及設備之發展，鍛造，11 卷 1 期，2002

54. 鍛造模擬解析(1)—基礎篇，鍛造，1 卷 3 期，1992

55. 材料手冊，鋼鐵材料，中國材料科學學會，1982

56. 蔡盛祺，鍛造模具設計手冊，金屬工業發展中心，1998

57. 許源泉，塑性加工的工具設計，全華科技圖書股份有限公司，1989

58. 張天津，現代金屬加工，大中國圖書公司，1983

59. 馬承九，機械工作法，三民書局，1980

60. 王文樑，鋁合金之擠型加工，金工，16 卷 2 期，1982

61. 鋼線鋼纜生產技術集錦，台灣區鋼線鋼纜工業同業公會，2001

62. 金鍛工業股份有限公司型錄

63. 金豐機器工業股份有限公司型錄

64. 精鍛機械股份有限公司型錄

65. 梁柄文，板金成形性能，機械工業出版社

66. 薛福男，塑性加工學，全華科技圖書股份有限公司

67. 崑成工業有限公司型錄

68. 羅文基，工業安全與衛生，三民書局

69. 沖壓技術講座（上），中國生產力中心，1993

70. 盧險峰，冷鍛工藝與模具，機械工業出版社，2000

71. 楊長順，冷擠壓模具設計，國防工業出版社，1994

二、英文

72. John A. Schey, Introduction to manufacturing Processes, McGraw-Hill Book Company, 1987

73. Edward M. Mielnik, Metalworking Science and Engineering, McGraw-Hill, Inc, 1993

74. Betzalel Avitzur, Handbook of Metal-Forming Processes, John Wiley & Sons, Inc. 1983

75. E. Paul Degarmo, J T. Black, Ronald A. Kohser, Materials and Processes in Manufacturing, Prentice-Hall International, Inc. 1997

76. Roy A. Lindberg, Processes and Materials of Manufacture, Allyn and Bacon, 1990

77. Sherif D. El Wakil, Processes and Design for Manufacturing, Prentice-Hall International, Inc. 1989

78. Mikell P. Groover, Fundamentals of Modern Manufacturing, Prentice-Hall International, Inc. 1996

79. Jiri Tlusty, Manufacturing Processes and Equipment, Prentice-Hall Inc. 2000

80. Kurt Lange, Handbook of Metal Forming, McGraw-Hill, Inc. 1985

81. Dr.-ing. Kurt Laue, Dr.-ing. Helmut Stenger, Extrusion, Processes, Machinery, Tooling, American Society for Metals.

82. Shiro Kobayashi, Soo-Ik Oh, Taylan Altan, Metal Forming and the Finite-Element Method, Oxford University Press, 1989

83. Serope Kalpakjian, Manufacturing Engineering and Technology, Addison-Wesley Publishing Company, 1995

84. Willian L. Roberts, Cold Rolling of Steel, Marcel Dekker, Inc. 1978

85. J. N. Harris, Mechanical Working of Metals, 1983

索 引

國家圖書館出版品預行編目資料

塑性加工學 / 許源泉編著. -- 二版. --
　臺北縣土城市：全華圖書，2008.08
　　面　；　公分
　參考書目：面
　ISBN 978-957-21-6719-9(平裝)
　1. 塑性加工
472.1　　　　　　　　　　97013016

塑性加工學

作者 / 許源泉

執行編輯 / 李俊輝

發行人 / 陳本源

出版者 / 全華圖書股份有限公司

郵政帳號 / 0100836-1 號

印刷者 / 宏懋打字印刷股份有限公司

圖書編號 / 0554201

二版一刷 / 99 年 2 月

定價 / 新台幣 380 元

ISBN / 978-957-21-6719-9　(平裝)

全華圖書 / www.chwa.com.tw

全華科技網 Open Tech / www.opentech.com.tw

若您對書籍內容、排版印刷有任何問題，歡迎來信指導 book@chwa.com.tw

臺北總公司(北區營業處)
地址：23671 臺北縣土城市忠義路 21 號
電話：(02) 2262-5666
傳真：(02) 6637-3695、6637-3696

中區營業處
地址：40256 臺中市南區樹義一巷 26 號
電話：(04) 2261-8485
傳真：(04) 3600-9806

南區營業處
地址：80769 高雄市三民區應安街 12 號
電話：(07) 862-9123
傳真：(07) 862-5562

全省訂書專線 / 0800221551